国家骨干高职院校项目建设成果

Jiangxi Jiaotong Zhiye Jishu Xueyuan

江西交通职业技术学院

Rencai Peiyang Fang'an Huibian

人才培养方案汇编

黄 侃 聂慧芝 宋 喻 主 编

李俊彬 主 审

人民交通出版社股份有限公司
China Communications Press Co.,Ltd.

内 容 提 要

《江西交通职业技术学院人才培养方案汇编》是江西交通职业技术学院国家骨干高职院校建设项目的子项目"教学质量保障体系建设"的重要建设成果之一。全书共汇编了学院15个非重点建设专业的人才培养方案。在项目实施过程中,坚持"服务需求、就业导向,产教融合、特色办学"的原则,以突出"校企合作、工学结合"教学理念、注重职业道德和职业精神培养、强化职业技能训练为目标,根据各专业特点,制订各专业的人才培养方案。全书分为十六个部分,其中第一部分到第十五部分为15个专业的人才培养方案,包括各专业的培养方案主体和支撑材料;第十六部分为附录,列举了15个专业共有的公共基础课程教学标准。

本书可以作为高职院校同类专业的教学参考标准,也可以作为其他专业制订人才培养方案和教学标准的参考用书。

图书在版编目(CIP)数据

江西交通职业技术学院人才培养方案汇编/黄侃,聂慧芝,宋喻主编.—北京:人民交通出版社股份有限公司,2015.1

国家骨干高职院校项目建设成果

ISBN 978-7-114-12445-7

Ⅰ.①江… Ⅱ.①黄… ②聂… ③宋… Ⅲ.①高等职业教育—人才培养—方案—汇编—江西省 Ⅳ.①G718.5

中国版本图书馆CIP数据核字(2015)第183876号

国家骨干高职院校项目建设成果

书　　名: 江西交通职业技术学院人才培养方案汇编
著 作 者: 黄　侃　聂慧芝　宋　喻
责任编辑: 卢仲贤　司昌静
出版发行: 人民交通出版社股份有限公司
地　　址: (100011)北京市朝阳区安定门外外馆斜街3号
网　　址: http://www.ccpress.com.cn
销售电话: (010)59757973
总 经 销: 人民交通出版社股份有限公司发行部
经　　销: 各地新华书店
印　　刷: 北京市密东印刷有限公司
开　　本: 787×1092　1/16
印　　张: 23
字　　数: 552千
版　　次: 2015年1月　第1版
印　　次: 2015年1月　第1次印刷
书　　号: ISBN 978-7-114-12445-7
定　　价: 90.00元

江西交通职业技术学院
专业人才培养方案编审委员会

本书编审人员

主　编：黄　侃　江西交通职业技术学院
　　　　聂慧芝　江西交通职业技术学院
　　　　宋　喻　江西交通职业技术学院
主　审：李俊彬　江西交通职业技术学院
参　编：陈　松　江西交通职业技术学院
　　　　梁安宁　江西交通职业技术学院
　　　　杨　晋　江西交通职业技术学院
　　　　丁荔芳　江西交通职业技术学院
　　　　汪武芽　江西交通职业技术学院
　　　　邱海菊　江西交通职业技术学院
　　　　曾周玉　江西交通职业技术学院
　　　　张康潜　江西交通职业技术学院
　　　　周　园　江西交通职业技术学院
　　　　胡云卿　江西交通职业技术学院
　　　　易　群　江西交通职业技术学院
　　　　方爱红　江西交通职业技术学院
　　　　贾颖莲　江西交通职业技术学院
　　　　郝　攀　江西交通职业技术学院

序

PREFACE

为配合国家骨干高职院校建设，推进教育教学改革，重构教学内容，改进教学方法，在多年课程改革的基础上，江西交通职业技术学院组织相关专业教师和行业企业技术人员共同编写了“国家骨干高职院校重点建设专业人才培养方案和优质核心课程系列教材”。经过三年的试用与修改，本套丛书在人民交通出版社股份有限公司的支持下正式出版发行。在此，向本套丛书的编审人员、人民交通出版社股份有限公司及提供帮助的企业表示衷心感谢！

人才培养方案和教材是教师教学的重要资源和辅助工具，其优劣对教与学的质量有着重要的影响。好的人才培养方案和教材能够提纲挈领，举一反三，而差的则照搬照抄，不知所云。在当前阶段，人才培养方案和教材仍然是教师以育人为目标，服务学生不可或缺的载体和媒介。

基于上述认识，本套丛书以适应高职教育教学改革需要、体现高职教材“理论够用、突出能力”的特色为出发点和目标，努力从内容到形式上有所突破和创新。在人才培养方案设计时，依据企业岗位的需求，构建了以岗位需求为导向，融教学生产于一体的工学结合人才培养模式；在教学内容取舍上，坚持实用性和针对性相结合的原则，根据高职院校学生到工作岗位所需的职业技能进行选择。并且，从分析典型工作任务入手，由易到难设置学习情境，寓知识、能力、情感培养于学生的学习过程中，力求为教学组织与实施提供一种可以借鉴的模式。

本套丛书共涉及汽车运用技术、道路桥梁工程技术、物流管理和交通安全与智能控制等27个专业的人才培养方案，24门核心课程教材。希望本套丛书能具有学校特色和专业特色，适应行业企业需求、高职学生特点和经济社会发展要求。我们期待它能够成为交通运输行业高素质技术技能人才培养中有力的助推器。

用心用功用情唯求致用，耗时耗力耗资应有所值。如此，方为此套丛书的最大幸事！

江西省交通运输厅总工程师 胡钊芳

2014年12月

目 录

CONTENTS

Ⅰ:地下工程与隧道工程技术专业人才培养方案

Ⅱ:汽车整形技术专业人才培养方案

Ⅲ:商务管理专业人才培养方案

Ⅳ:连锁经营管理专业人才培养方案

Ⅴ:会计与审计专业人才培养方案

VI:城市轨道交通运营管理专业人才培养方案

VII:市政工程技术专业人才培养方案

VIII:建筑工程技术专业人才培养方案

IX:港口航道与治河工程专业人才培养方案

X:数控技术专业人才培养方案

XI:模具设计与制造专业人才培养方案

XII:轮机工程技术专业人才培养方案

XIII:电脑艺术设计专业人才培养方案

XIV:城市轨道交通工程技术专业人才培养方案

XV:工程造价专业人才培养方案

I：地下工程与隧道工程技术专业人才培养方案

第一部分 主体部分

一、专业名称（专业代码）

地下工程与隧道工程技术（560302）

二、招生对象

普通高中毕业生或具有同等学力者

三、学制

三年

四、培养目标

本专业主要面向地下及隧道施工企业及地下工程、隧道工程管理和监理单位，培养具有地下与隧道工程施工、工程管理、质量检测、工程试验、工程测量、工程监理等工作能力，德、智、体、美全面发展的技术技能人才。

五、就业面向

本专业毕业生就业岗位主要是面向生产（管理）一线的从事地下工程与隧道工程施工放样、试验检测、工程计量、现场组织管理、养护等职业岗位。

主要岗位：施工员、检测员、测量员、安全员等岗位；

拓展岗位：计量工程师、安全工程师、检测工程师等岗位；

发展岗位：总工、项目经理、监理工程师等岗位。

六、培养规格

（一）素质目标

（1）具有强烈的责任意识、质量意识、安全意识及环保意识。

（2）具有良好的文化、身体和心理素质。

（3）爱岗敬业，团结协作，讲求效率，遵纪守法，明礼诚信。

（二）知识目标

（1）具有本专业所必需的数学计算、英语交流、计算机应用等科学文化基础知识。

（2）熟悉工程绘图识图、工程结构辨识、力学分析、工程测量、工程材料、工程管理等专业基础知识。

（3）掌握地下与隧道工程施工图识读和施工现场勘查、施工管理、试验检测、施工放样等专业知识。

(4)了解地下与隧道工程建设的新技术、新材料、新工艺和新设备的相关信息。

(三)能力目标

(1)具有识读和绘制工程结构图及工程结构辨识的能力。

(2)具有地下与隧道工程勘测、施工放样和竣工测量的能力。

(3)具有地下与隧道工程试验检测的能力。

(4)具有在现场从事地下与隧道工程施工与管理的能力。

(5)具有编制工程造价与现场工程计量的能力。

(6)具有编制、收集、整理和上交工程技术资料的能力。

(7)具有计算机操作和安装使用常用专业软件的能力。

(8)具有较强的自学和获取知识的能力。

七、教学环节进程安排表

(一)培养时间分配表

在人才培养的实施过程中,教学环节周数分配如表 1-1 所示。

地下工程与隧道工程技术专业培养时间分配表 表 1-1

学年		一		二		三		合计
学期		一	二	三	四	五	六	
1	入学教育	1 周						1 周
2	国防教育	2 周						2 周
3	课内教学	16 周	19 周	12 周	18 周	10 周		75 周
4	实践教学			7 周	1 周	5 周		13 周
5	生产实习					4 周	19 周	23 周
累计		19 周	19 周	19 周	19 周	19 周	19 周	114 周

注:课内教学指按课程(学习领域)组织的各种教学活动,包括理论课程、理实一体化课程等;实践教学是指计划单列的非生产性实践教学活动,包括专业认识实践、专项单列实训、课程设计、综合设计、社会实践等。

(二)教学进程表

本专业的人才培养进程如表 1-2 所示。

地下工程与隧道工程技术专业进程表 表 1-2

序号	类别	课程名称	教学时数与学分				考核方式		课内教学时数及实践周数					
									第一学年		第二学年		第三学年	
			总学时	学分	理论学时	实践学时	考试学期	考查学期	一	二	三	四	五	六
									16 周	19 周	12 周	18 周	10 周	0 周
1	公共基础课程	“两课”基础	64	4	64			1	4					
2		“两课”概论	76	4	76			2		4				
3		体育	70	4	70			1,2	2	2				

续上表

序号	类别	课程名称	教学时数与学分				考核方式		课内教学时数及实践周数					
									第一学年		第二学年		第三学年	
			总学时	学分	理论学时	实践学时	考试学期	考查学期	一	二	三	四	五	六
									16周	19周	12周	18周	10周	0周
4	公共基础课程	计算机基础	96	6	64	32	1		6					
5		大学英语Ⅰ	64	4	64		1		4					
6		大学英语Ⅱ	76	4	76		2			4				
7		高等数学	64	4	64		1		4					
8		工程数学	76	4	76			2		4				
9		任选课1	24	2	24			3			2			
10		任选课2	36	3	36			4				2		
11		就业指导	10	1	10			5					1	
公共基础课程小计			656	40	624	32	课内占比		38.66%					
1	专业基础学习领域	工程制图	80	4	40	40			5					
2		工程地质	38	2	20	18	2			2				
3		土力学与基础工程	72	5	44	28	3				6			
4		工程力学	76	4	40	36	2			4				
5		钢筋混凝土	36	2	15	21		3			3			
6		工程 CAD	36	2	-6	42		3			3			
专业基础学习领域小计			338	19	153	185	课内占比		19.92%					
1	专业核心学习领域	工程测量	76	3	48	28	2			4				
2		建筑材料	48	3	20	28	3				4			
3		隧道工程	72	4	40	32	4					4		
4		施工组织设计与概预算	606	4	574	32	4					4		
5		城市地铁与轻轨概论	72	4	72	0	4					4		
6		工程监理	54	4	20	34		4				3		
7		隧道工程试验检测技术	40	3	16	24	5						4	
8		工程经济	40	4	40	0	5						4	
专业核心学习领域小计			1008	29	830	178	课内占比		59.40%					
1	专业拓展学习领域	工程软件	20	1	8	12		5					2	
2		地下建筑施工	40	3	16	24	5						4	
3		隧道运营管理	40	3	16	24	5						4	
4		施工安全实务	72	3	48	24		4				4		
5		结构力学	48	3	20	28	3				4			
6		工程招投标	30	2	22	8		5					3	
7		房屋建筑学	54	3	42	12		4				3		
专业拓展学习领域小计			304	18	172	132	课内占比		17.91%					
课内教学环节合计			2306	106	1779	527	总百分比		66.34%					

续上表

序号	类别	课程名称	教学时数与学分				考核方式		课内教学时数及实践周数					
									第一学年		第二学年		第三学年	
			总学时	学分	理论学时	实践学时	考试学期	考查学期	一	二	三	四	五	六
									16周	19周	12周	18周	10周	0周
1	独立实践环节	入学教育	1周	1		30		1	1周					
2		国防教育	2周	2		60		1	2周					
3		工程测量实训	4周	8		120		3			4周			
4		概预算实训	1周	2		30		4				1周		
5		CAD实训	1周	2		30		4			1周			
6		施工安全实训	3周	6		90		5			1周		2周	
7		工程检测实训	4周	8		120		5			1周		3周	
8		毕业顶岗实习	23周	10		690		5,6					4周	19周
独立实践环节合计			1170	39		1170	总百分比		68.95%					
课时(学分)总计			3476	145	1779	1697	周时数		25	24	22	24	22	0
周数总计									19	19	19	19	19	19
理论教学时数			1779				总百分比		51.18%					
实践教学时数			1697				总百分比		48.82%					

(三)课程设置及学时比例

在人才培养的实施过程中,各教学环节学时比例如表1-3所示。

地下工程与隧道工程技术专业课程设置及学时比例表 表1-3

项目	理论教学	实践教学			
		课内实训	专项实训	顶岗实习	合计
学时	1779	527	480	690	1697
所占比例	51.18%	48.82%			

八、毕业标准

(一)基本要求

(1)德、智、体、美等方面均通过学生管理部门考核达标。

(2)按规定完成课程(学习领域)的学习,成绩合格。

(3)完成各项独立实践环节(单列科目:如实践课、课程设计、实习、毕业实践、毕业设计等)的学习,成绩合格。

(二)考证要求

(1)必须取得全国计算机等级证(一级及以上)和英语应用能力证书(三级B)。

(2)获得至少一个本专业职业资格证书方可毕业。本专业职业资格证书如表1-4所示。

地下工程与隧道工程技术专业职业资格证书表　　表1-4

序号	考 核 项 目	考核发证部门	等 级 要 求
1	测量工	人力资源与社会保障部	四级
2	施工员	住房和城乡建设委员会	员级
3	安全员	住房和城乡建设委员会	员级
4	资料员	住房和城乡建设委员会	员级
5	材料员	住房和城乡建设委员会	员级
6	质检员	住房和城乡建设委员会	员级

（三）其他要求

完成任选课的学习，并取得5学分。

第二部分　支撑材料

一、专业人才培养实施条件

（一）专业教学团队

1. 师资数量与结构

（1）教师队伍数量应与学生规模相适应，生师比控制在 16∶1 左右。

（2）教师队伍结构优化，梯队合理，45 岁以下青年教师中研究生学历或硕士以上学位比例达到 30%，专任教师中高级职称的比例≥30%，专任教师中具备双师素质教师的比例应达到 80% 以上。

（3）每个学习领域（课程）的教师应不少于 2 人，其中专业核心学习领域应配备相关专业中级技术职称以上的双师素质教师 2 人。

（4）各专业学习领域及独立实践环节，均应配备行业企业工程技术人员担任兼职教师，兼职教师折算比例应达到 50% 左右。

（5）专业实习（训）指导教师均为大专以上学历或中级以上职称。实习（训）指导教师具有中高级职称比例≥20%。

2. 业务水平

教师应具备良好的职业道德和一定的教学科研能力，达到高等教育教师任职资格的要求且具备高等教育教师任职资格。其中主讲教师应由具备讲师以上职称的专任教师或工程师以上职称的兼职教师担任，参加科学研究或技术服务的专任教师人数不少于专任教师总数的 30%。

3. 教学团队现状

地下工程与隧道工程技术专业现有专业教师 42 人，其中专任教师 26 人，从施工、检测、监理、设计等相关单位聘请了具有丰富实践经验的兼职教师 16 名。专任教师中省高等学校教学名师 1 人、省高等学校中青年学科带头人 1 人、省高等学校中青年骨干教师 3 人，双师素质教师达 20 人。

（二）专业教学资源

1. 选用优秀的高职高专规划教材

在选择教材时，必须力争选用高水平的教材，杜绝质量低劣的教材进入课堂，不断提高教学质量，满足新形势发展的要求。鼓励优先选用教育部“面向 21 世纪课程教材”、国家级和省部级规划教材、教育主管部门或教学指导委员会推荐的教材；优先选用近三年出版的新教材或修订版教材；优先选用具有鲜明行业特征的高职高专规划教材、特色教材和精品教材。

本专业核心学习领域推荐使用的教材如表 1-5 所示。

地下工程与隧道工程技术专业核心学习领域推荐使用教材表 表1-5

课 程 名 称	推荐使用教材	主　编	ISBN
工程测量	隧道工程测量	张项铎、张正禄	978-7-5030-0910-5
建筑材料	道路材料	陈晓明、周娟	978-7-5650-0728-6
隧道工程	隧道工程	黄成光	978-7-114-07251-2
施工组织设计与概预算	公路施工技术	金仲秋	978-7-114-08205-4
工程监理	建设工程监理	李清立	978-7-5121-1044-1
施工安全实务	公路隧道施工安全技术管理	赵存明	978-7-114-09894-9
隧道工程试验检测技术	隧道工程试验检测技术	陈建勋	978-7-114-05351-7

2. 开发基于工作过程的校本教材

与合作企业共同开发基于工作过程的校本教材，以弥补国家及地方统编教材的不足，体现本校本专业的专业特色。在基于工作过程的校本教材开发过程中，校方与企业用人单位进行紧密联系，从实际工作岗位的典型工作任务出发，以完成实际工作任务所需要的知识为学习内容，以培养企业所需的职业能力为目标，以实践过程的学习为主要过程，融入企业标准和行业规范，使之成为理实一体化教学的适用教材。专业核心学习领域教材一般要求为特色鲜明的校本教材，或国家和地区职业教育优质教材。

3. 选用精品资源共享课程

充分利用现有国家和地方的精品资源共享课程开展教学，加强网络学习平台建设，通过慕课、个人空间、网络课程等网络技术构建日常教学课程网站，整合各种优质教学资源进行专业教学。

4. 专业网络教学资源

以数字化校园为运行载体，以学习领域（课程）为组织形式，利用网络学习平台建设共享性网络教学资源库，主要包括试题库、课件库、专业教学素材库、教学录像库等。

网络教学资源库的建议配置如表1-6所示。

地下工程与隧道工程技术专业网络教学资源库的建议配置 表1-6

类别	资　源	主要内容与要求	备注
专业基本资源	专业简介	专业代码、招生对象、学制、就业面向、专业特点、主要课程等	专业介绍
	人才培养方案	主要包括培养目标、专业面向的职业岗位分析、专业定位、课程体系、核心课程描述、教学进程、毕业标准、实施条件、实施规范、实施流程、实施保障等	
	课程标准	专业核心课程的课程标准	
	教学文件	教学管理相关文件	
课程教学资源	教学指南	本课程的作用、目标和要求，本课程与职业岗位的关系，本课程与其他课程的关系，本课程的主要特点、课程结构、课程内容、课时分配、课程的重点与难点、实践教学体系、课程教学方法、课程教学资源、课程考核、课程授课方案设计、课程建设与工学结合效果评价等	专业基本配置
	教学设计	主要包括学时安排、学习任务设计、学习内容确定、教学目标设定、教学重点难点分析及处理、任务工单提供、教学方法建议、教学手段选用、教学设施和教学场地安排、教学实施要求、课程考核方法以及课后总结等	

续上表

类别	资 源	主要内容与要求	备注
课程教学资源	多媒体课件	优质核心课程课件	专业基本配置
	教学视频库	课程设计录像、课堂教学录像、实训操作演示录像等	
	案例库	以一个完整的企业项目为案例单元，通过观看、阅读、学习、分析案例，实现知识内容的传授、知识技能的综合应用展示、知识迁移、技能掌握等	
	Falsh 资源	教学难点的动漫演示	
	实训项目	实训目标、实训设备、实训要求、实训内容与步骤、实训项目考核和评价标准、实训报告或总结、技术手册、操作规程与安全注意事项	
	学生作品	学生学习成果、实训作品和生产产品	
自主学习资源	学习指南	课程学习目标与要求，重点、难点提示及释疑，学习方法，典型任务解析，自我测试题及答案，参考资料和网站	专业特色配置
	测试题库	知识和技能测试	
	视频库	学习任务实施操作视频资料	
	网络课程	基于互联网的处方自主学习平台	
	课程链接	与本专业相关的网站	
拓展学习资源	拓展视频资源	其内容可以在教学标准的基础上适当拓展	专业拓展选配
	文献库	与本课程或本专业相关的行业标准、企业规范、专利资料、法律法规、技术资料、成功案例等	
	仪器设备操作手册	常用仪器设备的操作手册	
	仿真教学	按教学内容列出仿真软件，并提供应用入口	
	课程 BBS	建立由专人管理的网上论坛	
	网上答疑	按主讲教师开设答疑室	
	其他资源	素质教育模块、课外活动园地	

5. 其他教学资源

学院图书馆或资料室应当配置数量适当、结构合理、技术新颖的本专业纸质和电子图书，为专业学习、教学、科研和社会服务提供良好的信息服务；学院配置的电子图书，具有良好服务功能，能为专业教学资源库建设提供大数据服务。

（三）实验实训条件

1. 校内实训条件

为了满足实践教学需要，应有一定数量适应本专业教学需要的校内实训场所。应有满足学生基本技能培训需要的建筑材料实训（验）室、工程岩土实训（验）室、地质实训（验）室、工程测量实训（验）室、结构检测实训（验）室、地下工程施工实训（验）室等。

根据地下工程与隧道工程技术专业人才培养的需要，校内实训条件建议如表 1-7 所示。

地下工程与隧道工程技术专业校内实训条件建议配置 表 1-7

序号	名 称	主要设备	主要功能	对应课程	容纳人数
1	工程测量实训室	自动安平水准仪、电子水准仪、5"全站仪、动态 GPS 等	主要承担高程测量、施工放样等实训;开展测量工技能鉴定	工程测量	60 人
2	建筑材料实训室	洛杉矶磨耗机、勃氏透气仪、岩石分类回弹仪、落锤冲击试验机、冻融试验机、混凝土磨耗试验机、沥青混合料搅拌机、马歇尔自动击实仪、马歇尔试验仪、全自动沥青抽提仪、薄膜烘箱、沥青混合料材料性能试验系统等	主要承担水泥性能试验、集料性能试验、水泥混凝土性能试验、沥青三大指标试验、沥青混合料取样试验、沥青混合料性能等实训;开展试验工技能鉴定	建筑材料	60 人
3	土工实训室	CBR 值测定仪、平板载荷测试仪、电动直剪仪、便携式可变能量动力触探仪、土工合成材料蠕变试验仪、土工静三轴试验仪、数显液塑限联合测定仪等	主要承担 CBR 值测试、界限含水率试验、直接剪切试验、地基承载力测试、三轴试验、土工合成材料性能测试等实训	钢筋混凝土	60 人
4	隧道勘测设计实训室	电脑、专业软件等	开展勘察设计综合实训、师资培养、社会培训等	隧道工程试验检测技术	60 人
5	隧道工程检测实训室	电脑、试验数据处理软件等	开展试验检测综合实训、师资培养及社会培训等	隧道工程试验检测技术	60 人
6	隧道工程实训基地	典型隧道工程构造物等	试验检测人员考核、隧道工程认知、隧道工程检测、结构展示等	隧道工程地下建筑施工	60 人

2. 校外实训条件

校外实训基地是学生提高技能,掌握地下工程与隧道工程建设各岗位能力要求,提高专业素质、岗位技能,培养良好职业道德、工作作风和职业素质的重要场所。为了实现人才培养目标,应结合工程建设项目建立数量、岗位足够、动态(工程建设项目)和固态(地下工程与隧道工程技术行业企业)相结合的稳定的校外实习基地,满足学生顶岗实习和就业的需求。校外实训基地的基本要求是:

(1)固定校外实训基地应选择资质高、管理规范,在行业内具有一定影响力的大、中型施工企业和交通建设行业职能机构。

(2)动态校外实训基地应选择具有代表性和典型意义的重点工程建设项目,具备学生实训实习期间的安全和劳动保护等措施。

(3)具备相应的教学场地,有水平较高、实践经验丰富的科研、管理和生产人员担任实习实训指导教师,实习实训项目、内容与学生所学专业相符,能满足实训环节各项教学任务要求。

(4)每年接受实习实训学生能达到一定规模。

二、专业人才培养实施规范

(一)课程教学标准

1. 公共基础课程教学标准

本部分内容请参阅本书的附录部分。

2. 专业基础学习领域教学标准(表1-8)

专业基础学习领域教学标准　　表1-8

学习领域1	工程制图		
学期	第1学期	参考学时	80学时
职业能力要求	1. 熟悉道路工程制图国家标准; 2. 能运用绘图和读图的基本理论和方法,解决空间度量问题和定位问题,并根据需要画出相应图样,具备空间想象与空间思维能力; 3. 能绘制与识读简单的工程图样; 4. 掌握绘制和识读工程图样的相关理论知识和技能; 5. 掌握绘制和识读简单工程图样的技能		
学习目标	通过本学习领域的学习,在引导学生掌握工程制图的基本知识、基本理论和基本方法的基础上,培养学生运用国家现行道路工程制图标准,识读与绘制工程图样的能力,并培养学生科学的思维方法和创新意识,从而为识绘后续专业课程学习中所涉及的专业工程图样做好前期准备		
学习内容	学习情境1:制图的基本知识和基本技能 学习情境2:点、直线、平面的投影 学习情境3:立体的投影 学习情境4:组合体的视图及尺寸注法 学习情境5:轴测图 学习情境6:工程常用的表达方法 学习情境7:构造图 学习情境8:施工图 学习情境9:配筋图		
学习领域2	工程地质		
学期	第2学期	参考学时	57学时
职业能力要求	1. 能够辨别常见的基本矿物; 2. 能够辨别常见的基本岩石; 3. 能够识别断层、褶皱等地质构造; 4. 能够识别滑坡、崩塌等不良地质现象; 5. 掌握基本常见岩石的性质; 6. 掌握断层、褶皱等地质构造对工程的影响; 7. 掌握滑坡、崩塌等不良地质现象对工程的影响		
学习目标	使学生了解工程建设中经常遇到的工程地质现象和问题,以及这些现象和问题对工程的影响,并能正确处理和合理利用自然地质条件,培养学生具有阅读、分析、合理利用工程地质勘查资料和解决工程地质问题的初步能力,为从事城市轨道交通工程技术工作打下基础		

续上表

<table>
<tr><td>学习领域2</td><td colspan="3">工程地质</td></tr>
<tr><td>学期</td><td>第2学期</td><td>参考学时</td><td>57学时</td></tr>
<tr><td>学习内容</td><td colspan="3">学习情境1:工程地质常用认知
学习情境2:地壳及其物质组成
学习情境3:地质年代与第四纪地质概述
学习情境4:地质构造
学习情境5:地下水
学习情境6:地表地质作用</td></tr>
<tr><td>学习领域3</td><td colspan="3">土力学与基础工程</td></tr>
<tr><td>学期</td><td>第3学期</td><td>参考学时</td><td>84学时</td></tr>
<tr><td>职业能力要求</td><td colspan="3">1. 能说明土中应力的种类及其分布规律,进行计算土中应力;
2. 能说明地基沉降量计算原理,应用分层总和法计算基础总沉降量,描述沉降与时间关系;
3. 学会一定埋置深度的基础下的地基应力计算及桥台后填土引起的基底附加应力计算;
4. 会操作土的固结试验和直接剪切试验、地基承载力检测等仪器设备,并能整理试验结果和编写试验报告;
5. 能说明地基承载力确定方法及其适用条件;
6. 能进行受力分析和计算作用于挡土墙上的土压力;
7. 描述软弱地基的特点、地基加固方法的分类,说明公路桥涵及人工构造物基础工程较为常用的地基加固方法;
8. 能初步根据技术规范和设计要求对挡土墙和桥涵地基设计方案进行技术和经济性评价;
9. 能说明常用基础的一般特点、主要类型和适用情况;
10. 能说明常用基础的构造;
11. 会操作基础技术性质检验的仪器;
12. 能进行基础的设计与计算;
13. 能说明基础的施工程序和要点,
14. 能根据施工技术规范对常用基础的质量进行检查和控制</td></tr>
<tr><td>学习目标</td><td colspan="3">本学习领域是使学生具备基础工程的试验与检测、基础的施工方法、施工工艺和施工技术等工作任务的技能和相关理论知识</td></tr>
<tr><td>学习内容</td><td colspan="3">学习情境1:认知自然界的土、石、地基与基础
学习情境2:土的物理性质及工程分类
学习情境3:土中应力
学习情境4:土体强度及地基承载力
学习情境5:土压力与土坡稳定
学习情境6:人工地基
学习情境7:基础计算
学习情境8:基础施工</td></tr>
<tr><td>学习领域4</td><td colspan="3">工程力学</td></tr>
<tr><td>学期</td><td>第2学期</td><td>参考学时</td><td>76学时</td></tr>
<tr><td>职业能力要求</td><td colspan="3">1. 会对结构的计算简图进行受力分析;
2. 会对轴向拉压构件进行强度、刚度分析;
3. 会对剪切构件进行强度、刚度分析;
4. 会对扭转构件进行强度、刚度分析;
5. 会对弯曲构件进行强度、刚度分析;
6. 会对组合构件进行强度和稳定性分析</td></tr>
</table>

续上表

学习领域4	工程力学		
学期	第2学期	参考学时	76学时
学习目标	通过本学习领域的学习，使学生对工程设计中有关构件的强度、刚度、稳定性等问题具有明确的基本概念，掌握必要的基础理论同时具有一定的计算能力。培养学生应用工程力学的理论和方法，分析、解决工程实际中的力学问题的能力，从而为学习后继课程和工程设计打下坚实的基础		
学习内容	学习情境1：工程力学认知 学习情境2：静力学的基本知识 学习情境3：平面力系的合成与平衡 学习情境4：轴向拉伸与压缩 学习情境5：梁的内力、应力计算		
学习领域5	钢筋混凝土		
学期	第3学期	参考学时	42学时
职业能力要求	1. 能够具备结构配筋计算的能力； 2. 能够正确认识钢筋混凝土材料及其性质； 3. 能够正确掌握结构、结构构件受力特点及配筋方式； 4. 能够根据钢筋混凝土结构的设计原理解决施工中遇到的问题； 5. 能够运用所学内容进行钢筋混凝土结构的设计、计算； 6. 能够具备综合运用所学知识分析和解决钢筋混凝土基本构件有关问题； 7. 能够独立完成钢筋的力学检查； 8. 能够独立完成混凝土的原材料检查及测定混凝土的强度； 9. 能够进行简单的轴心受压计算		
学习目标	通过本学习领域的学习，使学生掌握一般钢筋混凝土结构、结构构件的设计原理、过程和方法。教学过程中突出实践操作能力培养和职业能力培养，将职业素质养成教学融入日常教学之中，使学生具有较强的信息获取、整理、分析和共享能力，能运用所学的专业知识解决生产实际中遇到的问题，并具有较好的职业素质和社会能力		
学习内容	学习情境1：钢筋混凝土的力学性能 学习情境2：设计原则 学习情境3：受弯承载力计算 学习情境4：受压承载力计算 学习情境5：预应力混凝土结构		
学习领域6	工程CAD		
学期	第3学期	参考学时	42学时
职业能力要求	1. 熟悉道路工程制图国家标准； 2. 能运用绘图和读图的基本理论和方法，解决空间度量问题和定位问题，并根据需要画出相应图样，具备空间想象与空间思维能力； 3. 能绘制与识读简单的工程图样； 4. 能应用CAD软件绘制简单的工程图样		
学习目标	本学习领域的目标是要求学生掌握计算机绘图的基本概念和基本知识，学习Auto CAD软件的基本操作和绘图技能。提高计算机绘图的技能。通过实训，掌握工程类施工图的计算机绘制方法和图纸要求，提高工程类施工图的计算机绘图能力。达到中等设计院的计算机绘图水平。掌握计算机绘图的基本概念和基本知识，掌握Auto CAD软件的各种绘图命令知识和操作命令知识。掌握计算机绘图的基本技能和综合技能，通过课内实训和集中实训，掌握工程类施工图的绘制技能，达到设计院工程类施工图的绘图职业能力		

续上表

学习领域 6	工程 CAD		
学期	第 3 学期	参考学时	42 学时
学习内容	学习情境 1:工程施工图的组成 学习情境 2:工程图案的绘制 学习情境 3:工程配景的绘制 学习情境 4:工程平面施工图的绘制 学习情境 5:工程立面施工图的绘制 学习情境 6:工程剖面施工图的绘制		
学习领域 7	结构力学		
学期	第 3 学期	参考学时	56 学时
职业能力要求	1. 熟悉工程结构中常见约束及其简化表达方法,掌握简单结构的计算简图的画法,了解平面杆系结构的分类; 2. 熟练掌握杆系结构的几何组成规律,快速判别平面杆系的几何性质,了解静定结构与超静定结构的构造差别与求解差别; 3. 熟练掌握各种静定结构的内力计算特点与方法,熟练绘制梁与刚架的内力图; 4. 熟悉位移计算的一般公式。熟练掌握用图乘法求解梁和刚架在荷载作用下的位移; 5. 熟练掌握用力法求解各种超静定结构,会利用结构的对称性对结构进行简化计算; 6. 了解位移法的解题思路,掌握力矩分配法计算连续梁的方法; 7. 了解影响线及其应用,了解梁的内力包络图的概念		
学习目标	本学习领域的目标是掌握结构的几何组成规律,分段叠加法作弯矩图;学习静定多跨梁与静定刚架的内力图;掌握计算桁架内力的结点法及截面法;了解结构位移计算的一般公式,掌握荷载作用下的位移计算及举例,图乘法;超静定结构的组成及超静定次数。力法的基本概念;学习位移法的基本概念;了解用力矩分配法计算连续梁和无结点线位移的刚架和移动荷载和影响线的概念		
学习内容	学习情境 1:三铰拱的反力与内力,合理拱轴曲线 学习情境 2:结构位移计算的一般公式,互等定理 学习情境 3:对称结构的简化计算 学习情境 4:位移法的基本未知量数目 学习情境 5:连续梁的内力包络图		

3. 专业核心学习领域教学标准(表 1-9)

专业核心学习领域教学标准　　表 1-9

学习领域 1	工程测量		
学期	第 2 学期	参考学时	76 学时
职业能力要求	1. 能够正确规范地使用和操作不同精度测量仪器(包括水准仪、经纬仪、全站仪、测距、GPSRTK 等); 2. 能够准确地使用水准仪进行不同水准路线的高程测量(闭合、附合、支水准路线); 3. 能够准确地使用经纬仪进行方向观测法和全圆测回法观测水平角和竖直角; 4 能够准确地使用全站仪、测距仪和丈量工具进行距离测量; 5. 能够准确地进行直线方向的定向; 6. 能够进行带状和局部地形图的控制测量与地形图的测绘; 7. 能够掌握路线平面、纵断面和横断面基本知识及要求;		

续上表

学习领域 1	工程测量		
学期	第 2 学期	参考学时	76 学时
学习目标	通过本课程的学习,让学生充分掌握工程测量的理论基础和基本技能,并且能通过职业技能考试,获取测量工证书。在后续的工作中,能灵活运用各项测量技术,胜任工程测量工作		
学习内容	学习情境 1:水准点的高程测量 学习情境 2:导线测量 学习情境 3:地形图测绘与应用 学习情境 4:隧道中桩测设及纵横断面测量		
学习领域 2	建筑材料		
学期	第 3 学期	参考学时	84 学时
职业能力要求	1. 能正确描述常用土木工程材料的技术性能与技术要求; 2. 会进行土木工程常用材料的试验操作; 3. 会进行普通水泥混凝土的配合比设计; 4. 会进行防水混凝土的组成设计; 5. 能够依照现行规范、标准及规程完成试验报告		
学习目标	通过本课程的学习,使学生基本掌握常用建筑材料的技术性质、工程应用及相关的检验检测技能,以便在工程实践中正确合理地选用建筑材料。学生学习本课程后,通过职业技能考试,能获取材料员职业资格证书		
学习内容	学习情境 1:钢筋混凝土材料 学习情境 2:砌体工程材料 学习情境 3:防水材料 学习情境 4:装饰材料		
学习领域 3	隧道工程		
学期	第 4 学期	参考学时	64 学时
职业能力要求	1. 能够正确识读隧道结构构造; 2. 能够正确描述我国隧道围岩分类法; 3. 能够进行隧道围岩压力计算; 4. 能够准确地使用全站仪、测距仪和丈量工具; 5. 能够进行隧道横断面测量; 6. 能够具备隧道支护结构施工工艺应用能力; 7. 能够具备隧道新奥法施工应用的能力; 8. 能够识读隧道施工图; 9. 能编制典型方法施工工艺流程图; 10. 能够依照现行规范、标准及规程完成质量检测报告		
学习目标	通过本课程的学习,培养学生理解并掌握隧道工程的基本概念,隧道修建的基本思路、基本方法;熟悉隧道的开挖方法、衬砌支护措施,熟悉隧道结构构造特点,正确计算隧道围岩压力,了解隧道的养护方法、运营通风与运营管理措施。突出培养学生的职业能力,充分体现基于职业岗位分析和职业岗位技术应用能力的培养		

续上表

<table>
<tr><td>学习领域 3</td><td colspan="3">隧道工程</td></tr>
<tr><td>学期</td><td>第 4 学期</td><td>参考学时</td><td>64 学时</td></tr>
<tr><td>学习内容</td><td colspan="3">学习情境 1:隧道结构图识读
学习情境 2:围岩分类与围岩压力计算
学习情境 3:隧道开挖施工
学习情境 4:钻爆法掘进技术
学习情境 5:衬砌支护施工
学习情境 6:复杂条件下隧道施工
学习情境 7:监控量测与质量评定
学习情境 8:养护与维修管理</td></tr>
<tr><td>学习领域 4</td><td colspan="3">施工组织设计与概预算</td></tr>
<tr><td>学期</td><td>第 4 学期</td><td>参考学时</td><td>64 学时</td></tr>
<tr><td>职业能力要求</td><td colspan="3">1. 掌握安全管理方法;
2. 掌握进度管理方法;
3. 掌握质量管理方法;
4. 掌握合同管理方法;
5. 掌握造价管理方法;
6. 掌握信息管理方法</td></tr>
<tr><td>学习目标</td><td colspan="3">通过学习使学生熟练掌握隧道工程管理领域的基本知识,了解隧道工程招投标与合同管理的现状和发展趋势,掌握隧道工程招投标与合同管理各研究领域的基本理论和方法,深刻认识隧道工程招投标与合同管理在工程管理中的地位和作用,为隧道工程招投标与合同管理在我国的发展与利用培养专门的管理人才</td></tr>
<tr><td>学习内容</td><td colspan="3">学习情境 1:安全管理
学习情境 2:质量管理
学习情境 3:进度管理
学习情境 4:合同管理
学习情境 5:造价管理</td></tr>
<tr><td>学习领域 5</td><td colspan="3">城市地铁与轻轨概论</td></tr>
<tr><td>学期</td><td>第 4 学期</td><td>参考学时</td><td>64 学时</td></tr>
<tr><td>职业能力要求</td><td colspan="3">1. 能够正确识读隧道结构构造;
2. 能够正确描述我国公路隧道围岩分类法;
3. 能够进行隧道围岩压力计算;
4. 能够准确地使用全站仪、测距仪和丈量工具;
5. 能够进行隧道横断面测量;
6. 能够具备隧道支护结构施工工艺应用能力;
7. 能够具备隧道新奥法施工应用的能力;
8. 能够识读隧道施工图;
9. 能编制典型方法施工工艺流程图;
10. 能够依照现行规范、标准及规程完成质量检测报告</td></tr>
</table>

续上表

<table>
<tr><td>学习领域5</td><td colspan="3">城市地铁与轻轨概论</td></tr>
<tr><td>学期</td><td>第4学期</td><td>参考学时</td><td>64学时</td></tr>
<tr><td>学习目标</td><td colspan="3">通过本课程的学习，使学生掌握轨道构造、轨道铺设方法、轨道的维护及管理、地铁与轻轨交通系统线路规划与设计、地铁与轻轨车站设计、城市轨道施工等方面的内容，建立本课程和相关课程之间的联系，培养学生创造思维和综合能力，进一步提高和训练学生的工程制图、理论分析、设计计算以及计算机应用能力，使学生熟悉有关的设计规范和工具书，具有一定的分析、解决实际问题的能力，以及积极探索、勇于创新的精神，对毕业后从事轨道工程的设计及施工打下良好的基础</td></tr>
<tr><td>学习内容</td><td colspan="3">学习情境1:轨道概述及构造
学习情境2:轨道线路
学习情境3:轨道的维护及管理
学习情境4:地铁与轻轨交通系统线路规划与设计
学习情境5:城市轨道施工</td></tr>
<tr><td>学习领域6</td><td colspan="3">工程监理</td></tr>
<tr><td>学期</td><td>第4学期</td><td>参考学时</td><td>48学时</td></tr>
<tr><td>职业能力要求</td><td colspan="3">1. 掌握建设项目监理规划编制方法；
2. 掌握建设项目投资控制方法；
3. 掌握建设项目进度控制方法；
4. 掌握建设项目质量控制方法；
5. 掌握建设项目合同管理方法；
6. 掌握建设项目施工安全监理方法</td></tr>
<tr><td>学习目标</td><td colspan="3">通过学习使学生熟练掌握隧道工程施工技术、检测技术、施工监理技术，具备对施工费用、施工进度、施工质量、施工安全及环境控制的能力和对施工项目的管理能力，课程学习结束后，可以通过职业资格考试，获取监理员证书</td></tr>
<tr><td>学习内容</td><td colspan="3">学习情境1:建设工程监理概述
学习情境2:建设工程建设监理
学习情境3:建设工程安全施工监理
学习情境4:建设工程施工合同管理
学习情境5:建设工程信息管理</td></tr>
<tr><td>学习领域7</td><td colspan="3">施工安全实务</td></tr>
<tr><td>学期</td><td>第4学期</td><td>参考学时</td><td>64学时</td></tr>
<tr><td>职业能力要求</td><td colspan="3">1. 掌握建筑工程的安全管理体制；
2. 掌握项目安全监理工作的策划；
3. 掌握安全监理危险源的分类与控制；
4. 掌握安全监理的审核查验职责；
5. 掌握项目安全监理工作的现场监控重点；
6. 掌握安全隐患的督促整改职责；
7. 掌握伤亡事故的报告、调查、处理</td></tr>
<tr><td>学习目标</td><td colspan="3">通过学习使学生熟练掌握建筑工程的安全管理体制和项目安全监理策划，学习安全隐患源头的分类和控制。掌握安全人员的责任和现场检验核查的职责。掌握伤亡报告的编写，伤亡人员的调查和处理</td></tr>
</table>

续上表

<table>
<tr><td>学习领域 7</td><td colspan="3">施工安全实务</td></tr>
<tr><td>学期</td><td>第 4 学期</td><td>参考学时</td><td>64 学时</td></tr>
<tr><td>学习内容</td><td colspan="3">学习情境 1:建筑工程安全管理体制
学习情境 2:建筑工程危险源头的控制
学习情境 3:安全监理工作现场监控
学习情境 4:安全隐患的分类与整改
学习情境 5:伤亡事故的调查研究</td></tr>
<tr><td>学习领域 8</td><td colspan="3">隧道工程试验检测技术</td></tr>
<tr><td>学期</td><td>第 5 学期</td><td>参考学时</td><td>44 学时</td></tr>
<tr><td>职业能力要求</td><td colspan="3">1. 掌握常规定期检测注意事项与方法;
2. 掌握桥梁隧道结构定期检测方法;
3. 掌握水下构件和预埋构件检测方法;
4. 掌握桥梁隧道承载能力鉴定方法;
5. 掌握长期监控点布设及首次观测方法;
6. 掌握编写桥梁隧道的最终检测报告</td></tr>
<tr><td>学习目标</td><td colspan="3">通过学习使学生熟练掌握桥梁与隧道工程常规定期检测、结构定期检测、水下及隧道构件检测、承载能力鉴定、长期监控点布设及首次观测、提交各桥梁隧道的最终检测报告等,课程学习结束后,可以通过职业资格考试,获取监理员证书</td></tr>
<tr><td>学习内容</td><td colspan="3">学习情境 1:常规定期检测
学习情境 2:结构定期检测
学习情境 3:承载能力鉴定
学习情境 4:长期监控点布设及首次观测</td></tr>
<tr><td>学习领域 9</td><td colspan="3">地下建筑施工</td></tr>
<tr><td>学期</td><td>第 5 学期</td><td>参考学时</td><td>44 学时</td></tr>
<tr><td>职业能力要求</td><td colspan="3">1. 能够看图识别交通工程隧洞的类型及组成;
2. 能够进行隧洞的线路选择及工程布置;
3. 能够根据资料及现场判别围岩稳定性;
4. 能够进行系部构造设计并绘图;
5. 能够根据适用条件合理选择开挖方法;
6. 能够确定辅助作业内容及布置;
7. 能够描述地下结构布置的特点、基本尺寸和形式;
8. 能够描述噪声控制措施;
9. 能根据地下结构围岩情况选择支护形式;
10. 能够进行地下结构系统洞室开挖工作面设计;
11. 编制地下结构系统洞室开挖指导书</td></tr>
<tr><td>学习目标</td><td colspan="3">通过对本课程的学习,学生能从事地下建筑物的初步设计、施工工作及参与施工组织管理、地下工程管理工作。掌握地下建筑物的有关基础知识、基本理论。了解布置的一般原则,掌握地下建筑物的布置、形式、构造、工作特点;掌握地下建筑物施工的基本知识,熟悉其施工工艺及施工程序、方法、质量控制要求。突出培养学生的职业能力,充分体现基于职业岗位分析和职业岗位技术应用能力的培养</td></tr>
</table>

续上表

学习领域9	地下建筑施工		
学期	第5学期	参考学时	44学时
学习内容	学习情境1:隧洞布置与结构认知 学习情境2:隧洞施工 学习情境3:地下结构布置与认知 学习情境4:地下结构施工		
学习领域10	隧道运营管理		
学期	第5学期	学期	44学时
职业能力要求	1. 掌握隧道运营问题的内容; 2. 掌握隧道运营环境的内容; 3. 掌握隧道管理的方法		
学习目标	培养学生系统地学习隧道运用与管理领域的基本知识,了解隧道运营的通风、照明防火等交通监控问题,明白隧道施工的危险因素,根据施工的具体条件实施动态的管理使工程风险规避		
学习内容	学习情境1:隧道运营的问题 学习情境2:隧道运营环境 学习情境3:隧道管理		
学习领域11	工程经济		
学期	第5学期	参考学时	44学时
职业能力要求	1. 能运用资金时间价值进行方案动态评价分析; 2. 能在不同条件下,根据方案间的不同关系进行方案的比选; 3. 能根据设备不同的磨损形式采取不同的补偿方式进行补偿; 4. 在确定性评价的基础上,对项目能进行不确定性分析; 5. 结合建设项目经济评价方法,能进行项目的财务评价; 6. 利用价值工程知识,能结合实际案例进行分析和应用; 7. 能够编写项目初步可行性研究报告		
学习目标	培养学生掌握资金时间价值的等值计算和单方案评价指标;熟悉方案选择的目的、条件;掌握方案类型、独立方案和互斥方案的选择;掌握设备的有形、无形磨损概念;设备的经济寿命概念及经济寿命的计算;熟悉更新方案的评价与选择;掌握不确定性分析的含义及相关方法;掌握费用效益的识别与估算;掌握价值工程的概念、原理和基本方法		
学习内容	学习情境1:资金时间价值 学习情境2:工程经济分析的基本要素 学习情境3:工程经济评价方法 学习情境4:工程项目财务评价		

4. 专业拓展学习领域教学标准(表1-10)

专业拓展学习领域教学标准　　表1-10

学习领域1	工程软件		
学期	第5学期	参考学时	22学时
职业能力要求	1. 掌握同望概预算软件使用方法; 2. 掌握纵横概预算软件使用方法; 3. 学生能够合理地选择工程单价、各类费用等; 4. 掌握同望和纵横两个概预算软件,能够正确快速地使用这两个概预算软件		

续上表

<table>
<tr><td>学习领域 1</td><td colspan="3">工程软件</td></tr>
<tr><td>学期</td><td>第 5 学期</td><td>参考学时</td><td>22 学时</td></tr>
<tr><td>学习目标</td><td colspan="3">通过学习培养学生系统地学习隧道工程预算软件的基本知识，了解隧道预算软件的现状和发展趋势，掌握同望概预算软件和纵横概预算软件的计算原理与操作方法，为隧道工程培养高素质的预算人才</td></tr>
<tr><td>学习内容</td><td colspan="3">学习情境 1：同望概预算软件
学习情境 1：纵横概预算软件</td></tr>
<tr><td>学习领域 2</td><td colspan="3">工程招投标</td></tr>
<tr><td>学期</td><td>第 5 学期</td><td>参考学时</td><td>33 学时</td></tr>
<tr><td>职业能力要求</td><td colspan="3">1. 能够完成隧道工程定额的套用；
2. 能够进行隧道工程定额的换算调整计算；
3. 能够用计算机建立文档；
4. 能够用计算机完成文档的版式编排；
5. 能够编制概算和预算文件；
6. 能够应用计算机造价系统编制概算和预算文件；
7. 能够应用计算机造价系统编制标的及投标报价；
8. 能够编制投标文件；
9. 能够初步编制竣工决算报告</td></tr>
<tr><td>学习目标</td><td colspan="3">通过本课程的学习，使学生系统地掌握工程招投标的准备阶段的工作任务，具备工程造价与招投标的技能和相关理论知识，在掌握工程造价确定与控制的能力、工程项目招标、投标与合同拟定的基本能力的基础上，能够承担公路工程概预算的编制、工程结算与决算、工程项目招标、投标与合同拟定等工作任务。同时培养诚实、守信、善于沟通和合作的品质，为发展职业能力奠定良好的基础</td></tr>
<tr><td>学习内容</td><td colspan="3">学习情境 1：工程造价的基础知识
学习情境 2：隧道工程定额
学习情境 3：隧道工程投资估算
学习情境 4：隧道工程概、预算
学习情境 5：隧道工程施工招标与投标
学习情境 6：隧道工程费用结算与竣工决算</td></tr>
<tr><td>学习领域 3</td><td colspan="3">房屋建筑学</td></tr>
<tr><td>学期</td><td>第 4 学期</td><td>参考学时</td><td>48 学时</td></tr>
<tr><td>职业能力要求</td><td colspan="3">1. 掌握民用建筑的构造组成及各自的作用；
2. 掌握建筑模数协调标准的意义及划分原则；
3. 掌握定位轴线的划分方式，了解定位轴线编号的原则和意义；
4. 了解民用建筑的构造组成；
5. 掌握地基、基础、基础埋置深度的基本概念；
6. 掌握常见基础的分类，了解基础的一般构造；
7. 掌握墙的作用、分类、构造要求和承重方案；
8. 了解常见细部构造，实际工程中的应用；
9. 了解墙面装修的种类、作用、常见的墙面装修构造；
10. 掌握地下室的一般知识及防潮层、防水层的常见构造</td></tr>
</table>

续上表

学习领域3	房屋建筑学		
学期	第4学期	参考学时	48学时
学习目标	通过本课程的学习,使学生系统地掌握建筑的构造组成及各构造组成部分之间的空间准确定位;掌握建筑构造的方法及其原理;学会应用国家建筑设计有关规范,具有按照国家制图标准进行正确表达设计意图的能力		
学习内容	学习情境1:民用建筑设计 学习情境2:民用建筑构造 学习情境3:民用建筑工业化体系 学习情境4:工业建筑构造		

5. 独立实践环节教学标准(表1-11)

独立实践环节教学标准　　表1-11

环节9	毕业顶岗实习		
学期	第5、6学期	学时	690学时
职业能力要求	通过毕业顶岗实习使学生加深对专业理论知识的理解,培养和提高学生实际操作和分析问题、解决问题的能力,使学生综合运用所学理论知识与地隧工程施工管理实践紧密结合,为毕业后从事施工技术管理等工作打下良好的基础		
学习目标	1. 在实习过程中认知设计或施工等企业的工作流程和各岗位的职责任务,提高岗位的适应能力,学会以各种方式学习,综合素质要有明显进步; 2. 将施工等专业知识和相关政策法规结合,运用到相应的实践岗位,提高观察问题、发现问题、分析问题、解决问题的能力,提高专业水平; 3. 在规范有序的实际工作中养成努力钻研、吃苦耐劳的精神		
学习内容	1. 掌握各种地隧工程构造物的种类、功能、构造及组成等,能进行现场读图和勘误; 2. 掌握各种地隧工程构造物的施工方法、施工测量、施工组织、场地布置、安全生产、施工设备、材料实验及施工管理,并能编制相关方案或作业指导书等文件; 3. 熟悉新技术、新工艺、新方法,特别是技术管理、技术员的工作职责、技术文件的分类及整理等		

(二)教学组织

贯彻"合作办学、合作育人、合作发展"的理念,按照"依托行业、对接产业、定位职业、服务社会"的专业建设思路,以行动导向实施课程教学,形成以教师为主导、学生为主体、学做合一、理实一体、工学结合的教学模式。始终要重视学生在校学习与实际工作的一致性,采取工学交替、任务驱动、项目导向的一体化教学模式,运用任务驱动法、项目导向法、情境教学法、案例分析法、现场教学法、课堂讨论法等教学方法进行教学,立足于加强学生实际操作能力的培养。

核心课程建议采用"任务驱动、项目导向"教学法,通过典型的工作任务或项目,由教师提出要求或示范,组织学生进行活动,注重"教"与"学"的互动,让学生在活动中增强爱岗敬业、团结协作的意识,实现技能与素质的同步提高。实施"教、学、做"一体化教学,提高学生的学习兴趣,有效培养学生的职业能力;教师可着重进行引导并实施监督和评价。实践课程要加强引导、示范,创设工作情境,让学生亲自动手,提高学生岗位适应能力和分析处理问题的能力。

在教学过程中,要充分借鉴多媒体、教学资源库、网络资源等教学资源辅助教学,帮助学生理解所学知识,并重视本专业领域新技术、新工艺、新设备的发展趋势也要充分利用校外实训基地,校企合作,工学结合,积极引导学生提升职业素养、提高职业道德,紧密结合职业技能证书的考核、加强取证项目的训练。

(三)考核评价

吸纳用人单位专家参与教学质量评价,建立以能力为核心、以过程为重点的学习绩效考核评价体系。针对不同类型的课程采用不同的考核方法。对公共基础课程,建议采取理论考核的方法;对于专业学习领域,建议采取过程考核与综合考核相结合的方式;对于独立实践环节,尽量采用实操考核、过程考核的方法。具体原则如下:

1. 公共基础课程

总评成绩 = 平时成绩(考勤、提问、作业等)×40% + 期终考核×60%。

2. 专业学习领域

采取过程考核与综合考核相结合的评价方式,同时根据学生取得相应工种的职业资格证书的情况,综合评价学生成绩。

其中,过程考核包括学习态度、课程作业等,占课程总成绩的40%;综合考核包括期末考试、实践考核等,占课程总成绩的60%。

如学生取得相应工种的职业资格证书,则该门课程考核合格。

3. 独立实践环节

以工作态度、实际操作和实习报告等情况综合评定学生成绩,其中工作态度、实际操作等占80%(在企业完成的项目由企业指导教师评定),实习报告占20%。

(执笔人:陈松)

Ⅱ：汽车整形技术专业人才培养方案

第一部分　主体部分

一、专业名称(专业代码)

汽车整形技术(580406)

二、招生对象

普通高中毕业生或同等学力者

三、学制

全日制三年

四、培养目标

本专业培养适应社会主义现代化建设需要,德、智、体、美全面发展,具有汽车钣金工、汽车油漆工等岗位必备的基本理论和专业知识,具有较强的实践能力、创造能力、就业能力和创业能力,具有良好的职业道德、创业精神和健全的体魄,能适应汽车整形维修一线需要的"下得去、信得过、留得住、用得好"的技术技能人才。

五、就业面向

本专业毕业生主要面向汽车售后行业的汽车4S店、汽车修理厂等单位,从事汽车钣金、喷漆等技术工作:

主要岗位:钣金工、油漆工岗位;

拓展岗位:查勘定损员岗位;

发展岗位:技术主管、车间主管等岗位。

六、培养规格

(一)素质目标

(1)具有强烈的责任意识、质量意识、安全意识及环保意识。

(2)具有良好的文化、身体和心理素质。

(3)爱岗敬业,团结协作,遵纪守法,热爱劳动。

(二)知识目标

(1)具有本专业所必需的数学计算、英语交流、计算机应用等科学文化基础知识。

(2)熟悉机械识图、工程材料、汽车构造等专业基础知识。

(3)掌握汽车车身测量与校正、汽车车身涂装技术、汽车车损与定损等专业知识。

(4)了解汽车整形的新技术、新材料、新工艺和新设备的相关信息。

(三)能力目标

(1)具有识读和绘制汽车车身结构图的能力。
(2)具有测量与校正受损车身的能力。
(3)具有汽车车身修补涂装的能力。
(4)具有在现场从事汽车车损与定损的能力。
(5)具有计算机操作和安装使用常用专业软件的能力。
(6)具有较强的自学和获取知识的能力。

七、教学环节进程安排表

(一)培养时间分配表

在人才培养的实施过程中,教学环节周数分配如表2-1所示。

汽车整形技术专业培养时间分配表　　表2-1

学年		一		二		三		合计
学期		一	二	三	四	五	六	
1	入学教育	1周						1周
2	国防教育	2周						2周
3	课内教学	16周	16周	15周	15周	14周		76周
4	实践教学		3周	4周	4周	1周		12周
5	生产实习					4周	19周	23周
累计		19周	19周	19周	19周	19周	19周	114周

注:课内教学指按课程(学习领域)组织的各种教学活动,包括理论课程、理实一体化课程等;实践教学是指计划单列的非生产性实践教学活动,包括专业认识实践、专项单列实训、课程设计、综合设计、社会实践等。

(二)教学进程表

本专业的人才培养教学进程如表2-2所示。

汽车整形技术专业教学进程表　　表2-2

序号	类别	课程名称	教学时数与学分				考核方式		课内教学时数及实践周数					
			总学时	学分	理论学时	实践学时	考试学期	考查学期	第一学年		第二学年		第三学年	
									一	二	三	四	五	六
									16周	16周	15周	15周	14周	0周
1	公共基础课程	两课基础与形势教育	64	4	64			1	4					
2		“两课”概论	64	4	64			2		4				
3		体育	64	4	64			1,2	2	2				
4		计算机基础	96	6	64	32	1		6					
5		大学英语Ⅰ	64	4	64		1		4					
6		大学英语Ⅱ	64	4	64		2			4				
7		高等数学	64	4	64		1		4					
8		任选课1	30	2	30			3			2			
9		任选课2	30	3	30			4				2		
10		就业指导	14	1	14			5					1	
公共基础课程小计			554	36	522	32	课内占比		37.48%					

续上表

序号	类别	课程名称	教学时数与学分				考核方式		课内教学时数及实践周数					
									第一学年		第二学年		第三学年	
			总学时	学分	理论学时	实践学时	考试学期	考查学期	一	二	三	四	五	六
									16 周	16 周	15 周	15 周	14 周	0 周
1	专业基础学习领域	机械制图	64	4	64		1		4					
2		汽车文化	32	2	32			2		2				
3		工程材料	32	2	22	10		2		2				
4		工程力学	64	4	64		2			4				
5		材料成型技术基础	32	2	20	12		2		2				
专业基础学习领域小计			224	14	202	22	课内占比		15.16%					
1	专业核心学习领域	发动机构造	64	4	40	24	2			4				
2		汽车底盘构造	90	5	66	24	3				6			
3		汽车电气设备	60	3	36	24	3				4			
4		汽车车身测量与校正	90	5	50	40	3				6			
5		汽车电子控制技术	90	5	60	30	4					6		
6		汽车车身涂装技术	90	5	50	40	4					6		
7		汽车车损与定损	56	3	32	24	5						4	
8		汽车装饰与美容	56	3	32	24		5					4	
专业核心学习领域小计			596	33	366	230	课内占比		40.32%					
1	专业拓展学习领域	美学概论	30	2	30			3			2			
2		涂料化学	30	2	30			3			2			
3		汽车车身材料	60	3	48	12		4				4		
4		汽车专业英语	60	3	60		4					4		
5		汽车维修服务接待	30	2	12	18		4				2		
6		旧机动车鉴定与评估	30	2	30			4				2		
7		汽车法规与标准	28	2	28			5					2	
8		汽车维修企业管理	56	3	32	24	5						4	
专业拓展学习领域小计			324	19	270	54	课内占比		21.92%					
课内教学环节合计			1698	102	1360	338	总百分比		59.83%					
1	独立实践环节	入学教育	1 周	1		30		1	1 周					
2		国防教育	2 周	2		60		1	2 周					
3		钳工实习	2 周	4		60		2		2 周				
4		焊接技术实习	1 周	2		30		3			1 周			
5		发动机构造实习	1 周	2		30		2		1 周				
6		汽车电气实习	1 周	2		30		3			1 周			
7		汽车底盘构造实习	1 周	2		30		3			1 周			
8		汽车车身测量与校正实习	1 周	2		30		3			1 周			
9		汽车车身板件修复实习	2 周	4		60		4				2 周		
10		汽车车身涂装技术实习	2 周	4		60		4				2 周		
11		毕业教育	1 周	2		30		5					1 周	
12		毕业顶岗实习	23 周	10		690		6					4 周	19 周
独立实践环节合计			1140	37		1140	总百分比		77.13%					
课时(学分)总计			2838	139	1360	1478	周时数		24	24	22	26	15	0

续上表

<table>
<tr><td rowspan="3">序号</td><td rowspan="3">类别</td><td rowspan="3">课程名称</td><td colspan="4">教学时数与学分</td><td colspan="2">考核方式</td><td colspan="6">课内教学时数及实践周数</td></tr>
<tr><td rowspan="2">总学时</td><td rowspan="2">学分</td><td rowspan="2">理论学时</td><td rowspan="2">实践学时</td><td rowspan="2">考试学期</td><td rowspan="2">考查学期</td><td colspan="2">第一学年</td><td colspan="2">第二学年</td><td colspan="2">第三学年</td></tr>
<tr><td>一
16 周</td><td>二
16 周</td><td>三
15 周</td><td>四
15 周</td><td>五
14 周</td><td>六
0 周</td></tr>
<tr><td colspan="9">周数总计</td><td>19</td><td>19</td><td>19</td><td>19</td><td>19</td><td>19</td></tr>
<tr><td colspan="3">理论教学时数</td><td colspan="4">1360</td><td colspan="2">总百分比</td><td colspan="6">47.92%</td></tr>
<tr><td colspan="3">实践教学时数</td><td colspan="4">1478</td><td colspan="2">总百分比</td><td colspan="6">52.08%</td></tr>
</table>

(三)课程设置及学时比例

在人才培养的实施过程中,各教学环节学时比例如表2-3所示。

汽车整形技术专业课程设置及学时比例表 表2-3

<table>
<tr><td rowspan="2">项目</td><td rowspan="2">理论教学</td><td colspan="4">实践教学</td></tr>
<tr><td>课内实训</td><td>专项实训</td><td>顶岗实习</td><td>合计</td></tr>
<tr><td>学时</td><td>1360</td><td>338</td><td>450</td><td>690</td><td>1478</td></tr>
<tr><td>所占比例</td><td>47.92%</td><td colspan="4">52.08%</td></tr>
</table>

八、毕业标准

(一)基本要求

(1)德、智、体、美等方面均通过学生管理部门考核达标。

(2)按规定完成课程(学习领域)的学习,成绩合格。

(3)完成各项独立实践环节(单列科目:如实践课、课程设计、实习、毕业实践、毕业设计等)的学习,成绩合格。

(二)考证要求

(1)必须取得全国计算机等级证(一级及以上)和英语应用能力证书(三级B)。

(2)获得至少一个本专业职业资格证书方可毕业。本专业职业资格证书如表2-4所示。

汽车整形技术专业职业资格证书表 表2-4

序号	考核项目	考核发证部门	等级要求
1	油漆工	人力资源与社会保障部	四级
2	钣金工	人力资源与社会保障部	四级

(三)其他要求

完成任选课的学习,并取得5学分。

第二部分　支撑材料

一、专业人才培养实施条件

(一)专业教学团队

1. 师资数量与结构

(1)教师队伍数量应与学生规模相适应,生师比控制在16∶1左右。

(2)教师队伍结构优化,梯队合理,45岁以下青年教师中研究生学历或硕士以上学位比例达到30%,专任教师中高级职称的比例≥30%,专任教师中具备双师素质教师的比例应达到80%以上。

(3)每个学习领域(课程)的教师应不少于2人,其中专业核心学习领域应配备相关专业中级技术职称以上的双师素质教师2人。

(4)各专业学习领域及独立实践环节,均应配备行业企业工程技术人员担任兼职教师,兼职教师折算比例应达到50%左右。

(5)专业实习(训)指导教师均为大专以上学历或中级以上职称。实习(训)指导教师具有中高级职称比例≥20%。

2. 业务水平

教师应具备良好的职业道德和一定的教学科研能力,达到高等教育教师任职资格的要求且具备高等教育教师任职资格。其中主讲教师应由具备讲师以上职称的专任教师或工程师以上职称的兼职教师担任,参加科学研究或技术服务的专任教师人数不少于专任教师总数的30%。

3. 教学团队现状

汽车整形技术专业现有专业教师10人,其中专任教师6人,从汽车主机厂、汽车4S店、汽车修理厂等相关单位聘请具有丰富实践经验的兼职教师4名。

(二)专业教学资源

1. 选用优秀的高职高专规划教材

在选择教材时,必须力争选用高水平的教材,杜绝质量低劣的教材进入课堂,不断提高教学质量,满足新形势发展的要求。鼓励优先选用教育部“面向21世纪课程教材”、国家级和省部级规划教材、教育主管部门或教学指导委员会推荐的教材;优先选用近三年出版的新教材或修订版教材;优先选用具有鲜明行业特征的高职高专规划教材、特色教材和精品教材。

本专业核心学习领域推荐使用的教材如表2-5所示。

汽车整形技术专业核心学习领域推荐使用教材表　　表 2-5

课程名称	推荐使用教材	主　编	ISBN
汽车车身测量与校正	《车身修复》模块 F	中国汽车维修行业协会	978 - 7 - 114 - 07038 - 9
汽车车身涂装技术	《车身涂装》模块 G	中国汽车维修行业协会	978 - 7 - 114 - 11365 - 9
汽车车损与定损	《事故车辆查勘与定损》	姚美红、栾琪文	978 - 7 - 115 - 24480 - 2
汽车装饰与美容	《汽车装饰与美容》	周燕	978 - 7 - 111 - 35920 - 3

2. 开发基于工作过程的校本教材

应尽量开发具有本校特色、基于工作过程的校本教材。在校本教材的开发过程中，应由专业教师与企业技术人员共同合作，根据钣金工等职业岗位任职要求，引入行业技术标准，收集省内外汽车整形典型案例，将企业生产实际中的新技术、新工艺、新方法和职业岗位能力和职业道德融入教学内容中，形成适用于理实一体化教学的特色教材。

3. 选用精品资源共享课程

在课程教学过程中，专业核心学习领域推荐选用精品资源共享课程如表 2-6 所示。

汽车整形技术专业核心学习领域推荐选用精品资源共享课程表　　表 2-6

课程名称	资源课程名称	主持人	课程所属院校	访　问　网　址
汽车车身测量与校正	汽车车身修复技术	吴云溪	广东科学技术职业学院	http://jpkc. gdit. edu. cn/62/kcnet/index. asp
汽车车身涂装技术	汽车涂装技术	黄俊平	天津交通职业学院	http://course. jingpinke. com/details/introduction? uuid = 7cafb409 - 129f - 1000 - b768 - 8e978b888fb1&courseID = 7cafb409 - 129f - 1000 - b768 - 8e978b888fb1&column = brief
汽车车损与定损	事故车的查勘与定损	张红英	黄冈职业技术学院	http://course. jingpinke. com/details? uuid = f2d1e54b - 123c - 1000 - a2b5 - 144ee02f1e73&objectId = oid:f2d1e54b - 123c - 1000 - a2b4 - 144ee02f1e73&courseI D = D090133
汽车装饰与美容	汽车美容	彭义军	湖南生物机电职业技术学院	http://course. jingpinke. com/details? uuid = 1aa0f317 - 1246 - 1000 - a0fe - 144ee02f1e73&objectId = oid:1aa0f317 - 1246 - 1000 - a0fd - 144ee02f1e73&courseID = SG080486

4. 专业网络教学资源

以数字化校园建设为载体，以课程安排为主要表现形式、以素材资源为补充，利用网络学习平台建设共享性网络教学资源库，建议包括专业基本资源、课程教学资源、自主学习资源、拓展学习资源。

网络教学资源库的建议配置如表 2-7 所示。

汽车整形技术专业网络教学资源库的建议配置　　表 2-7

类别	资　源	主要内容与要求	备注
专业基本资源	专业简介	专业代码、招生对象、学制、就业面向、专业特点、主要课程等	专业介绍
	人才培养方案	主要包括培养目标、专业面向的职业岗位分析、专业定位、课程体系、核心课程描述、教学进程、毕业标准、实施条件、实施规范、实施流程、实施保障等	
	课程标准	专业核心课程的课程标准	
	教学文件	教学管理相关文件	

续上表

类别	资源	主要内容与要求	备注
课程教学资源	教学指南	本课程的作用、目标和要求，本课程与职业岗位的关系，本课程与其他课程的关系，本课程的主要特点、课程结构、课程内容、课时分配、课程的重点与难点、实践教学体系、课程教学方法、课程教学资源、课程考核、课程授课方案设计、课程建设与工学结合效果评价等	专业基本配置
	教学设计	主要包括学时安排、学习任务设计、学习内容确定、教学目标设定、教学重难点分析及处理、任务工单提供、教学方法建议、教学手段选用、教学设施和教学场地安排、教学实施要求、课程考核方法，以及课后总结等	
	多媒体课件	优质核心课程课件	
	教学视频库	课程设计录像、课堂教学录像、实训操作演示录像等	
	案例库	以一个完整的企业项目为案例单元，通过观看、阅读、学习、分析案例，实现知识内容的传授、知识技能的综合应用展示、知识迁移、技能掌握等	
	FALSH 资源	教学难点的动漫演示	
	实训项目	实训目标、实训设备、实训要求、实训内容与步骤、实训项目考核和评价标准、实训报告或总结、技术手册、操作规程与安全注意事项	
	学生作品	学生学习成果、实训作品和生产产品	
自主学习资源	学习指南	课程学习目标与要求，重点、难点提示及释疑，学习方法，典型任务解析，自我测试题及答案，参考资料和网站	专业特色配置
	测试题库	知识和技能测试	
	视频库	学习任务实施操作视频资料	
	网络课程	基于互联网的处方自主学习平台	
	课程链接	与本专业相关的网站	
拓展学习资源	拓展视频资源	其内容可以在教学标准的基础上适当拓展	专业拓展选配
	文献库	与本课程或本专业相关的行业标准、企业规范、专利资料、法律法规、技术资料、成功案例等	
	仪器设备操作手册	常用仪器设备的操作手册	
	仿真教学	按教学内容列出仿真软件，并提供应用入口	
	课程 BBS	建立由专人管理的网上论坛	
	网上答疑	按主讲教师开设答疑室	
	其他资源	素质教育模块、课外活动园地	

5. 其他教学资源

学院图书馆或资料室应当配置数量适当、结构合理、技术新颖的本专业纸质和电子图书，为专业学习、教学、科研和社会服务提供良好的信息服务；学院配置的电子图书，具有良好服务功能，能为专业教学资源库建设提供大数据服务。

（三）实验实训条件

1. 校内实训条件

根据汽车整形技术专业培养目标和教学要求，校内具备一体化教学和生产性实习等基本实训条件。实训室在设备和工位数量上能保证 1 个教学班实施理实一体化课程的需要，配置多媒体教学设备，便于开展教、学、做合一的教学活动。

校内实训条件建设建议如表 2-8 所示。

汽车整形技术专业校内实训条件建设建议表　　表 2-8

序号	名　称	主 要 设 备	主 要 功 能	对应课程	容纳学生人数
1	汽车钣金实训室	大梁校正台、车身测量系统、介子机、点焊机、二氧化碳保护焊机、手动钣金工具等	主要承担汽车车身修复、焊接、测量与校正等实训	汽车车身测量与校正	30 人
2	汽车涂装实训室	无尘干磨系统、喷枪、烤房、空气压缩机、油漆振荡仪、黏度测量仪、测色仪、调漆机、电子秤、E – fiche 配方查询系统等	主要承担汽车修补涂装、调色、抛光等实训	汽车车身涂装技术	30 人
3	BP 实训室	无尘干磨系统、喷枪、烤房、烤灯、试喷间、介子机、点焊机、大梁校正台、车身电子测量系统等	主要承担钣金、喷涂等实训	汽车车身涂装技术	15 人
4	汽车喷涂教学基地	调色系统、油漆架、对色灯等	开展汽车喷涂综合实训、师资培养、社会培训等	汽车车身涂装技术 汽车装饰与美容	30 人

2. 校外实训条件

依托学院合作发展理事会，选择技术较为先进、管理水平较高、生产规模大、效益好的企业作为紧密合作对象，紧密合作的校外实训基地数量稳定在 5 家。

校外实训基地是学生提高技能，掌握汽车钣金、汽车涂装、汽车喷涂等各岗位能力要求，提高专业素质、岗位技能培养良好职业道德、工作作风和职业素质的重要场所。为了实现人才培养目标，应选择技术较为先进、管理水平较高、生产规模大、效益好的企业作为紧密的合作对象，建立紧密合作的校外实训基地，满足学生顶岗实习和就业的需求。

校外实训基地的基本要求是：

（1）固定校外实训基地应选择资质高、管理规范，在行业内具有一定影响力的大、中型施工企业和交通建设行业职能机构。

（2）动态校外实训基地应选择具有代表性和典型意义的重点工程建设项目，具备学生实训实习期间的安全和劳动保护等措施。

（3）具备相应的教学场地，有水平较高、实践经验丰富的科研、管理和生产人员担任实习实训指导教师实习实训项目、内容与学生所学专业相符，能满足实训环节各项教学任务要求。

(4)每年接受实习实训学生能达到一定规模。

二、专业人才培养实施规范

(一)课程教学标准

1. 公共基础课程教学标准

本部分内容请参阅本书的附录部分。

2. 专业基础学习领域教学标准(表2-9)

专业基础学习领域教学标准　　表2-9

学习领域1	机械制图		
学期	第1学期	参考学时	64学时
职业能力要求	使学生能够掌握机械制图的理论和实际操作的专业知识和专业技能,通过学习的过程掌握工作岗位所需的各项技能和相关专业知识		
学习目标	1. 掌握机械制图基本知识、正投影基础知识的能力; 2. 掌握三视图形成、基本体及截交线、轴测图、组合体、机件的表达方法的能力; 3. 掌握标准件与常用件、零件图的识读与绘制、装配图画法的能力; 4. 掌握汽车构件的三视图的识别能力		
学习内容	学习情境1:机械制图基本知识 学习情境2:正投影基础知识与三视图形成 学习情境3:基本体及截交线 学习情境4:轴测图 学习情境5:组合体 学习情境6:机件的表达方法 学习情境7:标准件与常用件 学习情境8:零件图 学习情境9:装配图		
学习领域2	汽车文化		
学期	第2学期	参考学时	32学时
职业能力要求	使学生能够掌握汽车文化的专业知识和专业技能,通过学习的过程掌握工作岗位所需的各项技能和相关专业知识		
学习目标	1. 掌握汽车起源和发展过程的能力; 2. 掌握汽车车史文化、造型文化、名人文化、名车文化等的能力; 3. 掌握汽车车标文化、赛车文化及技术文化的能力; 4. 掌握汽车基本知识、提高汽车鉴赏的能力		
学习内容	学习情境1:汽车概述 学习情境2:汽车史话 学习情境3:汽车外形和色彩 学习情境4:著名汽车公司及其车标 学习情境5:汽车名人 学习情境6:汽车竞赛 学习情境7:汽车新技术与未来汽车		

续上表

学习领域3	工程材料		
学期	第2学期	参考学时	32学时
职业能力要求	使学生能够掌握工程材料的理论和实际操作的专业知识和专业技能,通过学习的过程掌握工作岗位所需的各项技能和相关专业知识		
学习目标	1. 掌握工程材料的结构、组织、性能及影响因素的能力; 2. 掌握工程材料的基本理论和基本规律的能力; 3. 掌握各种金属材料、高分子材料、陶瓷材料等工程材料的应用的能力; 4. 掌握机械零件的失效与选材的能力		
学习内容	学习情境1:材料的结构与性能特点 学习情境2:金属材料组织和性能的控制 学习情境3:金属材料 学习情境4:高分子材料 学习情境5:陶瓷材料 学习情境6:复合材料		
学习领域4	工程力学		
学期	第2学期	参考学时	64学时
职业能力要求	使学生能够掌握工程力学的理论和实际操作的专业知识和专业技能,通过学习的过程掌握工作岗位所需的各项技能和相关专业知识		
学习目标	1. 掌握理论力学相关内容原理的能力; 2. 掌握材料力学相关内容原理的能力; 3. 掌握应力状态和强度理论的应用的能力; 4. 掌握剪切与挤压、扭转、弯曲内力、梁弯曲时的强度与刚度计算应用的能力		
学习内容	学习情境1:静力学基本概念与物体受力分析 学习情境2:平面力系的合成与平衡 学习情境3:物体系统的平衡问题 学习情境4:材料力学基本概念 学习情境5:轴向拉伸或压缩 学习情境6:剪切与挤压 学习情境7:圆轴的扭转 学习情境8:弯曲变形 学习情境9:组合变形 学习情境10:压杆稳定		
学习领域5	材料成形技术基础		
学期	第2学期	参考学时	32学时
职业能力要求	使学生能够掌握材料成型技术基础的理论和实际操作的专业知识和专业技能,通过学习的过程掌握工作岗位所需的各项技能和相关专业知识		
学习目标	1. 掌握各种材料成形技术的基本原理的能力; 2. 掌握各种材料成形方法及装备的能力; 3. 掌握各种成形工艺的能力; 4. 掌握成形新技术的能力		

续上表

学习领域 5	材料成形技术基础		
学期	第 2 学期	参考学时	32 学时
学习内容	学习情境 1:材料成形技术概述 学习情境 2:液态金属铸造成形 学习情境 3:固态金属塑性成形 学习情境 4:金属连接成形 学习情境 5:高分子材料及复合材料成形 学习情境 6:粉末冶金及陶瓷成形技术 学习情境 7:表面技术		

3. 专业核心学习领域教学标准(表 2-10)

专业核心学习领域教学标准　　表 2-10

学习领域 1	发动机构造		
学期	第 2 学期	参考学时	64 学时
职业能力要求	使学生能够掌握发动机构造的理论和实际操作的专业知识和专业技能,通过学习的过程掌握工作岗位所需的各项技能和相关专业知识		
学习目标	1. 能正确描述发动机基本结构、作用和基本工作原理的能力; 2. 能根据发动机速度特性和负荷特性对发动机性能进行分析的能力; 3. 能根据发动机万有特性曲线图对发动机燃油经济性进行正确分析的能力; 4. 能描述发动机常用术语和性能指标含义、国产发动机编号规则的能力; 5. 进行曲柄连杆机构常见故障进行分析、判断并排除的能力; 6. 会进行配气机构的装配、调整和进行气门间隙调整的能力; 7. 能对配气机构常见故障进行分析、判断并能排除故障的能力; 8. 对化油器式燃料供给系常见故障进行分析、判断并能排除故障的能力; 9. 会进行柴油机燃油供给系统正确维护和分析、排除常见故障的能力; 10. 能对润滑系主要机件进行拆卸、检验、装配和调整,解决润滑系一般故障的能力; 11. 能对水冷系主要机件进行拆卸、检验、装配和调整,能对水冷系一般故障进行诊断并予以排除的能力; 12. 能对构成发动机的主要零部件进行检测、修理或更换的能力; 13. 会进行发动机的正确拆卸、装配和调整的能力		
学习内容	学习情境 1:发动机总体构造 学习情境 2:曲柄连杆机构构造与维修 学习情境 3:配气机构的构造与维修 学习情境 4:汽油机燃料供给系构造与维修 学习情境 5:柴油机燃料供给系统 学习情境 6:润滑系构造与维修 学习情境 7:冷却系构造与维修 学习情境 8:发动机的装配与调试		
学习领域 2	汽车底盘构造		
学期	第 3 学期	参考学时	90 学时
职业能力要求	使学生能够掌握汽车底盘构造的理论和实际操作的专业知识和专业技能,通过学习的过程掌握工作岗位所需的各项技能和相关专业知识		

续上表

<table>
<tr><td>学习领域 2</td><td colspan="3">汽车底盘构造</td></tr>
<tr><td>学期</td><td>第 3 学期</td><td>参考学时</td><td>90 学时</td></tr>
<tr><td>学习目标</td><td colspan="3">1. 能描述汽车底盘的基本结构组成和工作原理；
2. 能正确使用汽车底盘的相关拆装和检测工具；
3. 具有汽车底盘拆装的能力；
4. 具有汽车底盘检测与维修的基本能力；
5. 具有诊断和排除现代汽车底盘常见故障的能力；
6. 具备专业顶岗、上岗的能力；
7. 熟知安全生产和环境保护规范</td></tr>
<tr><td>学习内容</td><td colspan="3">学习情境 1：离合器检修
学习情境 2：手动变速器检修
学习情境 3：万向传动装置拆装与检修
学习情境 4：驱动桥拆装与调整
学习情境 5：汽车行驶系检修
学习情境 6：转向系检修
学习情境 7：制动系检修</td></tr>
<tr><td>学习领域 3</td><td colspan="3">汽车电气设备</td></tr>
<tr><td>学期</td><td>第 3 学期</td><td>参考学时</td><td>60 学时</td></tr>
<tr><td>职业能力要求</td><td colspan="3">使学生能够掌握汽车电气设备的理论和实际操作的专业知识和专业技能，通过学习的过程掌握工作岗位所需的各项技能和相关专业知识</td></tr>
<tr><td>学习目标</td><td colspan="3">1. 掌握现代汽车汽车电器和各典型和非典型结构的组成、电路、原理和特点；
2. 能正确说出汽车电气系统各零部件的结构作用、结构及工作原理；
3. 能将实物转画成简图并分析工作过程；
4. 通过简图能在实物上找出相应的零部件并分析它的工作原理和工作过程；
5. 能正确拆装汽车电器的各总成件以及各部件的检测；
6. 能正确运用各种仪器、仪表对汽车电气系统进行检测，并进行相关数据的分析；
7. 能对电气设备的性能进行检测，并能分析测得的参数；
8. 能正确分析汽车各系统电路及整车电路；
9. 掌握诊断与排除汽车各电气系统常见故障的技术、流程、方法</td></tr>
<tr><td>学习内容</td><td colspan="3">学习情境 1：起动无力
学习情境 2：充电指示灯常亮
学习情境 3：起动机不转
学习情境 4：发动机不转，无高压火
学习情境 5：汽车大灯不亮
学习情境 6：车速表指示异常
学习情境 7：电动车窗不动
学习情境 8：空调不制冷
学习情境 9：线束更换</td></tr>
<tr><td>学习领域 4</td><td colspan="3">汽车车身测量与校正</td></tr>
<tr><td>学期</td><td>第 3 学期</td><td>参考学时</td><td>90 学时</td></tr>
<tr><td>职业能力要求</td><td colspan="3">使学生能够掌握汽车车身测量与校正的理论和实际操作的专业知识和专业技能，通过学习的过程掌握工作岗位所需的各项技能和相关专业知识</td></tr>
</table>

续上表

学习领域4	汽车车身测量与校正		
学期	第3学期	参考学时	90学时
学习目标	1. 能说明汽车车身结构及车身用材料的应用; 2. 能运用各种钣金维修方法进行车身板件的修理; 3. 能运用各种焊接切割方法进行车身构件的切割与更换; 4. 能运用各种维修工艺进行车身附件的修理; 5. 能运用各种车身测量与校正方法进行受损车身的维修; 6. 能正确操作和调试设备		
学习内容	学习情境1:汽车车身结构及材料 学习情境2:汽车车身板件的修理 学习情境3:车身焊接与切割 学习情境4:车身附件的维修 学习情境5:车身与车架碰撞损伤的修理		
学习领域5	汽车电子控制技术		
学期	第4学期	参考学时	90学时
职业能力要求	使学生能够掌握汽车电子控制技术的理论和实际操作的专业知识和专业技能,通过学习的过程掌握工作岗位所需的各项技能和相关专业知识		
学习目标	1. 准确掌握现代汽车电控发动机的结构、工作原理的能力; 2. 诊断、排除电控发动机常见故障的能力; 3. 熟练使用检测设备及维修工具的能力; 4. 具有正确操作和调试设备的能力		
学习内容	学习情境1:发动机电控燃油喷射系统 学习情境2:汽油机电控点火系统 学习情境3:柴油机电控燃油喷射系统 学习情境4:汽油机辅助控制系统 学习情境5:自动变速器 学习情境6:防抱死制动系统ABS 学习情境7:ASR/ESP系统 学习情境8:电控悬架系统 学习情境9:电控动力转向系统		
学习领域6	汽车车身涂装技术		
学期	第4学期	参考学时	90学时
职业能力要求	使学生能够掌握汽车车身涂装技术的理论和实际操作的专业知识和专业技能,通过学习的过程掌握工作岗位所需的各项技能和相关专业知识		
学习目标	1. 准确解释汽车车身涂装技术的相关术语及其含义的能力; 2. 掌握汽车漆面修补涂装流程; 3. 掌握汽车车身涂层的类型,并能正确鉴别; 4. 具备汽车车身油漆选配与调制的能力; 5. 具备典型汽车车身修补涂装的能力; 6. 具有正确操作和调试设备的能力		

续上表

学习领域6	汽车车身涂装技术		
学期	第4学期	参考学时	90学时
学习内容	学习情境1:喷涂前准备 学习情境2:底漆施工 学习情境3:原子灰施工 学习情境4:中涂漆层施工 学习情境5:面漆喷涂 学习情境6:塑料底材涂装 学习情境7:车身护理		
学习领域7	汽车车损与定损		
学期	第5学期	参考学时	56学时
职业能力要求	使学生能够掌握汽车车损与定损的理论和实际操作的专业知识和专业技能,通过学习的过程掌握工作岗位所需的各项技能和相关专业知识		
学习目标	1. 准确解释汽车车损与定损的相关术语及其含义的能力; 2. 掌握汽车车损定损流程; 3. 掌握汽车查勘定损的类型,并能正确鉴别; 4. 具备汽车车损评估的能力; 5. 具备典型汽车车损定损的能力; 6. 具有正确操作和调试设备的能力		
学习内容	学习情境1:汽车事故现场查勘 学习情境2:发动机损伤评估 学习情境3:底盘损伤评估 学习情境4:电气设备损伤评估 学习情境5:车身损伤评估		
学习领域8	汽车装饰与美容		
学期	第5学期	参考学时	56学时
职业能力要求	使学生能够掌握汽车装饰与美容的理论和实际操作的专业知识和专业技能,通过学习的过程掌握工作岗位所需的各项技能和相关专业知识		
学习目标	1. 准确解释汽车装饰与美容的相关术语及其含义的能力; 2. 车身美容、内饰美容和漆面美容所需工具、材料选择的能力; 3. 车身美容、内饰美容和漆面美容部位判别的能力; 4. 掌握护理美容、修复美容和专业美容工艺流程的能力; 5. 掌握汽车内、外装饰技能的能力; 6. 掌握汽车防护技能的能力; 7. 具有正确操作和调试设备的能力		
学习内容	学习情境1:车表美容 学习情境2:车饰美容 学习情境3:漆面美容修复 学习情境4:汽车外装饰 学习情境5:汽车内装饰 学习情境6:汽车防护		

4. 专业拓展学习领域教学标准(表 2-11)

专业拓展学习领域教学标准

表 2-11

学习领域 1	美学概论		
学期	第 3 学期	学时	30 学时
职业能力要求	使学生能够掌握美学概论的知识和专业技能,通过学习的过程掌握工作岗位所需的各项技能和相关专业知识		
学习目标	1. 掌握汽车车身部件外形轮廓的认知能力; 2. 掌握汽车车身部件三维图形的想象能力; 3. 掌握汽车车身部件轮廓在维修过程中变化的能力		
学习内容	学习情境 1:美论 学习情境 2:美感论 学习情境 3:美的形态论 学习情境 4:艺术美论 学习情境 5:审美论 学习情境 6:美育论		
学习领域 2	涂料化学		
学期	第 3 学期	参考学时	30 学时
职业能力要求	使学生能够掌握涂料化学的理论和实际操作的专业知识和专业技能,通过学习的过程掌握工作岗位所需的各项技能和相关专业知识		
学习目标	1. 准确掌握现代涂料基础知识及涂料涂装工艺的能力; 2. 掌握涂料成膜机理、成膜质量影响因素和干燥设备的能力; 3. 掌握涂料的制备及如何选用的能力; 4. 具有正确操作和调试设备的能力		
学习内容	学习情境 1:涂料的组成及作用 学习情境 2:涂料表面化学与干燥成膜 学习情境 3:涂料品种与选用 学习情境 4:涂料的制备过程 学习情境 5:涂料与涂装质量评价及涂装技术		
学习领域 3	汽车车身材料		
学期	第 4 学期	参考学时	60 学时
职业能力要求	使学生能够掌握汽车车身材料的专业知识和专业技能,通过学习的过程掌握工作岗位所需的各项技能和相关专业知识		
学习目标	1. 准确掌握现代汽车车身结构及车身用材料的种类的能力; 2. 掌握汽车车身用金属材料的种类及应用范围的能力; 3. 掌握汽车车身用非金属材料的种类及应用范围的能力; 4. 具有正确操作和调试设备的能力		
学习内容	学习情境 1:汽车车身结构认识 学习情境 2:车身用钢材 学习情境 3:车身用轻金属及合金 学习情境 4:车身用塑料、橡胶 学习情境 5:车身用玻璃、复合材料		

续上表

学习领域 4	汽车专业英语		
学期	第 4 学期	参考学时	60 学时
职业能力要求	使学生能够掌握汽车专业英语的知识及专业词汇，通过学习的过程掌握工作岗位所需的各项技能和相关专业知识		
学习目标	1. 掌握现代化汽车英语知识和词汇的能力； 2. 掌握阅读现代汽车专业技术参考书的能力		
学习内容	学习情境 1：Automotive Fundamentals 学习情境 2：Automobile Servicing Equipments 学习情境 3：Automobile Business 学习情境 4：Auto Repair And Insurance 学习情境 5：Advanced Automotive Technologies		
学习领域 5	汽车维修服务接待		
学期	第 4 学期	参考学时	30 学时
职业能力要求	使学生能够掌握汽车维修服务接待的理论和实际操作的专业知识和专业技能，通过学习的过程掌握工作岗位所需的各项技能和相关专业知识		
学习目标	1. 准确掌握现代汽车维修服务接待岗位认知的能力； 2. 掌握汽车维修服务接待服务流程及各种沟通技巧的能力； 3. 熟练使用检测设备及维修工具的能力； 4. 掌握车辆检查、问诊和预检、车辆修理和质检等的能力		
学习内容	学习情境 1：汽车维修服务接待岗位认知 学习情境 2：客户预约 学习情境 3：客户接待和车辆检查 学习情境 4：车辆问诊和预检 学习情境 5：车辆修理和质检 学习情境 6：客户车辆交付 学习情境 7：不同维修业务的接待		
学习领域 6	旧机动车鉴定与评估		
学期	第 4 学期	学时	30 学时
职业能力要求	使学生能够掌握旧机动车鉴定与评估的理论和实际操作的专业知识和专业技能，通过学习的过程掌握工作岗位所需的各项技能和相关专业知识		
学习目标	1. 准确掌握二手车的基本理论知识的能力； 2. 掌握二手车交易市场的认知的能力； 3. 掌握二手车鉴定评估前期准备的能力； 4. 掌握二手车技术状况鉴定的能力； 5. 掌握二手车价值评估和二手车交易实务的能力		
学习内容	学习情境 1：二手车的基本检查与评估 学习情境 2：发动机性能的检测与评估 学习情境 3：整车性能的检测与评估 学习情境 4：汽车电器的检测与评估 学习情境 5：二手车价值的计算方法 学习情境 6：二手车的鉴定评估流程 学习情境 7：事故车的鉴定与评估 学习情境 8：二手车交易实务 学习情境 9：常见二手车的现行价格		

续上表

学习领域7	汽车法规与标准		
学期	第5学期	学时	28学时
职业能力要求	使学生能够掌握汽车法规与标准的理论和实际操作的专业知识和专业技能，通过学习的过程掌握工作岗位所需的各项技能和相关专业知识		
学习目标	1. 准确解释汽车法规的相关术语及其含义的能力； 2. 掌握我国的汽车法律法规主要内容； 3. 了解国际和发达国家汽车法律法规，能够借鉴国外先进的汽车法律法规体系； 4. 掌握标准和标准化的概念、分类、标准的结构、制定、编写和实施； 5. 掌握并且运用道路交通法规的能力； 6. 具有其他法规相关的知识能力； 7. 准确对汽车分类的能力； 8. 具备试验和检验方法的选择的能力； 9. 具备汽车排放测试方法的能力		
学习内容	学习情境1：汽车法规概论 学习情境2：汽车法律法规 学习情境3：车辆标准 学习情境4：汽车维修及维修企业标准 学习情境5：汽车排放标准		
学习领域8	汽车维修企业管理		
学期	第5学期	参考学时	56学时
职业能力要求	使学生能够掌握汽车维修企业管理的理论和实际操作的专业知识和专业技能，通过学习的过程掌握工作岗位所需的各项技能和相关专业知识		
学习目标	1. 准确掌握现代汽车维修企业管理岗位认知的能力； 2. 掌握汽车维修企业的战略管理、服务流程管理的能力； 3. 掌握客户关系的经营管理、顾客投诉管理、6S管理的能力； 4. 掌握汽车维修质量管理、组织机构和人力资源管理、配件管理的能力		
学习内容	学习情境1：汽车维修企业的战略管理 学习情境2：服务流程管理 学习情境3：客户关系的经营管理 学习情境4：客户投诉管理 学习情境5：6S管理 学习情境6：汽车维修质量管理 学习情境7：人力资源管理 学习情境8：配件管理 学习情境9：财务管理 学习情境10：汽车维修行业管理		

5. 实践学习领域教学标准（表2-12）

实践学习领域教学标准　　表2-12

环节3	钳工实习		
学期	第2学期	学时	60学时
职业能力要求	通过钳工实习使学生加深对专业理论知识的理解，培养和提高学生实际操作和分析问题、解决问题的能力，使学生综合运用所学理论知识与汽车整形实践紧密结合，为毕业后从事汽车钣金维修等工作打下良好的基础		

续上表

环节3	钳工实习		
学期	第2学期	学时	60学时
学习目标	1. 在实习过程中认知汽车修理企业的工作流程和各岗位的职责任务，提高岗位的适应能力，学会以各种方式学习，综合素质要有明显进步； 2. 将钳工等专业知识和相关政策法规结合，运用到相应的实践岗位，提高观察问题、发现问题、分析问题、解决问题的能力，提高专业水平； 3. 在规范有序的实际工作中养成努力钻研、吃苦耐劳的精神		
学习内容	1. 掌握各种钳工工具设备的种类、功能、构造及组成等，能进行现场拆装与维修； 2. 掌握各种钳工技能，并能制定相关方案或作业指导书等文件； 3. 熟悉新技术、新工艺、新方法，特别是技术管理、技术员的工作职责、技术文件的分类及整理等		
环节4	焊接技术实习		
学期	第3学期	学时	30学时
职业能力要求	通过焊接技术实习使学生加深对专业理论知识的理解，培养和提高学生实际操作和分析问题、解决问题的能力，使学生综合运用所学理论知识与汽车整形实践紧密结合，为毕业后从事汽车钣金涂装维修等工作打下良好的基础		
学习目标	1. 在实习过程中认知汽车修理企业的工作流程和各岗位的职责任务，提高岗位的适应能力，学会以各种方式学习，综合素质要有明显进步； 2. 将焊接等专业知识和相关政策法规结合，运用到相应的实践岗位，提高观察问题、发现问题、分析问题、解决问题的能力，提高专业水平； 3. 在规范有序的实际工作中养成努力钻研、吃苦耐劳的精神		
学习内容	1. 掌握各种汽车焊接工具设备的种类、功能、构造及组成等，能进行现场拆装与维修； 2. 掌握各种汽车焊接技能，并能制定相关方案或作业指导书等文件； 3. 熟悉新技术、新工艺、新方法，特别是技术管理、技术员的工作职责、技术文件的分类及整理等		
环节5	发动机构造实习		
学期	第2学期	学时	30学时
职业能力要求	通过发动机构造实习使学生加深对专业理论知识的理解，培养和提高学生实际操作和分析问题、解决问题的能力，使学生综合运用所学理论知识与汽车整形实践紧密结合，为毕业后从事汽车钣金涂装维修等工作打下良好的基础		
学习目标	1. 在实习过程中认知汽车修理企业的工作流程和各岗位的职责任务，提高岗位的适应能力，学会以各种方式学习，综合素质要有明显进步； 2. 将发动机构造等专业知识和相关政策法规结合，运用到相应的实践岗位，提高观察问题、发现问题、分析问题、解决问题的能力，提高专业水平； 3. 在规范有序的实际工作中养成努力钻研、吃苦耐劳的精神		
学习内容	1. 掌握各种发动机的种类、功能、构造及组成等，能进行现场拆装与维修； 2. 掌握各种发动机维修技能，并能制定相关方案或作业指导书等文件； 3. 熟悉新技术、新工艺、新方法，特别是技术管理、技术员的工作职责、技术文件的分类及整理等		

续上表

环节6	汽车电气实习		
学期	第3学期	学时	30学时
职业能力要求	通过汽车电气实习使学生加深对专业理论知识的理解，培养和提高学生实际操作和分析问题、解决问题的能力，使学生综合运用所学理论知识与汽车整形实践紧密结合，为毕业后从事汽车钣金涂装维修等工作打下良好的基础		
学习目标	1. 在实习过程中认知汽车修理企业的工作流程和各岗位的职责任务，提高岗位的适应能力，学会以各种方式学习，综合素质要有明显进步； 2. 将汽车电气等专业知识和相关政策法规结合，运用到相应的实践岗位，提高观察问题、发现问题、分析问题、解决问题的能力，提高专业水平； 3. 在规范有序的实际工作中养成努力钻研、吃苦耐劳的精神		
学习内容	1. 掌握各种汽车电气的种类、功能、构造及组成等，能进行现场拆装与维修； 2. 掌握各种汽车电气维修技能，并能制定相关方案或作业指导书等文件； 3. 熟悉新技术、新工艺、新方法，特别是技术管理、技术员的工作职责、技术文件的分类及整理等		
环节7	汽车底盘构造实习		
学期	第3学期	学时	30学时
职业能力要求	通过汽车底盘构造实习使学生加深对专业理论知识的理解，培养和提高学生实际操作和分析问题、解决问题的能力，使学生综合运用所学理论知识与汽车整形实践紧密结合，为毕业后从事汽车钣金涂装维修等工作打下良好的基础		
学习目标	1. 在实习过程中认知汽车修理企业的工作流程和各岗位的职责任务，提高岗位的适应能力，学会以各种方式学习，综合素质要有明显进步； 2. 将汽车底盘等专业知识和相关政策法规结合，运用到相应的实践岗位，提高观察问题、发现问题、分析问题、解决问题的能力，提高专业水平； 3. 在规范有序的实际工作中养成努力钻研、吃苦耐劳的精神		
学习内容	1. 掌握各种汽车底盘的种类、功能、构造及组成等，能进行现场拆装与维修； 2. 掌握各种汽车底盘维修技能，并能制定相关方案或作业指导书等文件； 3. 熟悉新技术、新工艺、新方法，特别是技术管理、技术员的工作职责、技术文件的分类及整理等		
环节8	汽车车身测量与校正实习		
学期	第3学期	学时	30学时
职业能力要求	通过汽车车身测量与校正实习使学生加深对专业理论知识的理解，培养和提高学生实际操作和分析问题、解决问题的能力，使学生综合运用所学理论知识与汽车整形实践紧密结合，为毕业后从事汽车钣金涂装维修等工作打下良好的基础		
学习目标	1. 在实习过程中认知汽车修理企业的工作流程和各岗位的职责任务，提高岗位的适应能力，学会以各种方式学习，综合素质要有明显进步； 2. 将汽车车身测量与校正等专业知识和相关政策法规结合，运用到相应的实践岗位，提高观察问题、发现问题、分析问题、解决问题的能力，提高专业水平； 3. 在规范有序的实际工作中养成努力钻研、吃苦耐劳的精神		

续上表

环节 8	汽车车身测量与校正实习		
学期	第 3 学期	学时	30 学时
学习内容	1. 掌握各种汽车车身测量与校正工具设备的种类、功能、构造及组成等，能进行现场拆装与维修； 2. 掌握各种汽车车身测量与校正维修技能，并能制定相关方案或作业指导书等文件； 3. 熟悉新技术、新工艺、新方法，特别是技术管理、技术员的工作职责、技术文件的分类及整理等		
环节 9	汽车车身板件修复实习		
学期	第 4 学期	学时	60 学时
职业能力要求	通过汽车车身板件修复实习使学生加深对专业理论知识的理解，培养和提高学生实际操作和分析问题、解决问题的能力，使学生综合运用所学理论知识与汽车整形实践紧密结合，为毕业后从事汽车钣金涂装维修等工作打下良好的基础		
学习目标	1. 在实习过程中认知汽车修理企业的工作流程和各岗位的职责任务，提高岗位的适应能力，学会以各种方式学习，综合素质要有明显进步； 2. 将汽车车身板件修复等专业知识和相关政策法规结合运用到相应的实践岗位，提高观察问题、发现问题、分析问题、解决问题的能力，提高专业水平； 3. 在规范有序的实际工作中养成努力钻研、吃苦耐劳的精神		
学习内容	1. 掌握各种汽车车身板件修理工具设备的种类、功能、构造及组成等，能进行现场拆装与维修； 2. 掌握各种汽车车身板件维修技能，并能制定相关方案或作业指导书等文件； 3. 熟悉新技术、新工艺、新方法，特别是技术管理、技术员的工作职责、技术文件的分类及整理等		
环节 10	汽车车身涂装技术实习		
学期	第 4 学期	学时	60 学时
职业能力要求	通过汽车车身涂装技术实习使学生加深对专业理论知识的理解，培养和提高学生实际操作和分析问题、解决问题的能力，使学生综合运用所学理论知识与汽车整形实践紧密结合，为毕业后从事汽车涂装维修等工作打下良好的基础		
学习目标	1. 在实习过程中认知汽车修理企业的工作流程和各岗位的职责任务，提高岗位的适应能力，学会以各种方式学习，综合素质要有明显进步； 2. 将汽车车身涂装等专业知识和相关政策法规结合，运用到相应的实践岗位，提高观察问题、发现问题、分析问题、解决问题的能力，提高专业水平； 3. 在规范有序的实际工作中养成努力钻研、吃苦耐劳的精神		
学习内容	1. 掌握各种汽车涂装修理工具设备的种类、功能、构造及组成等，能进行现场拆装与维修； 2. 掌握各种汽车涂装维修技能，并能制定相关方案或作业指导书等文件； 3. 熟悉新技术、新工艺、新方法，特别是技术管理、技术员的工作职责、技术文件的分类及整理等		
环节 12	毕业顶岗实习		
学期	第 5、6 学期	学时	690 学时
职业能力要求	通过毕业顶岗实习使学生加深对专业理论知识的理解，培养和提高学生实际操作和分析问题、解决问题的能力，使学生综合运用所学理论知识与汽车整形实践紧密结合，为毕业后从事汽车钣金涂装维修等工作打下良好的基础		

续上表

环节12	毕业顶岗实习		
学期	第5、6学期	学时	690学时
学习目标	1. 在实习过程中认知汽车修理企业的工作流程和各岗位的职责任务，提高岗位的适应能力，学会以各种方式学习，综合素质要有明显进步； 2. 将汽车钣金涂装等专业知识和相关政策法规结合，运用到相应的实践岗位，提高观察问题、发现问题、分析问题、解决问题的能力，提高专业水平； 3. 在规范有序的实际工作中养成努力钻研、吃苦耐劳的精神		
学习内容	1. 掌握各种汽车整形工具设备的种类、功能、构造及组成等，能进行现场拆装与维修； 2. 掌握各种汽车整形维修技能，并能制定相关方案或作业指导书等文件； 3. 熟悉新技术、新工艺、新方法，特别是技术管理、技术员的工作职责、技术文件的分类及整理等		

（二）教学组织

贯彻“合作办学、合作育人、合作发展”的理念，按照“依托行业、对接产业、定位职业、服务社会”的专业建设思路，以行动导向实施课程教学，形成以教师为主导、学生为主体、教学做合一、理论与实践合一、工学结合的教学模式。始终要重视学生在校学习与实际工作的一致性，采取工学交替、任务驱动、项目导向的一体化教学模式，运用任务驱动法、项目导向法、情境教学法、案例分析法、现场教学法、课堂讨论法等教学方法进行教学，立足于加强学生实际操作能力的培养。

核心课程建议采用“任务驱动、项目导向”教学法，通过典型的工作任务或项目，由教师提出要求或示范，组织学生进行活动，注重“教”与“学”的互动，让学生在活动中增强爱岗敬业、团结协作的意识，实现技能与素质的同步提高。实施“教、学、做”一体化教学，提高学生的学习兴趣，有效培养学生的职业能力；教师可着重进行引导并实施监督和评价。实践课程要加强引导、示范，创设工作情境，让学生亲自动手，提高学生岗位适应能力和分析处理问题的能力。

在教学过程中，要充分借鉴多媒体、教学资源库、网络资源等教学资源辅助教学，帮助学生理解所学知识，并重视本专业领域新技术、新工艺、新设备的发展趋势也要充分利用校外实训基地，校企合作，工学结合，积极引导学生提升职业素养、提高职业道德，紧密结合职业技能证书的考核、加强取证项目的训练。

（三）考核评价

吸纳用人单位专家参与教学质量评价，建立以能力为核心、以过程为重点的学习绩效考核评价体系。针对不同类型的课程采用不同的考核方法。对公共基础课程，建议采取理论考核的方法；对于专业学习领域，建议采取过程考核与综合考核相结合的方式；对于实践学习领域，尽量采用实操考核、过程考核的方法。具体原则如下：

1. 公共基础学习领域

总评成绩 = 平时成绩（考勤、提问、作业等）×40% + 期终考核 ×60%。

2. 专业学习领域

采取过程考核与综合考核相结合的评价方式，同时根据学生取得相应工种的职业资格证书的情况,综合评价学生成绩。其中过程考核包括学习态度、课程作业等,占课程总成绩的40%;综合考核包括期末考试、实践考核等,占课程总成绩的60%。如学生取得相应工种的职业资格证书,则该门课程考核合格。

3. 实践学习领域

以工作态度、实际操作和实习报告等情况综合评定学生成绩,其中工作态度、实际操作等占80%(在企业完成的项目由企业指导教师评定),实习报告占20%。

(执笔人:杨晋)

Ⅲ：商务管理专业人才培养方案

第一部分　主体部分

一、专业名称(专业代码)

商务管理(620503)

二、招生对象

普通高中毕业生或具有同等学力者

三、学制

全日制三年

四、培养目标

本专业主要培养德、智、美、体全面发展,具有良好的职业道德和创新精神,熟悉电子商务相关基础知识,掌握电子商务应用等技能,在开展电子商务、电子政务的各类企事业单位、生产、服务及管理第一线能从事网络营销、网上交易、网络客服、网站美工、网站编辑等工作的可持续发展能力的高素质技术技能型人才。

五、就业面向

本专业毕业生就业岗位主要是面向生产(管理)一线的商务管理等职业岗位。

主要岗位:网站策划、编辑人员;网站设计、开发人员;网络营销人员;网站美工人员;网站运营人员等岗位。

拓展岗位:网站策划助理;网站开发助理;网络销售总监助理;网站设计助理等岗位。

发展岗位:网站运营人员及主管等岗位。

六、培养规格

(一)素质目标

(1)具有强烈的责任意识、商务意识及创新意识。

(2)具有较强的人际交往能力、公共关系处理能力、语言表达和写作能力、劳动组织和协调能力。

(3)具有良好的文化、身体和心理素质。

(二)知识目标

(1)具有本专业所必需的数学计算、英语交流、计算机应用等科学文化基础知识。

(2)掌握从事网站策划、编辑、网站设计、开发、网络营销、网站美工、网站运营等工作所必需的专业知识。

(3)掌握常用办公软件的应用。

(三)能力目标

(1)具备网站策划能力,以及数据库、服务器体系的构建与维护能力。

(2)掌握网页设计制作软件的使用,掌握程序设计语言基础、至少掌握一门开发语言。

(3)掌握图形图像处理能力。

(4)熟悉网络贸易流程(网络销售渠道、支付系统、物流配送、信用体系等),电子商务平台的操作及应用,具备网络调查与分析能力。

七、教学环节进程安排表

(一)培养时间分配表

在人才培养的实施过程中,教学环节周数分配如表 3-1 所示。

商务管理专业培养时间分配表 表 3-1

学年		一		二		三		合计
学期		一	二	三	四	五	六	
1	入学教育	1 周						1 周
2	国防教育	2 周						2 周
3	课内教学	16 周	18 周	18 周	18 周	13 周		83 周
4	实践教学		1 周	1 周	1 周	2 周		5 周
5	生产实习					4 周	19 周	23 周
累计		19 周	19 周	19 周	19 周	19 周	19 周	114 周

注:课内教学指按课程(学习领域)组织的各种教学活动,包括理论课程、理实一体化课程等;实践教学是指计划单列的非生产性实践教学活动,包括专业认识实践、专项单列实训、课程设计、综合设计、社会实践等。

(二)教学进程表

本专业的人才培养教学进程如表 3-2 所示。

商务管理专业教学进程表 表 3-2

序号	类别	课程名称	教学时数与学分				考核方式		课内教学时数及实践周数					
									第一学年		第二学年		第三学年	
			总学时	学分	理论学时	实践学时	考试学期	考查学期	一	二	三	四	五	六
									16 周	18 周	18 周	18 周	13 周	0 周
1	公共基础课程	“两课”基础	64	2	64			1	4					
2		“两课”概论	72	2	72			2		4				
3		体育	68	3	68			1、2	2	2				
4		计算机应用基础	96	5	48	48	1		6					
5		大学语文	64	4	64			1	4					
6		大学英语Ⅰ	64	4	64		1		4					
7		大学英语Ⅱ	72	4	72			2		4				
8		任选课 1	36	2	36			3			2			
9		任选课 2	36	3	36			4				2		
10		就业指导	13	1	13			5					1	
公共基础课程小计			585	30	537	48	课内占比		43.46%					

续上表

序号	类别	课程名称	教学时数与学分				考核方式		课内教学时数及实践周数					
			总学时	学分	理论学时	实践学时	考试学期	考查学期	第一学年		第二学年		第三学年	
									一	二	三	四	五	六
									16 周	18 周	18 周	18 周	13 周	0 周
1	专业基础学习领域	经济法	72	4	72		4					4		
2		基础会计	54	3	54			3			3			
3		管理学	72	4	72			4				4		
4		经济学	54	4	54			3			3			
5		统计学	52	4	52			5					4	
6		网页设计	72	4	36	36	3				4			
7		多媒体技术	64	4	28	36	1		4					
8		photoshop 基础	72	4	30	42	2			4				
专业基础学习领域小计			512	31	398	114	课内占比		38.04%					
1	专业核心学习领域	电子商务与网络营销	72	4	36	36		3			4			
2		电子商务数据库	72	4	30	42	2			4				
3		电子商务网站建设	90	5	40	50	4					5		
4		三维动画设计	72	4	36	36	3				4			
5		电子商务概论	72	4	36	36	2			4				
6		电子商务英语	72	4	72		4					4		
专业核心学习领域小计			450	25	250	200	课内占比		33.43%					
1	专业拓展学习领域	电子商务案例分析	39	3	39			5					3	
2		礼仪	36	2	36			2		2				
3		物流学	52	3	52		5						4	
4		企业资源管理实务	52	5	52		5						4	
5		国际贸易	72	4	36	36	3				4			
6		办公软件	26	2	8	18		5					2	
7		客户关系管理	54	3	54			4				3		
8		仓储配送	52	4	52		5						4	
专业拓展学习领域小计			383	26	329	54	课内占比		28.45%					
课内教学环节合计			1930	112	1514	416	总百分比		67.48%					
1	独立实践环节	入学教育	1 周	1		30		1	1 周					
2		国防教育	2 周	4		60		1	2 周					
3		仓储实训	1 周	2		30		5					1 周	
4		经营网店实训	1 周	2		30		2		1 周				
5		网页设计实训	1 周	2		30		3			1 周			
6		企业资源管理实训	1 周	2		30		5					1 周	
7		电子商务网站建设实训	1 周	2		30		4				1 周		
8		毕业顶岗实习	23 周	10		690		5,6					4 周	19 周
独立实践环节合计			930	25		930	总百分比		69.09%					
课时(学分)总计			2860	137	1514	1346	周时数		24	24	24	22	22	0
周数总计									19	19	19	19	19	19
理论教学时数			1514				总百分比		52.94%					
实践教学时数			1346				总百分比		47.06%					

（三）课程设置及学时比例

在人才培养的实施过程中，各教学环节学时比例如表3-3所示。

商务管理专业课程设置及学时比例表　　表3-3

项　目	理论教学	实　践　教　学			
		课内实训	专项实训	生产实习	合计
学　时	1514	416	240	690	1346
所占比例	51.65%	48.35%			

八、毕业标准

（一）基本要求

（1）德、智、体、美等方面均通过学生管理部门考核达标；

（2）按规定完成课程（学习领域）的学习，成绩合格；

（3）完成各项独立实践环节（单列科目：如实践课、课程设计、实习、毕业实践、毕业设计等）的学习，成绩合格。

（二）考证要求

（1）必须取得全国计算机等级证（一级及以上）和英语应用能力证书（三级B）；

（2）获得至少一个本专业职业资格证书方可毕业。本专业职业资格证书如表3-4所示。

商务管理专业职业资格证书表　　表3-4

序号	考核项目	发证部门	等级要求
1	助理电子商务师	人力资源和社会保障部	三级
2	电子商务师	人力资源和社会保障部	二级
3	电子商务职业经理人证书	中国电子商务协会	二级
4	网店运营专才证书	国家教育部中央电教馆	二级

（三）其他要求

完成任选课的学习，并取得5学分。

第二部分 支撑材料

一、专业人才培养实施条件

(一)专业教学团队

1. 师资数量与结构

(1)教师队伍结构优化,梯队合理,45 岁以下青年教师中研究生学历或硕士以上学位比例达到 60%。

(2)每门课程的专任教师应不少于 2 人,专任教师数量应与学生规模相适应,专任教师中高级职称的比例 60%,主要专业技能课至少配备相关专业中级技术职称以上的专任教师 2 人。

(3)每门课程的专任教师中具备双师素质教师的比例应达到 50% 以上,由企业工程技术人员担任的兼职教师数占专任教师总数应达到 50% 左右。

(4)专业实验、实习指导教师 100% 以上是大专以上学历或中级以上职称;同时,实习指导教师具有中高级职称 60%。

2. 业务水平

教师应具备良好的职业道德和一定的教学科研能力,达到高等教育教师任职资格的要求且具备高等教育教师任职资格。其中主讲教师应由具备讲师以上职称的专任教师或工程师以上职称的兼任教师担任,参加科学研究或技术服务的专任教师人数不少于专任教师总数的 30%。

3. 教学团队现状

商务管理专业现有专业教师 33 人,其中专任教师 13 人,从电子商务企等相关单位聘请了具有丰富实践经验的兼职教师 5 名。专任教师中省高等学校教学名师 1 人、省高等学校中青年学科带头人 1 人、省高等学校中青年骨干教师 5 人,双师素质教师达 10 人。

(二)商务管理专业教学资源

1. 选用优秀的高职高专规划教材

在选择教材时,必须力争选用高水平的教材,杜绝质量低劣的教材进入课堂,不断提高教学质量,满足新形势发展的要求。鼓励优先选用教育部"面向 21 世纪课程教材"、国家级和省部级规划教材、教育主管部门或教学指导委员会推荐的教材;优先选用近三年出版的新教材或修订版教材;优先选用具有鲜明行业特征的高职高专规划教材、特色教材和精品教材。

本专业核心学习领域推荐使用的教材如表 3-5 所示。

商务管理专业核心学习领域推荐使用教材表 表 3-5

课程名称	推荐使用教材	主编	ISBN
电子商务与网络营销	电子商务与网络营销	胡启亮	978-7-111-26825-3
电子商务数据库	电子商务数据库基础	李进华	978-7-5638-1697-2
电子商务网站建设	电子商务网站建设与维护——项目教程	陈孟建	978-7-121-21736-4

续上表

课 程 名 称	推荐使用教材	主编	ISBN
三维动画设计	3dMax2011 三维动画基础案例教程	伍福军	978-7-301-23226-2
电子商务英语	电子商务英语	谭颖	978-7-121-19581-5

2. 开发基于工作过程的校本教材

应尽量开发具有本校特色、基于工作过程的校本教材。在校本教材的开发过程中,应由专业教师与企业技术人员共同合作,根据电子商务管理等职业岗位任职要求,引入行业技术标准,收集省内外电子商务典型案例,将企业生产实际中的新技术、新工艺、新方法和职业岗位能力和职业道德融入教学内容中,形成适用于理实一体化教学的特色教材。

3. 选用精品资源共享课程

在课程教学过程中,专业核心学习领域推荐选用精品资源共享课程如表 3-6 所示。

商务管理专业核心学习领域推荐选用精品资源共享课程表 表 3-6

课 程 名 称	优质课程名称	主持人	课程院校	网 址
电子商务与网络营销	网络营销实务	陈月波	浙江金融职业学院	http://jpkc.zfc.edu.cn/yingxiao/index.php
电子商务数据库	Access 数据库技术	苏传芳	安徽电子信息职业技术学院	http://www1.avceit.cn/jpkc/acc/
电子商务网站建设	电子商务网站建设	陈孟建	浙江经贸职业技术学院	http://jpkc.zjiet.edu.cn/sheng/2006/dzswwzjs/sbxx.asp
三维动画设计	三维动画制作	黄锐	桂林航天工业高等专科学校	http://jpkc.glcat.edu.cn/xiaoji/swdh/
电子商务概论	电子商务概论	王忠诚	辽宁机电职业技术学院	http://jpkc.lnmec.net.cn/userfiles/pwq/zp.asp
电子商务英语	商务英语翻译	武皓	柳州职业技术学院	http://edu.lzzy.net/ec2006/C269/kcms-1.htm

4. 专业网络教学资源

以数字化校园建设为载体,以课程为主要表现形式、以素材资源为补充,利用网络学习平台建设共享性网络教学资源库,建议包括专业基本资源、课程教学资源、自主学习资源、拓展学习资源。

网络教学资源库的建议配置如表 3-7 所示。

商务管理专业网络教学资源库的建议配置 表 3-7

类别	资 源	主要内容与要求	备注
专业基本资源	专业简介	专业代码、招生对象、学制、就业面向、专业特点、主要课程等	专业介绍
	人才培养方案	主要包括培养目标、专业面向的职业岗位分析、专业定位、课程体系、核心课程描述、教学进程、毕业标准、实施条件、实施规范、实施流程、实施保障等	
	课程标准	专业核心课程的课程标准	
	教学文件	教学管理相关文件	

续上表

<table>
<tr><th>类别</th><th>资　源</th><th>主要内容与要求</th><th>备注</th></tr>
<tr><td rowspan="9">课程教学资源</td><td>教学指南</td><td>本课程的作用、目标和要求，本课程与职业岗位的关系，本课程与其他课程的关系，本课程的主要特点、课程结构、课程内容、课时分配、课程的重点与难点、实践教学体系、课程教学方法、课程教学资源、课程考核、课程授课方案设计、课程建设与工学结合效果评价等</td><td rowspan="9">专业基本配置</td></tr>
<tr><td>教学设计</td><td>主要包括学时安排、学习任务设计、学习内容确定、教学目标设定、教学重难点分析及处理、任务工单提供、教学方法建议、教学手段选用、教学设施和教学场地安排、教学实施要求、课程考核方法，以及课后总结等</td></tr>
<tr><td>多媒体课件</td><td>优质核心课程课件</td></tr>
<tr><td>教学视频库</td><td>课程设计录像、课堂教学录像、实训操作演示录像等</td></tr>
<tr><td>案例库</td><td>以一个完整的企业项目为案例单元，通过观看、阅读、学习、分析案例，实现知识内容的传授、知识技能的综合应用展示、知识迁移、技能掌握等</td></tr>
<tr><td>FALSH 资源</td><td>教学难点的动漫演示</td></tr>
<tr><td>实训项目</td><td>实训目标、实训设备、实训要求、实训内容与步骤、实训项目考核和评价标准、实训报告或总结、技术手册、操作规程与安全注意事项</td></tr>
<tr><td>学生作品</td><td>学生学习成果、实训作品和生产产品</td></tr>
<tr style="display:none"></tr>
<tr><td rowspan="5">自主学习资源</td><td>学习指南</td><td>课程学习目标与要求，重点、难点提示及释疑，学习方法，典型任务解析，自我测试题及答案，参考资料和网站</td><td rowspan="5">专业特色配置</td></tr>
<tr><td>测试题库</td><td>知识和技能测试</td></tr>
<tr><td>视频库</td><td>学习任务实施操作视频资料</td></tr>
<tr><td>网络课程</td><td>基于互联网的处方自主学习平台</td></tr>
<tr><td>课程链接</td><td>与本专业相关的网站</td></tr>
<tr><td rowspan="7">拓展学习资源</td><td>拓展视频资源</td><td>其内容可以在教学标准的基础上适当拓展</td><td rowspan="7">专业拓展选配</td></tr>
<tr><td>文献库</td><td>与本课程或本专业相关的行业标准、企业规范、专利资料、法律法规、技术资料、成功案例等</td></tr>
<tr><td>仪器设备操作手册</td><td>常用仪器设备的操作手册</td></tr>
<tr><td>仿真教学</td><td>按教学内容列出仿真软件，并提供应用入口</td></tr>
<tr><td>课程 BBS</td><td>建立由专人管理的网上论坛</td></tr>
<tr><td>网上答疑</td><td>按主讲教师开设答疑室</td></tr>
<tr><td>其他资源</td><td>素质教育模块、课外活动园地</td></tr>
</table>

5. 其他教学资源

学院图书馆或资料室应当配置数量适当、结构合理、技术新颖的本专业纸质和电子图书，为专业学习、教学、科研和社会服务提供良好的信息服务；学院配置的电子图书，具有良好服务功能，能为专业教学资源库建设提供大数据服务。

（三）实验实训条件

1. 校内实训条件

本着“课程教学理实化、实践场所职业化”的原则，专任教师与企业兼职教师共同根据课程实施的需要设计并建设理实一体专业实训室，重点应加强教学功能设计及企业氛围的建设。使学生在校期间能感受企业文化氛围，接受企业操作规范。

实训室在设备和工位数量上能保证1个教学班实施理实一体化课程的需要，配置多媒体教学设备，便于开展教、学、做合一的教学活动。

根据商务管理专业的需要，建议校内实训条件建设如表3-8所示。

商务管理专业校内实训条件建设建议表 表3-8

序号	实训室名称	主要设备	主要功能	对应课程	实训容量
1	电子商务实训室	模拟软件 服务器 学生机	BTOB网络模拟 BTOC网络模拟 CTOC网络模拟	电子商务与网络营销 电子商务数据库 电子商务网站建设	50人/次
2	ERP沙盘模拟实训室	模拟软件 服务器 学生机 沙盘教具	ERP沙盘模拟	电子商务案例分析 物流学 企业资源管理实务	50人/次
3	物联网技术应用实训室	服务器及定位设备	中央控制系统；标识感知系统类模块；工业控制网络类模块；无线传感网络类模块；智能系统类模块；物联网物流自动化仓储实训项目；物联网智能运输实训系统	客户关系管理 仓储配送	50人/次

2. 校外实训条件

1）建设要求

与商务企业联合共建的校外实训基地不少于10个。

2）建设情况

依托学院合作发展理事会，选择技术较为先进、管理水平较高、生产规模大、效益好的企业作为紧密合作对象，紧密合作的校外实训基地数量稳定在10家。

校外实训基地是学生提高技能，掌握网络营销、网站策划、网站运营各岗位能力要求，提高专业素质、岗位技能培养良好职业道德、工作作风和职业素质的重要场所。为了实现人才培养目标，应选择技术较为先进、管理水平较高、生产规模大、效益好的企业作为紧密的合作对象，建立紧密合作的校外实训基地，满足学生顶岗实习和就业的需求。校外实训基地的基本要求是：

（1）固定校外实训基地应选择资质高、管理规范，在行业内具有一定影响力的大、中型施工企业和交通建设行业职能机构。

（2）动态校外实训基地应选择具有代表性和典型意义的重点工程建设项目，具备学生实训实习期间的安全和劳动保护等措施。

(3)具备相应的教学场地,有水平较高、实践经验丰富的科研、管理和生产人员担任实习实训指导教师实习实训项目、内容与学生所学专业相符,能满足实训环节各项教学任务要求。

(4)每年接受实习实训学生能达到一定规模。

二、专业人才培养实施规范

(一)课程教学标准

1. 公共基础课程教学标准

本部分内容请参阅本书的附录部分。

2. 专业基础学习领域教学标准(表3-9)

专业基础学习领域教学标准 表3-9

学习领域1	经济法		
学期	第4学期	参考学时	72学时
职业能力要求	1. 培养学生的可持续发展的能力; 2. 具备一定的分析和运用经济法律进行解决实际问题的能力; 3. 注重遵章守纪、积极思考、耐心、细致、勇于实践、竞争意识等职业素质的养成		
学习目标	1. 能执行经济法律的各项规定; 2. 能识别、确认各种经济组织的有关经济法律业务的基本情况; 3. 能对基本的经济法律案例进行分析; 4. 理解并应用企业破产的申请、受理、破产宣告与清算、重整与和解; 5. 能够熟悉订立合同所有细节,以及违反合同法规定的责任; 6. 能够理解并应用担保的类型、担保的具体步骤; 7 了解工业产权法、反不正当竞争法、产品质量法、广告法等 8. 理解并应用狭义证券发行、交易、收购具体规定,并对相关证券机构有所了解		
学习内容	1. 理解经济法的概念与特征;经济法的原则、地位和作用; 2. 掌握企业法律制度(全民所有制工业企业法、集体所有制企业法、私营企业法和企业破产法); 3. 掌握公司法律制度;合同法律制度; 4. 了解反不正当竞争法律制度; 5. 掌握知识产权法律制度(商标法、专利法)等; 6. 掌握会计审计法律制度以及经济仲裁与经济审判		
学习领域2	基础会计		
学期	第3学期	参考学时	54学时
职业能力要求	1. 能熟练把握点钞、真假币识别、票据辨别、原始单据审核等会计基本技能,能具备出纳员、收银员岗位的基本能力; 2. 能正确应用会计的基本规范,能说出会计的基本术语; 3. 能正确判断经济业务性质和内容,能准确按照会计的专门方法做会计基本业务处理; 4. 能根据案例资料有能力建账、记账、算账、更改错账,能具备中小企业记账员岗位的基本能力		
学习目标	1. 通过本专业基础课的学习,学生能够了解会计的相关专业知识,会计工作组织与会计法规; 2. 掌握会计账户的设置,会计科目的使用,会计凭证的填制,会计账簿的登记,财产清查的方法与处理,复式记账方法及主要经济业务的账务处理		

续上表

学习领域2	基础会计		
学期	第3学期	参考学时	54学时
学习内容	1. 认识会计,了解会计工作组织与会计法规 2. 掌握会计科目和账户的设置方法 3. 掌握复制记账方法 4. 掌握主要经济业务的核算方法 5. 掌握会计凭证的填制方法 6. 掌握会计账簿的登记方法 7. 掌握财产清查的方法 8. 掌握简单的报表编制		
学习领域3	管理学		
学期	第4学期	参考学时	72学时
职业能力要求	1. 树立现代管理的思想观念; 2. 掌握和运用管理学的基本原理和方法,提高自身的管理素质,培养和提高学生的理论素质和实践技能; 3. 并通过实践技能训练,提高学生的实践能力、创新能力和职业能力		
学习目标	1. 认识和理解管理的重要性和普遍性,了解古今中外管理思想的发展,理解古典管理理论和行为科学的内容; 2. 理解并掌握管理的基本原理与方法,掌握管理的计划、组织、领导、控制、创新等职能的基本内涵、要求及科学有效实现的方法; 3. 运用所学管理知识进行具体的管理案例分析,并能够在学完课程后对管理实践进行考察; 4. 通过管理学知识的学习而真正学会并能够用自己的头脑来思考管理学理论与实践问题		
学习内容	学习情境1:管理认知 学习情境2:预测与决策 学习情境3:计划与组织 学习情境4:领导与激励 学习情境5:沟通与控制 学习情境6:管理创新		
学习领域4	经济学		
学期	第3学期	学时	54学时
职业能力要求	1. 具备观察、分析各种社会经济现象的能力; 2. 初步具备在市场经济方面进行科学思维、科学分析的能力; 3. 能够解释一些经济现象如“薄利多销”、“规模收益”等; 4. 能够对政府所采取的经济政策做出理论上的解释及对实际的影响; 5. 根据当前经济形势的变化推断政府可能采取的经济政策		
学习目标	1. 价格形成的一般理论; 2. 消费者理性行为和厂商的生产行为与企业运营的市场规律; 3. 分析宏观经济运行的一般原理; 4. 政府实施宏观调控的原则和方法		

续上表

<table>
<tr><td>学习领域 4</td><td colspan="3">经济学</td></tr>
<tr><td>学期</td><td>第 3 学期</td><td>学时</td><td>54 学时</td></tr>
<tr><td>学习内容</td><td colspan="3">学习情境 1:市场供求关系
学习情境 2:消费者行为分析
学习情境 3:成本与收益的解释
学习情境 4:企业要素投入的最优组合
学习情境 5:市场理论的分析</td></tr>
<tr><td>学习领域 5</td><td colspan="3">统计学</td></tr>
<tr><td>学期</td><td>第 5 学期</td><td>参考学时</td><td>52 学时</td></tr>
<tr><td>职业能力要求</td><td colspan="3">1. 培养学生搜集资料、调查市场、阅读资料和利用资料的能力;
2. 熟悉把握对企业的经济数据分析的能力;
3. 熟练地利用数据的结论进行简单的预测;
4. 能执行《中华人民共和国统计法》的规定;
5. 培养学生积极主动的自学能力</td></tr>
<tr><td>学习目标</td><td colspan="3">1. 了解统计在经济生活中产生的作业;
2. 理解统计指标与指数的关系和意义;
3. 熟练掌握抽样推断的原理和方法;
4. 掌握相关分析与回归分析的原理;
5. 掌握统计预测的一般方法</td></tr>
<tr><td>学习内容</td><td colspan="3">学习情境 1:统计设计
学习情境 2:统计调查
学习情境 3:统计整理
学习情境 4:抽样推断
学习情境 5:相关与回归分析
学习情境 6:时间数列分析
学习情境 7:统计预测
学习情境 8:统计分析报告的撰写</td></tr>
<tr><td>学习领域 6</td><td colspan="3">网页设计</td></tr>
<tr><td>学期</td><td>第 3 学期</td><td>参考学时</td><td>72 学时</td></tr>
<tr><td>职业能力要求</td><td colspan="3">1. 熟练掌握 Dreamweaver 应用软件制作网站及网页;
2. 熟练掌握使用绝对和相对 URL,创建超链接,图像链接;
3. 掌握在网页中添加 CSS 的方法;
4. 培养学生设计、制作和维护动态网站;
5. 培养学生具备搜集资料、阅读资料和利用资料的能力;
6. 能独立制定、实施工作计划;
7. 具备检查、判断能力;
8. 具备简单的需求市场分析能力</td></tr>
<tr><td>学习目标</td><td colspan="3">1. 了解 Web 站点的工作原理;
2. 理解 Internet、WWW、HTTP、HTML 的定义,计算机网络概念和作用;
3. 了解服务器、客户端、浏览器的概念和作用;
4. 掌握常规网站的规划及流程;
5. 熟练掌握 HTML 语言中各种标记符的运用能力;
6. 熟练掌握 Dreamweaver 应用软件的使用;
7. 理解网页中脚本语言的使用方法;
8. 熟练开发常规静态网站</td></tr>
</table>

续上表

学习领域 6	网页设计		
学期	第 3 学期	参考学时	72 学时
学习内容	学习情境 1:个人网站的制作 学习情境 2:网页设计与制作精品课程网站建设 学习情境 3:商务类网站建设 学习情境 4:自主选题进行网站建设		
学习领域 7	多媒体技术		
学期	第 4 学期	参考学时	64 学时
职业能力要求	1. 掌握电子商务的基本模式,能对各大电子商务网站进行模式分析; 2. 能对主机进行 IP 地址的设置,能申请域名,规划主机方案; 3. 能够使用各种电子支付方式支付; 4. 能够对电子商务信息进行加密、签名,能够申请数字证书; 5. 能够进行网上市场调查和网络推广; 6. 能够规划电子商务物流方案; 7. 了解电子商务法律法规		
学习目标	1. 掌握电子商务的基本知识; 2. 掌握电子商务的三个基本层次; 3. 掌握网络安全防范的措施; 4. 掌握网络营销的基本方式; 5. 掌握电子商务物流的特点		
学习内容	学习情境 1:课程认知 学习情境 2:电子商务技术基础 学习情境 3:电子商务的支付结算 学习情境 4:电子商务安全管理 学习情境 5:网络营销管理 学习情境 6:电子商务物流管理		
学习领域 8	Photoshop 基础		
学期	第 2 学期	参考学时	72 学时
职业能力要求	1. 学习 Photoshop 的图像色彩原理、色彩模式的转换以及色调和色彩调整的技巧和操作; 2. 掌握 Photoshop 的命令、工具、基本功能和方法,图层、通道、路径等的概念和使用; 3. 掌握滤镜的功能和使用滤镜制作各种特效的技巧; 4. 利用所学习的知识进行图像处理,完成一定数量的上机实践任务; 5. 能独立设计制作完成不同类型的图片作品		
学习目标	1. 了解和掌握 Photoshop 基本理论和基本常识; 2. 熟练掌握 Photoshop 的使用技巧; 3. 熟练使用 Photoshop 操作界面和功能; 4. 理解 Photoshop 中选择区域、通道、路径、图层等相关概念并能正确使用; 5. 掌握图像合成的基本方法与技巧; 6. 理解计算机中颜色的表示方法和图像的颜色模式; 7. 掌握 Photoshop 软件使用环境下的创意设计; 8. 培养学生的审美水平和创意设计能力; 9. 能独立完成、自主创意一幅作品; 10. 了解 Photoshop 其他相关新版本的应用常识		

续上表

学习领域 8	Photoshop 基础		
学期	第 2 学期	参考学时	72 学时
学习内容	学习情境 1:PHOTOSHOP 认知 学习情境 2:文字效果与处理 学习情境 3:路径的运用 学习情境 4:选定技巧 学习情境 5:图层的运用 学习情境 6:滤镜效果 学习情境 7:图像的制作 学习情境 8:统计分析报告的撰写		

3. 专业核心学习领域教学标准(表 3-10)

专业核心学习领域教学标准　　表 3-10

学习领域 1	电子商务与网络营销		
学期	第 3 学期	参考学时	72 学时
职业能力要求	1. 具有利用网络工具开展市场调研、收集处理商务信息、撰写商情报告的能力; 2. 具有运用网络工具开展公关活动、进行公关策划的能力,如站点宣传策划、网络广告策划等; 3. 具有网络营销策略综合运用的能力		
学习目标	1. 对网络营销有个全面的认识; 2. 了解影响网络营销的微观市场环境和宏观市场环境; 3. 能够掌握如何制定网络营销计划,掌握如何进行网络定位以及二次定位; 4. 能够针对不同产品采取不同的调研方法; 5. 掌握适合在网上销售的产品种类、网络中产品定价的特点以及方法; 6. 能够进行独立的博客营销、微博营销、电子邮件营销,能够进行独立的搜索引擎营销; 7. 能够进行网站推广		
学习内容	学习情境 1:网络营销的常用工具和方法 学习情境 2:网络营销导向的企业网站研究 学习情境 3:搜索引擎营销基础认知 学习情境 4:网络广告基础认知 学习情境 5:网络营销实践应用		
学习领域 2	电子商务数据库技术		
学期	第 2 学期	参考学时	72 学时
职业能力要求	1. 掌握数据库中的基本概念和常用命令; 2. 掌握数据库的创建与维护; 3. 掌握数据的查询与统计; 4. 掌握用户界面的设计; 5. 掌握用户菜单的设计; 6. 熟练掌握简单应用程度的编写方法		

续上表

<table>
<tr><td>学习领域 2</td><td colspan="3">电子商务数据库技术</td></tr>
<tr><td>学期</td><td>第 2 学期</td><td>参考学时</td><td>72 学时</td></tr>
<tr><td>学习目标</td><td colspan="3">1. 掌握 Access、SQL Server 数据库的系统软件的不同版本及其安装步骤；
2. 掌握数据库及数据表、索引、视图、存储过程、触发器等数据库对象的设计、创建、管理方法及其操作步骤，掌握数据的增、删、改、查询技术的方法及操作步骤；
3. 掌握数据库的备份和恢复，数据安全性和完整性的维护等技术的方法及操作步骤；
4. 掌握 Transact - SQL 语言的功能及其编程，灵活运用各种常量、变量和常用函数；
5. 能安装服务器端数据库系统软件并进行初始设置；
6. 能创建数据库及数据表、索引、视图、存储过程、触发器等数据库对象；
7. 会利用数据库对象及数据的增、删、改、查询等操作对数据库中的数据进行管理与维护；
8. 会使用数据库的备份和恢复、数据安全性和完整性的维护等技术对数据库进行管理与维护</td></tr>
<tr><td>学习内容</td><td colspan="3">学习情境 1：数据库认知
学习情境 2：表的创建与应用
学习情境 3：视图的创建与应用
学习情境 4：窗体的创建与应用
学习情境 5：查询的创建与应用
学习情境 6：报表的创建与应用
学习情境 7：宏与 VBA 的应用
学习情境 8：数据库的管理</td></tr>
<tr><td>学习领域 3</td><td colspan="3">电子商务网站建设</td></tr>
<tr><td>学期</td><td>第 4 学期</td><td>参考学时</td><td>90 学时</td></tr>
<tr><td>职业能力要求</td><td colspan="3">1. 培养学生能熟练进行电子商务网站建设的能力；
2. 培养学生实验、交流及总结的能力；
3. 培养学生帮助中小企业建设及维护电子商务网站的能力</td></tr>
<tr><td>学习目标</td><td colspan="3">1. 掌握网站规划的基本步骤，剖析网站实例组成，掌握网站风格设计的基本原则及布局要点；
2. 掌握网站上传工具的使用，了解网站建设的一般流程，掌握域名注册及服务器的解决方案；
3. 掌握 HTML 文件的基本结构和基本标记的使用，能利用表格和框架标记进行网页布局，了解 CSS 样式的使用；
4. 掌握创建、管理站点的方法和网页文档的基本编辑方法，掌握使用表格和框架布局网页的方法；
5. 掌握搭建 Web 平台的方法、VBScript 语言基本语句的使用和 ASP 内置对象的常用属性和方法；
6. 了解 Access 和 SQL Server 数据库的基本操作，掌握基本的 SQL 语句和设置数据源的方法和步骤；
7. 掌握连接数据库的方法、查询记录、添加记录、删除记录及更新记录等操作，能编写电子商务网站中常用的程序模块</td></tr>
<tr><td>学习内容</td><td colspan="3">学习情境 1：电子商务网站及建站流程
学习情境 2：基本建站技术
学习情境 3：网站安全及运营管理</td></tr>
</table>

续上表

<table>
<tr><td>学习领域 4</td><td colspan="3">三维动画设计</td></tr>
<tr><td>学期</td><td>第 3 学期</td><td>参考学时</td><td>72 学时</td></tr>
<tr><td>职业能力要求</td><td colspan="3">1. 掌握关键帧动画、约束动画、空间动力学动画、角色动画、粒子动画以及渲染类特效动画制作的基本技法；
2. 能够熟悉三维动画从模型创建到材质编辑到动画制作、特效处理以及后期编辑等制作流程；
3. 能够设计影视片头；
4. 能够设计制作影视广告和影视短片</td></tr>
<tr><td>学习目标</td><td colspan="3">1. 了解 3ds MAX 的系统配置、安装方法；
2. 了解 3ds MAX 的界面与制作流程；
3. 掌握高级三维建模技术；
4. 掌握高级材质的编辑；
5. 掌握各种三维动画技法的应用；
6. 掌握灯光和相机的应用；
7. 了解与 3DS MAX 软件相关的部分辅助软件的使用技法；
8. 掌握渲染和输出等后期合成技术</td></tr>
<tr><td>学习内容</td><td colspan="3">学习情境 1:关键帧动画制作
学习情境 2:约束路径动画
学习情境 3:力学动画制作
学习情境 4:摄像机穿行动画制作
学习情境 5:角色动画制作
学习情境 6:特效动画制作</td></tr>
<tr><td>学习领域 5</td><td colspan="3">电子商务概论</td></tr>
<tr><td>学期</td><td>第 2 学期</td><td>参考学时</td><td>72 学时</td></tr>
<tr><td>职业能力要求</td><td colspan="3">1. 掌握电子商务的基本模式,能对各大电子商务网站进行模式分析；
2. 能对主机进行 ip 地址的设置,能申请域名,规划主机方案；
3. 能够使用各种电子支付方式支付；
4. 能够对电子商务信息进行加密、签名,能够申请数字证书；
5. 能够进行网上市场调查和网络推广；
6. 能够规划电子商务物流方案；
7. 了解电子商务法律法规</td></tr>
<tr><td>学习目标</td><td colspan="3">1. 掌握电子商务的基本知识；
2. 掌握电子商务的三个基本层次；
3. 掌握网络安全防范的措施；
4. 掌握网络营销的基本方式；
5. 掌握电子商务物流的特点</td></tr>
<tr><td>学习内容</td><td colspan="3">学习情境 1. 课程认知
学习情境 2. 电子商务技术基础
学习情境 3. 电子商务的支付结算
学习情境 4. 电子商务安全管理
学习情境 5. 网络营销管理
学习情境 6. 电子商务物流管理</td></tr>
</table>

续上表

学习领域 6	电子商务英语		
学期	第 4 学期	参考学时	72 学时
职业能力要求	1. 能够运用所学语言知识,写出基本符合国际商务惯例、格式规范的一般性商务报告、商务信函、会议纪要和电子邮件等; 2. 能够翻译一般性商务材料; 3. 能够用英语介绍公司状况,进行业务咨询,与客户交流,做简单的商务报告等		
学习目标	1. 能基本听懂正常语速的一般商务活动中的电话、对话、谈判、会议发言等; 2. 能读懂中等难度的商务英语文章,了解作者的观点和态度。阅读速度为每分钟 120 ~ 160 个单词,理解准确率在 75% 以上; 3. 了解熟悉国际商贸知识和基本操作技能		
学习内容	学习情境 1:Business 学习情境 2:Management 学习情境 3:Companies 学习情境 4:Products 学习情境 5:Service Industry 学习情境 6:Advertising 学习情境 7:Career Development 学习情境 8:Communication Skills		

4. 专业拓展学习领域教学标准(表 3-11)

专业拓展学习领域教学标准 表 3-11

学习领域 1	电子商务案例分析		
学期	第 5 学期	参考学时	39 学时
职业能力要求	1. 掌握进行电子商务案例分析的方法和思路,熟悉较多的国内外典型企业电子商务应用的实际状况; 2. 培养学生的进行案例分析能力和归纳总结能力,从而使学生掌握电子商务的运行规律; 3. 在调查、讨论与实践的基础上更深入地理解电子商务的基本原理		
学习目标	1. 通过本课程的学习,要求学生掌握礼仪的基本理论如沟通技巧、个人礼仪等; 2. 提高学生社交能力、语言表达、沟通力、协调力、应变能力,培养学生的团队合作精神; 3. 培养学生的耐心、细致、严谨的工作态度,成为受企业欢迎的人; 4. 注重 EQ – 情商的培养:亲和力,沟通力,协调力,合作力,意志力,表达力; 5. 注重 DQ – 德商培养:要做好事先做好人,懂礼仪知礼节,道德高尚,真善美; 6. 注重 AQ – 逆商的培养,在逆境中求发展; 7. 注重 HQ – 健商的培养,心理健康		
学习内容	学习情境 1:互联网时代的商业价值创造 学习情境 2:互联网商贸的发展战略 学习情境 3:新业务模式开发 学习情境 4:B2B 的价值创造 学习情境 5:电子商务整合行业资源 学习情境 6:互联网娱乐平台的盈利模式 学习情境 7:电子杂志产业的形成 学习情境 8:在线地图信息服务的价值链 学习情境 9:客户关系管理的应用 学习情境 10:网络营销的策略与实施 学习情境 11:虚拟经济与社会交往 学习情境 12:公共服务与新农村建设		

续上表

<table>
<tr><td>学习领域 2</td><td colspan="3">礼仪</td></tr>
<tr><td>学期</td><td>第 2 学期</td><td>参考学时</td><td>36 学时</td></tr>
<tr><td>职业能力要求</td><td colspan="3">1. 能按服饰仪容、言谈举止、表情态度等礼仪规范设计和塑造自身的专业职业形象；
2. 能规范自身的形象，在站姿、坐姿、走姿、手势等行为举止诸多方面提升自己的涵养；
3. 仪态优雅。落落大方，展现出良好的礼仪风范。在社交场合中能按照礼仪规范进行人际交往；
4. 具有组织重要会议及宴请宾客的协调组织能力</td></tr>
<tr><td>学习目标</td><td colspan="3">1. 通过本课程的学习，要求学生掌握礼仪的基本理论如沟通技巧、个人礼仪等；
2. 提高学生社交能力、语言表达、沟通力、协调力、应变能力，培养学生的团队合作精神；
3. 培养学生的耐心、细致、严谨的工作态度，成为受企业欢迎的人；
4. 注重 EQ——情商的培养：亲和力，沟通力，协调力，合作力，意志力，表达力；
5. 注重 DQ——德商培养：要做好事先做好人，懂礼仪知礼节，道德高尚，真善美；
6. 注重 AQ——逆商的培养，在逆境中求发展；
7. 注重 HQ——健商的培养，心理健康</td></tr>
<tr><td>学习内容</td><td colspan="3">学习情境 1：个人形象礼仪
学习情境 2：日常交往礼仪
学习情境 3：常用公务礼仪
学习情境 4：国际礼宾礼仪</td></tr>
<tr><td>学习领域 3</td><td colspan="3">物流学</td></tr>
<tr><td>学期</td><td>第 5 学期</td><td>参考学时</td><td>52 学时</td></tr>
<tr><td>职业能力要求</td><td colspan="3">掌握现代物流的基本概念、物流的基本功能、物流信息技术、配送与配送中心、国际物流、物流成本、物流系统及物流工程、物流服务与市场营销、供应链管理、物流设施与设备等物流基础知识</td></tr>
<tr><td>学习目标</td><td colspan="3">1. 能对发生的经济现象进行物流、商流、资金流、信息流的分析；
2. 能对系统输入、输出与转换要素分析；
3. 能对七个物流要素定义进行分析理解，
4. 能理解 JIT 在采购、生产中的应用要点，能分析供—产—销—回收、废弃物流特点；
5. 能从不同的角度分析物流管理，了解物流设施设备与操作标准化；
6. 能够对电子商务客户服务价值分析</td></tr>
<tr><td>学习内容</td><td colspan="3">学习情境 1：认识“神秘”的物流
学习情境 2：分析物流系统
学习情境 3：物流功能要素剖析
学习情境 4：企业物流
学习情境 5：物流管理
学习情境 6：现代物流</td></tr>
<tr><td>学习领域 4</td><td colspan="3">企业资源管理实务</td></tr>
<tr><td>学期</td><td>第 5 学期</td><td>参考学时</td><td>52 学时</td></tr>
<tr><td>职业能力要求</td><td colspan="3">1. 通过管理基础知识学习，会用管理知识分析、解释企业的管理活动；
2. 通过现代企业的学习，会区分什么是企业，会辨别企业类型，会分析和解释企业管理的功能；
3. 通过企业经营战略管理的学习，会分析、解释企业经营战略管理的流程及各环节的重点；</td></tr>
</table>

续上表

<table>
<tr><td>学习领域 4</td><td colspan="3">企业资源管理实务</td></tr>
<tr><td>学期</td><td>第 5 学期</td><td>参考学时</td><td>52 学时</td></tr>
<tr><td>职业能力要求</td><td colspan="3">4. 通过人力资源管理的学习，会区分企业人力资源管理的主要模块和基础工作，会分析和解释企业的人力资源管理工作；
5. 通过市场营销管理的学习，会进行初步的消费者购买行为分析，会根据企业的环境信息匹配市场营销战略；
6. 通过生产管理和质量管理的学习，会区分企业生产流程，会区分企业管理中质量管理的效能；
7. 通过财务管理的学习，会初步分析企业财务营运优劣；
8. 通过企业文化的学习，会用企业文化的三个层面进行企业文化分析，会初步设计企业文化建设的流程</td></tr>
<tr><td>学习目标</td><td colspan="3">1. 掌握管理的含义、基本特点，管理的二重性，管理的职能，管理者的层次和角色，简单了解管理理论的发展；
2. 掌握企业的概念和特点，企业的类型；掌握企业管理的概念、性质和职能，掌握现代企业制度的基本含义和特点，我国现代企业制度的基本组织形式，了解企业管理的发展；
3. 掌握企业经营战略及企业经营战略管理的概念、企业经营战略的特点、经营战略管理的流程，熟悉企业制定经营战略的重要性和必要性；
4. 掌握人力资源及人力资源管理的概念、人力资源管理的主要实践模块。了解工作分析和岗位评价的目的、流程；
5. 掌握市场、市场营销的概念和功能，消费者市场及消费者行为模式，掌握目标市场营销和竞争性的市场营销战略类型，掌握市场营销组织策略类型，了解市场营销观念；
6. 掌握生产管理、质量管理，了解生产管理的内容、生产过程组织、生产作业计划。掌握质量管理、全面质量管理的概念，了解质量管理的产生和发展，质量管理常用的统计方法；
7. 掌握财务管理的概念、财务管理的主要内容、财务分析指标，了解财务控制的历史演变和特点；
8. 掌握企业文化的概念、主要特征和功能，企业文化的核心，掌握企业文化建设的程序，掌握企业形象设计及其途径，了解企业文化建设的原则，管理道德</td></tr>
<tr><td>学习内容</td><td colspan="3">学习情境 1：现代企业管理认知
学习情境 2：管理基础
学习情境 3：现代企业制度
学习情境 4：人力资源管理
学习情境 5：企业战略与经营
学习情境 6：生产管理、质量管理
学习情境 7：市场营销
学习情境 8：财务管理
学习情境 9：企业文化</td></tr>
<tr><td>学习领域 5</td><td colspan="3">国际贸易</td></tr>
<tr><td>学期</td><td>第 3 学期</td><td>参考学时</td><td>72 学时</td></tr>
<tr><td>职业能力要求</td><td colspan="3">1. 能正确应用国际贸易相关概念分析国际贸易政策的目的；
2. 熟悉关税与非关税壁垒的措施手段；
3. 能正确理解国际贸易组织的宗旨和作用；
4. 善于分析处理不同经济形势下的外贸事件；
5. 能了解区域经济一体化的内容</td></tr>
</table>

续上表

学习领域5	国际贸易		
学期	第3学期	参考学时	72学时
学习目标	1. 了解国际贸易的基本理论和贸易政策与措施的含义及效应; 2. 掌握对国际贸易发展规律进行分析所必需的基本知识; 3. 认识物流与国际贸易的关系; 4. 初步认识国际贸易的基本理论、方法和实务		
学习内容	学习情境1:文字处理及录入 学习情境2:Word 文稿排版剂处理 学习情境3:Excel 应用 学习情境4:PPT 制作及应用		
学习领域6	办公软件		
学期	第5学期	参考学时	26学时
职业能力要求	1. 活动组织安排; 2. 报名情况统计; 3. 比赛安排通知; 4. 讲稿素材收集; 5. 演讲文稿制作; 6. 比赛材料整理		
学习目标	1. 对计算机的基础、互联网 Internet、计算机病毒、操作系统等几章内容只要进行了解和简单的应用; 2. 对于打字、Word、Excel 这几章内容不仅要掌握还要熟练的操作应用; 3. 可以独立的完成相关的工作内容		
学习内容	学习情境1:文字处理及录入 学习情境2:Word 文稿排版剂处埋 学习情境3:Excel 应用 学习情境4:PPT 制作及应用		
学习领域7	客户关系管理		
学期	第4学期	参考学时	54学时
职业能力要求	1. 能正确认识客户关系管理的应用现状与发展前景,并以此为基础描述客户关系管理的主要内容与逻辑框架; 2. 根据顾客满意度的测评,明确影响顾客满意的因素,并能找到提高顾客满意度的途径; 3. 明确客户满意与客户忠诚的区别和联系,找出影响客户忠诚的关键因素,以便能够在电子商务环境中赢得客户忠诚; 4. 能根据顾客价值理论,正确描述顾客价值的驱动因素,并能找到提升顾客价值的途径; 5. 能根据 CRM 的软件系统和模块系统,总结归纳 CRM 系统的特点,并从中找出在当今的电子商务环境中 CRM 系统需要改进之处		
学习目标	1. 能根据经营环境的变革及其给企业提出的挑战与机会,把握客户关系管理的兴起与发展; 2. 能够选择合适的绩效评价体系; 3. 能够对企业实施客户关系管理绩效进行动态的科学测评; 4. 根据 CRM 实施的基本方法,能够正确描述业务流程、组织结构等与 CRM 的匹配关系		

续上表

学习领域7	客户关系管理		
学期	第4学期	参考学时	54学时
学习内容	学习情境1:客户关系管理 学习情境2:客户满意 学习情境3:客户忠诚 学习情境4:顾客价值 学习情境5:技术系统 学习情境6:数据管理 学习情境7:实施与营销		
学习领域8	仓储配送		
学期	第5学期	参考学时	52学时
职业能力要求	1. 能熟练使用仓储常用设备并进行养护; 2. 理解仓库规划与布局; 3. 掌握物品编码与信息处理; 4. 熟练掌握进出库组织与作业; 5. 能对库内物品进行保养与维护; 6. 掌握立体仓库和自动化立体仓库的作业; 7. 能正确进行仓库分拣作业; 8. 具有成本分析与控制的能力; 9. 掌握储区安全及防范的要求; 10. 掌握配送中心系统设计; 11. 熟练掌握配送中心作业管理; 12. 掌握配送运输路线的优化选择		
学习目标	1. 能够说出仓储的基本概念、分类; 2. 能够复述仓储的作用和地位;能够解释仓储管理的基本原则和基本要求; 3. 够分析各搬运工具的优缺点和使用的场合; 4. 能够解释仓库常用设备的原理、用途等; 5. 能够熟练使用手动液压叉车; 6. 能够独立完成木质托盘的制作; 7. 能够熟练利用打包机对库存物品进行包装; 8. 能够阐述自动化立体仓库的各种设备工作原理、流程等; 9. 熟练掌握仓库保管的入库、堆存、保管、出库、装卸搬运等整个作业流程、操作方法、作业要求、管理方式和要求,以及所需要办理的相关手续; 10. 会填写仓库保管所需要的单据; 11. 掌握现代物流管理技术(JIT存货管理、MRP技术); 12. 了解仓库现代信息技术在仓库管理中应用的基本内容和基本方法		
学习内容	学习情境1:客户关系管理 学习情境2:客户满意 学习情境3:客户忠诚 学习情境4:顾客价值 学习情境5:技术系统 学习情境6:数据管理 学习情境7:实施与营销		

5. 独立实践环节教学标准(表 3-12)

独立实践环节教学标准 表 3-12

环节 3	仓储实训		
学期	第 5 学期	学时	30 学时
职业能力要求	1. 熟悉行业企业的主要运作流程; 2. 掌握并应用现代物流信息管理系统; 3. 熟练地使用各种物流设施和设备		
学习目标	1. 了解全自动化立体仓库的组成及其各种设备工作原理; 2. 掌握货物入立库和出库的基本流程; 3. 熟悉常用仓储物流设施设备的操作方法; 4. 会识别条形码及打印条码标签; 5. 熟悉电子标签分拣系统,掌握电子标签分拣方法; 6. 体会便携式数据采集器的一种—RF 手持终端在物流行业起到的节省时间、减少工作量、降低管理费用及有效改善库存结构的作用; 7. 掌握使用仓储软件模拟货物入库、盘点、移库、补货、出库、退货作业等基本流程		
学习内容	1. 仓储软件综合模拟货物入库、盘点、移库、补货、出库、退货作业等基本流程; 2. 物流实训室模拟演示与操作; 3. 参观学习,实习交流; 4. 完成实训报告并整理上交、考核		
环节 4	经营网店实训		
学期	第 2 学期	学时	30 学时
职业能力要求	通过经营网店实训,使得学生能够独立创建、经营网店		
学习目标	1. 创建网店,进行实名认证; 2. 对店铺进行装修,增加网店功能; 3. 通过各种方式对网店进行推广,扩大网店知名度; 4. 获取忠诚客户,扩大网站交易额,提升网店信用等级,实现网店赢利		
学习内容	1. 网店开设; 2. 网店装修; 3. 网店推广; 4. 网店运营		
环节 5	网页设计实训		
学期	第 3 学期	学时	570 学时
职业能力要求	通过网页设计实训的使得学生掌握基本的建站知识,能够独立创建、管理、维护网站		
学习目标	1. 理解掌握设计、制作网站的基本工作流程与方法; 2. 能运用 Photoshop 图像处理软件进行网页版式设计与素材的制作; 3. 能运用 Flash 动画制作软件进行网页素材的制作; 4. 能综合运用 Dreamweaver 网页设计软件,设计制作一个具有一定主题的个人网站,并加以发布		

续上表

环节 5	网页设计实训		
学期	第 3 学期	学时	570 学时
学习内容	1. 站点文件、文件夹的命名与组织要求规范； 2. 版面布局、色彩、字体设置美观； 3. 应用 CSS； 4. 页面标题准确、超文本链接正确； 5. 网页要求整合多种媒体； 6. 设计主页页面版式图		
环节 6	企业资源管理实训		
学期	第 5 学期	学时	30 学时
职业能力要求	通过企业资源管理实训，使得学生掌握企业经营管理的全过程		
学习目标	1. 根据当前的销售预测及销售订单，制定主生产计划，并且将维护后的生产计划信息发放成厂内工单； 2. 根据已发放的工单进行物料需求计划计算，并且通过计算库存不足原材料的数量，生成采购计划；再将维护后的采购计划信息发放成采购单； 3. 完 ERP 系统中的生产过程：制订工单、领料、完工入库，其中领料环节分别应用“自动扣料”和“厂供料自动领料”的领料模式； 4. 完成车间生产中的委外工序加工过程：制订工单、生成工单工艺、录入投产单、录入转移单、录入入库单，其中工序之间的转移涉及委外加工工序的转移		
学习内容	1. 营销管理； 2. 生产管理； 3. 财务管理； 4. 采购管理； 5. 质量管理； 6. 战略管理		
环节 7	电子商务网站建设实训		
学期	第 4 学期	学时	30 学时
职业能力要求	通过毕业顶岗实习使学生加深对专业理论知识的理解，培养和提高学生实际操作和分析问题、解决问题的能力，使学生综合运用所学理论知识与管理实践紧密结合，为毕业后从事电子商务技术管理等工作打下良好的基础		
学习目标	1. 掌握网页布局的方法； 2. 掌握使用 Flash 制作网页动画的方法； 3. 掌握使用 Dreamweaver 制作网页方法； 4. 掌握 FIREWORKS 优化图片处理图片的方法； 5. 掌握基本的动态网页制作技术； 6. 掌握本地站点发布的方法		
学习内容	1. 制作网站主页：设计网站的整体形象，制作导航条，另包括注册用户登录、滚动显示公告栏，网页主打产品图片有动画特效（如：淡入淡出、放大缩小等效果）； 2. 制作用户登录注册页面，并实现功能； 3. 制作产品新闻页面：产品最新动态介绍； 4. 制作产品介绍页面：显示产品的图片以及其他相关信息；		

续上表

环节7	电子商务网站建设实训		
学期	第4学期	学时	30学时
学习内容	5. 制作客户留言页面，并实现功能； 6. 制作产品订购页面； 7. 制作产品购买页面		
环节8	毕业顶岗实习		
学期	第6学期	学时	690学时
职业能力要求	通过毕业顶岗实习使学生加深对专业理论知识的理解，培养和提高学生实际操作和分析问题、解决问题的能力，使学生综合运用所学理论知识与管理实践紧密结合，为毕业后从事电子商务技术管理等工作打下良好的基础		
学习目标	1. 在实习过程中认知设计或电子商务等企业的工作流程和各岗位的职责任务，提高岗位的适应能力，学会以各种方式学习，综合素质要有明显进步； 2. 将电子商务等专业知识和相关政策法规结合，运用到相应的实践岗位，提高观察问题、发现问题、分析问题、解决问题的能力，提高专业水平； 3. 在规范有序的实际工作中养成努力钻研、吃苦耐劳的精神		
学习内容	1. 网络营销管理； 2. 企业电子商务运营管理； 3. 电子商务数据库管理； 4. 电子商务物流管理； 5. 跨境电子商务管理； 6. 网店运营管理； 7. 移动电子商务运营管理		

（二）教学组织

贯彻“合作办学、合作育人、合作发展”的理念，按照“依托行业、对接产业、定位职业、服务社会”的专业建设思路，以行动导向实施课程教学，形成以教师为主导、学生为主体、学做合一、理实一体、工学结合的教学模式。始终要重视学生在校学习与实际工作的一致性，采取工学交替、任务驱动、项目导向的一体化教学模式，运用任务驱动法、项目导向法、情境教学法、案例分析法、现场教学法、课堂讨论法等教学方法进行教学，立足于加强学生实际操作能力的培养。

核心课程建议采用“任务驱动、项目导向”教学法，通过典型的工作任务或项目，由教师提出要求或示范，组织学生进行活动，注重“教”与“学”的互动，让学生在活动中增强爱岗敬业、团结协作的意识，实现技能与素质的同步提高。实施“教、学、做”一体化教学，提高学生的学习兴趣，有效培养学生的职业能力；教师可着重进行引导并实施监督和评价。实践课程要加强引导、示范，创设工作情境，让学生亲自动手，提高学生岗位适应能力和分析处理问题的能力。

在教学过程中，要充分借鉴多媒体、教学资源库、网络资源等教学资源辅助教学，帮助学生理解所学知识。并重视本专业领域新技术、新工艺、新设备的发展趋势，也要充分利用校外实训基地，校企合作，工学结合，积极引导学生提升职业素养、提高职业道德，紧密结合职业技能证书的考核、加强取证项目的训练。

(三)考核评价

以能力为核心、以过程为重点的学习绩效考核评价体系，深入公路建设企业，对商务管理专业的职业岗位职责及知识、能力和技能要求进行细致的调研与分析，分解知识与能力的考核要素，吸纳用人单位专家参与教学质量评价，确保学生职业能力培养的质量。

遵循“能力为主，知识为辅；过程为主，结果为辅；应会为主，应知为辅；定量为主，定性为辅”的原则，合理确定专业理论考核和职业能力考核的权重，并结合企业考核标准确定能力考核要素，将校内考核与企业实践考核相结合，使学习效果评价与岗位职业标准相吻合。采用现场实操或答辩方式进行考核。

1. 公共基础课程

总评成绩 = 平时成绩(考勤、提问、作业等)×40% + 期终考核×60%。

2. 专业学习领域

采取过程考核与综合考核相结合的评价方式，同时根据学生取得相应工种的职业资格证书的情况，综合评价学生成绩。

其中，过程考核包括学习态度、课程作业等，占课程总成绩的40%；综合考核包括期末考试、实践考核等，占课程总成绩的60%。

如学生取得相应工种的职业资格证书，则该门课程考核合格。

3. 独立实践环节

以工作态度、实际操作和实习报告等情况综合评定学生成绩，其中工作态度、实际操作等占80%(在企业完成的项目由企业指导教师评定)，实习报告占20%。

(执笔人：曾周玉)

Ⅳ：连锁经营管理专业人才培养方案

第一部分　主体部分

一、专业名称（专业代码）

连锁经营管理（620504）

二、招生对象

普通高中毕业生或同等学力者

三、学制

全日制三年

四、培养目标

本专业适应社会主义现代化建设需要，德、智、体、美全面发展，主要面向流通领域的商业、零售业以及服务行业，培养具有高度责任感、有较强的计算机操作能力和连锁企业门店营运管理能力，适应现代连锁企业发展需要的中高级应用型管理人才。

五、就业面向

本专业毕业生就业岗位主要是面向生产（管理）一线的连锁企业的营销策划、市场调研、商品采购、总部管理、门店管理、电子商务、人力资源管理、物流配送、商店理财等职业岗位。

六、培养规格

（一）素质目标

（1）具有强烈的责任意识、营销意识及理财意识。

（2）具有一往无前的销售先锋精神。

（3）具有默默无闻、甘于奉献的内务员精神。

（4）具有良好的文化、身体和心理素质。

（二）知识目标

（1）学会连锁经营管理的基本知识，包括连锁企业的类型、特征、不同类型连锁企业的管理模式、连锁企业的发展战略管理技术、连锁企业选址和扩张技术等。

（2）学会连锁门店管理的基础理论，学会商品采购管理的基本理论知识和方法。

（3）学会连锁门店信息管理技术，学会连锁企业人力资源管理技术，学会物流与仓储配送管理技术等。

(三)能力目标

(1)培养学生岗位专业能力、连锁企业综合管理的能力、连锁门店商品采购、调拨的能力。

(2)培养学生连锁门店物流与仓储、配送的能力。

(3)培养学生与人交流的能力、与人协作共事的能力、分析问题、解决问题的能力。

七、教学环节进程安排表

(一)培养时间分配表

在人才培养的实施过程中,教学环节周数分配如表4-1所示。

连锁经营管理专业培养时间分配表 表4-1

学年		一		二		三		合计
学期		一	二	三	四	五	六	
1	入学教育	1周						1周
2	国防教育	2周						2周
3	课内教学	16周	19周	14周	16周	12周		77周
4	实践教学			5周	3周	3周		11周
5	生产实习					4周	19周	23周
累计		19周	19周	19周	19周	19周	19周	114周

注:课内教学指按课程(学习领域)组织的各种教学活动,包括理论课程、理实一体化课程等;实践教学是指计划单列的非生产性实践教学活动,包括专业认识实践、专项单列实训、课程设计、综合设计、社会实践等。

(二)教学进程表

本专业的人才培养进程如表4-2所示。

连锁经营管理专业教学进程表 表4-2

序号	类别	课程名称	教学时数与学分				考核方式		课内教学时数及实践周数					
			总学时	学分	理论学时	实践学时	考试学期	考查学期	第一学年		第二学年		第三学年	
									一	二	三	四	五	六
									16周	19周	14周	16周	12周	0周
1	公共基础课程	“两课”基础	64	4	64			1	4					
2		“两课”概论	76	4	76			2		4				
3		体育	70	4	70			1,2	2	2				
4		计算机基础	96	6	64	32	1		6					
5		大学英语Ⅰ	64	4	64		1		4					
6		大学英语Ⅱ	76	4	76		2			4				
7		高等数学	64	4	64		1		4					
8		就业指导	12	1	12			5					1	
公共基础课程小计			522	31	490	32	课内占比		30.17%					

续上表

序号	类别	课程名称	教学时数与学分：总学时	学分	理论学时	实践学时	考核方式：考试学期	考查学期	课内教学时数及实践周数：第一学年 一 16周	二 19周	第二学年 三 14周	四 16周	第三学年 五 12周	六 0周
1	专业基础学习领域	商品管理	80	4	40	40			5					
2		货物学	38	2	19	19	2			2				
3		连锁经营管理原理	84	5	42	42	3				6			
4		物流配送营运与管理	76	4	38	38	2			4				
5		物流现代技术	42	2	21	21		3			3			
6		经济学	76	4	55			2		4				
7		配送中心的营运	42	2	0	42		3			3			
专业基础学习领域小计			438	23	215	202	课内占比		25.32%					
1	专业核心学习领域	连锁采购管理	76	3	38	38	2			4				
2		连锁供应商管理	56	3	28	28	3				4			
3		连锁商品验收与退货	64	4	32	32	4					4		
4		超市连锁管理	64	4	32	32	4					4		
5		连锁门店开发与设计	64	4	32	32	4					4		
6		广告学	48	4	24	24		4				3		
7		商品陈列设计	48	3	24	24	5						4	
8		推广策略	48	4	24	24	5						4	
专业核心学习领域小计			468	29	234	234	课内占比		27.05%					
1	专业拓展学习领域	卖场内部设计	24	1	0	24		5					2	
2		配送中心的规划与设计	48	3	24	24	5						4	
3		投资开发可行性分析	48	3	24	24	5						4	
4		CIS 设计	64	3	32	32		4				4		
5		生鲜管理	56	3	28	28	3				4			
6		财务分析与绩效评估	36	2	28	8		5					3	
7		门店选址和商圈分析	48	3	36	12		4				3		
专业拓展学习领域小计			324	18	172	152	课内占比		18.73%					
课内教学环节合计			1752	101	1111	620	总百分比		61.22%					
1	独立实践环节	入学教育	1 周	1		30		1	1 周					
2		国防教育	2 周	2		60		1	2 周					
3		叉车实训	4 周	8		120		3			4 周			
4		仓储实训	1 周	2		30		4				1 周		
5		超市实训	1 周	2		30		4			1 周			
6		门店货物摆设实训	2 周	4		60		4				2 周		
7		门店选址实训	3 周	6		90		5					3 周	
8		毕业顶岗实习	23 周	10		690		5,6					4 周	19 周
独立实践环节合计			1110	35		1110	总百分比		64.16%					
课时(学分)总计			2862	136	1111	1730	周时数		25	24	20	22	22	0

续上表

序号	类别	课程名称	教学时数与学分				考核方式		课内教学时数及实践周数					
			总学时	学分	理论学时	实践学时	考试学期	考查学期	第一学年		第二学年		第三学年	
									一	二	三	四	五	六
									16 周	19 周	14 周	16 周	12 周	0 周
周数总计									19	19	19	19	19	19
理论教学时数			1111				总百分比		38.82%					
实践教学时数			1730				总百分比		60.45%					

（三）课程设置及学时比例

在人才培养的实施过程中，各教学环节学时比例如表 4-3 所示。

连锁经营管理专业课程设置及学时比例表 表 4-3

项　目	理论教学	实　践　教　学			
		课内实训	专项实训	顶岗实习	合计
学　时	1132	620	420	690	1736
所占比例	39.55%	60.45%			

八、毕业标准

（一）基本要求

（1）德、智、体、美等方面均通过学生管理部门考核达标。

（2）按规定完成课程（学习领域）的学习，成绩合格。

（3）完成各项独立实践环节（单列科目：如实践课、课程设计、实习、毕业实践、毕业设计等）的学习，成绩合格。

（二）考证要求

（1）必须取得全国计算机等级证（一级及以上）和英语应用能力证书（三级 B）。

（2）获得至少一个本专业职业资格证书方可毕业。本专业职业资格证书如表 4-4 所示。

连锁经营管理专业职业资格证书表 表 4-4

序号	考核项目	考核发证部门	等级要求
1	连锁经营管理师证书	人力资源和社会保障部	初级
2	市场营销师资格证书	人力资源和社会保障部	初级
3	物流师资格证书	物流采购协会	初级
4	会计从业人员资格证	财政部	初级
5	连锁经营管理师证书	人力资源和社会保障部	初级

（三）其他说明

完成任选课的学习，并取得 5 学分。

第二部分 支撑材料

一、专业人才培养实施条件

（一）专业教学团队

道路桥梁工程技术专业教学团队由专业带头人、专任教师和兼职教师组成。

1. 师资数量与结构

（1）教师队伍数量应与学生规模相适应，生师比控制在16∶1左右。

（2）教师队伍结构优化，梯队合理，45岁以下青年教师中研究生学历或硕士以上学位比例达到30%，专任教师中高级职称的比例≥30%，专任教师中具备双师素质教师的比例应达到80%以上。

（3）每个学习领域（课程）的教师应不少于2人，其中专业核心学习领域应配备相关专业中级技术职称以上的双师素质教师2人。

（4）各专业学习领域及独立实践环节，均应配备行业企业工程技术人员担任兼职教师，兼职教师折算比例应达到50%左右。

（5）专业实习（训）指导教师均为大专以上学历或中级以上职称。实习（训）指导教师具有中高级职称比例≥20%。

2. 业务水平

教师应具备良好的职业道德和一定的教学科研能力，达到高等教育教师任职资格的要求且具备高等教育教师任职资格。其中主讲教师应由具备讲师以上职称的专任教师或工程师以上职称的兼职教师担任，参加科学研究或技术服务的专任教师人数不少于专任教师总数的30%。

（二）专业教学资源

1. 选用优秀的高职高专规划教材

在选择教材时，必须力争选用高水平的教材，杜绝质量低劣的教材进入课堂，不断提高教学质量，满足新形势发展的要求。鼓励优先选用教育部“面向21世纪课程教材”、国家级和省部级规划教材、教育主管部门或教学指导委员会推荐的教材；优先选用近三年出版的新教材或修订版教材；优先选用具有鲜明行业特征的高职高专规划教材、特色教材和精品教材。

本专业核心学习领域推荐使用的教材如表4-5所示。

连锁经营管理专业核心学习领域推荐使用教材表 表4-5

课 程 名 称	推荐使用教材	主 编	ISBN
连锁采购管理	连锁企业采购管理	李春杰、柳娜、郝强	978－7－302－34145－1

续上表

课程名称	推荐使用教材	主　编	ISBN
连锁供应商管理	供应链管理	马士华	978-7-111-31331-1
连锁商品验收与退货	商品检验技术	余奇飞	978-7-5019-5943-3
超市连锁管理	超市商品管理	赵盛斌	978-7-5096-3155-3
连锁门店开发与设计	连锁门店开发与设计	王吉方	978-7-03-038412-6
广告学	实用广告学	樊志育	978-7-208-06453-9
商品陈列设计	门店布局与商品陈列	中国连锁经营协会	978-7-04-040265-0
推广策略	广告,促销与推广策略	隋广军,傅浙铭	978-7-80652-274-5

2. 开发基于工作过程的校本教材

应尽量开发具有本校特色、基于工作过程的校本教材。在校本教材的开发过程中,应由专业教师与企业技术人员共同合作,根据职业岗位任职要求,引入行业技术标准,将职业岗位能力和职业道德融入教学内容中,形成适用于理实一体化教学的特色教材。

3. 选用精品资源共享课程

在课程教学过程中,专业核心学习领域推荐选用精品资源共享课程如表4-6所示。

连锁经营管理专业核心学习领域推荐选用精品资源共享课程表　　表4-6

课程名称	优质课程名称	主持人	课程院校	网　址
连锁采购管理	物流采购管理	王海萍	广州城建职业学院	http://jpkc.gzccc.edu.cn/sbwz/index.asp
连锁供应商管理	供应链管理	钟生成	武汉工业学院	http://jpkc.whpu.edu.cn/Html/C272/zccs.htm
连锁商品验收与退货	商品识别与体验	包节	贵州轻工职业技术学院	http://dep.gzqy.cn:8081/spsbyty/index.html
超市连锁管理	超市与连锁经营	张华	兰州石化职业技术学院	http://course.jingpinke.com
连锁门店开发与设计	连锁超市店铺拓展与布局陈列	王晓娟	柳州职业技术学院	http://edu.lzzy.net/ec2006/C246/zcr-1.htm
广告学	广告学	张信国	温州大学	http://jpkc.wzu.edu.cn/ggx/index.htm
商品陈列设计	连锁企业门店营运管理	饶君华	山东商业职业技术学院	http://course.jingpinke.com
推广策略	市场营销	祝维亮	江西工程职业学院	http://www.jxgcxy.com/jpkc/scyx/jpkc/

4. 专业网络教学资源

以数字化校园建设为载体,以课程为主要表现形式、以素材资源为补充,利用网络学习平台建设共享性网络教学资源库,建议包括专业基本资源、课程教学资源、自主学习资源、拓展学习资源。

网络教学资源库的建议配置如表4-7所示。

连锁经营管理专业网络教学资源库的建议配置 表4-7

类别	资　源	主要内容与要求	备注
专业基本资源	专业简介	专业代码、招生对象、学制、就业面向、专业特点、主要课程等	专业介绍
	人才培养方案	主要包括培养目标、专业面向的职业岗位分析、专业定位、课程体系、核心课程描述、教学进程、毕业标准、实施条件、实施规范、实施流程、实施保障等	
	课程标准	专业核心课程的课程标准	
	教学文件	教学管理相关文件	
课程教学资源	教学指南	本课程的作用、目标和要求，本课程与职业岗位的关系，本课程与其他课程的关系，本课程的主要特点、课程结构、课程内容、课时分配、课程的重点与难点、实践教学体系、课程教学方法、课程教学资源、课程考核、课程授课方案设计、课程建设与工学结合效果评价等	专业基本配置
	教学设计	主要包括学时安排、学习任务设计、学习内容确定、教学目标设定、教学重难点分析及处理、任务工单提供、教学方法建议、教学手段选用、教学设施和教学场地安排、教学实施要求、课程考核方法，以及课后总结等	
	多媒体课件	优质核心课程课件	
	教学视频库	课程设计录像、课堂教学录像、实训操作演示录像等	
	案例库	以一个完整的企业项目为案例单元，通过观看、阅读、学习、分析案例，实现知识内容的传授、知识技能的综合应用展示、知识迁移、技能掌握等	
	FALSH资源	教学难点的动漫演示	
	实训项目	实训目标、实训设备、实训要求、实训内容与步骤、实训项目考核和评价标准、实训报告或总结、技术手册、操作规程与安全注意事项	
	学生作品	学生学习成果、实训作品和生产产品	
自主学习资源	学习指南	课程学习目标与要求，重点、难点提示及释疑，学习方法，典型任务解析，自我测试题及答案，参考资料和网站	专业特色配置
	测试题库	知识和技能测试	
	视频库	学习任务实施操作视频资料	
	网络课程	基于互联网的处方自主学习平台	
	课程链接	与本专业相关的网站	
拓展学习资源	拓展视频资源	其内容可以在教学标准的基础上适当拓展	专业拓展选配
	文献库	与本课程或本专业相关的行业标准、企业规范、专利资料、法律法规、技术资料、成功案例等	
	仪器设备操作手册	常用仪器设备的操作手册	
	仿真教学	按教学内容列出仿真软件，并提供应用入口	
	课程BBS	建立由专人管理的网上论坛	
	网上答疑	按主讲教师开设答疑室	
	其他资源	素质教育模块、课外活动园地	

5. 其他教学资源

学院图书馆或资料室应当配置数量适当、结构合理、技术新颖的本专业纸质和电子图书，为专业学习、教学、科研和社会服务提供良好的信息服务；学院配置的电子图书，具有良好服务功能，能为专业教学资源库建设提供大数据服务。

（三）实验实训条件

1. 校内实训条件

根据连锁经营管理专业培养目标和教学要求，校内具备一体化教学和生产性实习等基本实训条件。实训室在设备和工位数量上能保证 1 个教学班实施理实一体化课程的需要，配置多媒体教学设备，便于开展教、学、做合一的教学活动。

建议校内实训条件建设如表 4-8 所示。

连锁经营管理专业校内实训条件建设建议表 表 4-8

序号	名　称	主要设备	主要功能	对应课程	容纳学生人数
1	连锁管理实训室	座架式全电动叉车、电子标签拣货系统、全自动堆垛机、第三方物流管理信息系统、企业级连锁商业进销存管理系统、物流教学资源网站、物流仿真系统软件、国际货代报关与国际贸易结算管理信息系统、贴标机、RF 手持终端、沙盘等经贸系连锁实训中心设备	主要承担收银员、理货员、仓储配送员、营业员技能培训	超市经营管理、物流配送运营与管理	60 人/次
2	学院超市实训基地	一个完整超市，货架、商品、收银设备等	主要承担店长，区域经理，销售经理技能培训	店长作业管理	60 人/次

2. 校外实训条件

依托学院合作发展理事会，选择技术较为先进、管理水平较高、生产规模大、效益好的企业作为紧密合作对象，紧密合作的校外实训基地数量稳定在 5 家。

校外实训基地的基本要求是：

（1）固定校外实训基地应选择资质高、管理规范，在行业内具有一定影响力的大、中型施工企业和交通建设行业职能机构。

（2）动态校外实训基地应选择具有代表性和典型意义的重点工程建设项目，具备学生实训实习期间的安全和劳动保护等措施。

（3）具备相应的教学场地，有水平较高、实践经验丰富的科研、管理和生产人员担任实习实训指导教师实习实训项目、内容与学生所学专业相符，能满足实训环节各项教学任务要求。

（4）每年接受实习实训学生能达到一定规模。

二、专业人才培养实施规范

(一)课程教学标准

1. 公共基础课程教学标准

本部分内容请参阅本书的附录部分。

2. 专业基础学习领域课程教学标准(表 4-9)

专业基础学习领域课程教学标准　　表 4-9

<table>
<tr><td>课程 1</td><td colspan="3">商品管理</td></tr>
<tr><td>学期</td><td>第 1 学期</td><td>参考学时</td><td>80 学时</td></tr>
<tr><td>职业能力要求</td><td colspan="3">1. 能够了解顾客的购物需求;
2. 能够合理摆放商品;
3. 能够正解无误地介绍商品;
4. 能够鉴别商品的质量等级;
5. 能够快速牢固地包装商品;
6. 能够选择合理的方式,对商品进行储运和养护</td></tr>
<tr><td>学习目标</td><td colspan="3">1. 能独立进行商品陈列;
2. 能制作商品配置表;
3. 了解存货管理的方法与流程,能够胜任存货管理的各项基本工作</td></tr>
<tr><td>学习内容</td><td colspan="3">1. 了解商品分类的方法、商品陈列的方法、各类商品陈列的要点;
2. 掌握盘点的概念,了解盘点作业的组织以及人员分配;
3. 了解验收的含义,熟悉验收的职责、验收品的处理,掌握商品验收的程序、验收的要领、质量管理体系运作要素;
4. 熟悉商品采购的业务流程,了解连锁超市商品采购的基本方法</td></tr>
<tr><td>课程 2</td><td colspan="3">货物学</td></tr>
<tr><td>学期</td><td>第 2 学期</td><td>参考学时</td><td>36 学时</td></tr>
<tr><td>职业能力要求</td><td colspan="3">培养货物包装各项标示的编制及辨别能力、货物质量检验与鉴别能力、货物分类、货物运输、货物养护能力等</td></tr>
<tr><td>学习目标</td><td colspan="3">通过本课程的教学,使学生掌握本货物管理的成熟理论,了解和掌握主要包括运输过程中各种货物的种类、包装及其物理、化学和生物性质;在运输过程中科学地进行配积载、装卸和保管;货物质量、货物标准、货物检验等方面的内容</td></tr>
<tr><td>学习内容</td><td colspan="3">介绍货物的分类、成分、结构及其物理、化学、生物及机械性质;货物的包装、标志、计量及货物的积载因数;货物的运输条件;普通件杂货及一些特殊货物与运输有关的性质以及运输、装卸、保管要求;危险货物的分类、特性、包装、标志、积载、隔离及其运输、装卸、保管等注意事项;集装箱货物的分类、装箱方法及防汗湿措施;散装干质货物和散装液体货物的种类、性质及运输、积载等有关内容</td></tr>
<tr><td>课程 3</td><td colspan="3">连锁经营管理原理</td></tr>
<tr><td>学期</td><td>第 3 学期</td><td>参考学时</td><td>84 学时</td></tr>
<tr><td>职业能力要求</td><td colspan="3">从事连锁经营企业岗位工作所必须具备的能力,主要包括门店运营管理能力、商品陈列与布局能力、门店开发能力、营销策划能力、收银结账能力、信息收集与数据分析能力、理货和防损能力、客户服务能力、谈判能力、顾客投诉处理能力、商业敏感能力等</td></tr>
</table>

续上表

课程 3	连锁经营管理原理		
学期	第 3 学期	参考学时	84 学时
学习目标	培养适应社会主义市场经济需要的,能在各类连锁企业或相应业务部门从事连锁企业管理工作的应用型人才。熟悉超市经营实务、卖场设计与策划技术、商品流通的组织与管理技术、超市定位与开拓技术、营销技术、超市 POS 系统的维护、使用及安装技术能力,具备对超市的人、财、物、信息各要素和商品的进、销、定、盘、存各环节的管理和决策能力,成为既懂超市管理业务又熟悉商品营销业务的复合型人才		
学习内容	本课程主要包括零售业的演变和业态的发展、连锁经营原理综述、连锁经营企业的组织结构设计、连锁经营企业的总部管理、连锁经营企业的商品管理、连锁经营企业的门店管理、特许连锁经营七大部分以及综合实训		
课程 4	物流配送营运与管理		
学期	第 2 学期	参考学时	72 学时
职业能力要求	能够在物流企业的配送部门、运输调度部门从事配送线路制定和优化、货物配载、订单信息的整理和跟踪等相关工作,优化物流企业配送管理业务。本专业须注重案例教学、互动教学、实践教学等教学方法,锻炼学生们根据用户实际需求制定配货、送货方案并组织实施的能力		
学习目标	1. 企配送中心的构建和管理能力。通过对配送中心的构建条件、原则、内容、程序、布局及作业流程的学习,使学生能够进行小型配送中心设计、构建及管理; 2. 企业配送商品运输管理能力。通过学习配送中心的类型、特点、适用条件及运输过程和特点,使学生能够正确进行企业配送中心的运输管理规划和管理,并进行相应的分析; 3. 企业配送经营模式的选择与分析能力。通过对连锁企业配送中心经营模式的学习,使学生能够根据不同的条件,合理的选择、分析与应用连锁企业配送中心经营模式		
学习内容	1. 导论:主要包括物流的概念与统一配送在连锁经营中的作用,以及在连锁经营中所采用的物流配送策略; 2. 配送中心的规划与设计:主要包括配送中心的功能定位,配送中心的建筑规划与内部布局规划等; 3. 配送中心的营运:包括配送中心组织结构的选择、人力管理、一般商品作业管理、低温商品作业管理、配送中心的信息管理系统等内容; 4. 物流配送的营运效果评估:包括配送成本管理、绩效评估体系及指标等		
课程 5	物流现代技术		
学期	第 3 学期	参考学时	42 学时
职业能力要求	1. 具备物流管理的应用程序操作能力; 2. 具备物流信息组织、分析研究、传播与开发利用的基本能力; 3. 能进行物流系统分析、设计和规划,具有物流管理的基本能力		
学习目标	1. 用标准化的条码技术(Bar Code)完成信息数据的录入和采集; 2. 建立基本数据库。借助自动识别技术、数据库技术(Database)、电子数据交换(EDI)等现代技术手段建立仓储、保管等各类与物流业务管理有关的基本数据库,利用这些数据库存储各种有价值的信息; 3. 利用先进技术实现信息的高速传递; 4. 利用信息系统加强物流中心活动的管理控制		

续上表

<table>
<tr><td>课程 5</td><td colspan="3">物流现代技术</td></tr>
<tr><td>学期</td><td>第 3 学期</td><td>参考学时</td><td>42 学时</td></tr>
<tr><td>学习内容</td><td colspan="3">1. 条形码技术，包括一维码、二维码技术；
2. 射频卡技术，也叫 RFID 技术；
3. 网络通信技术：包括有线、无线、局域网、VPN、移动网络技术等；通讯方式上还分同步、异步两种；还分实时、不实时两种；
4. 信息系统：通信软件、业务系统、结算系统、客户关系系统、绩效业绩和评估系统；
5. 数据库技术：分布式数据库、集中管理式数据库、数据仓库；
6. 输运和车辆跟踪以及地理信息系统导航系统：GPS、GIS 等；
7. 自动控制和通信调度系统：各种 WCS、组态软件等</td></tr>
<tr><td>课程 6</td><td colspan="3">经济学</td></tr>
<tr><td>学期</td><td>第 1 学期</td><td>参考学时</td><td>72 学时</td></tr>
<tr><td>学习目标</td><td colspan="3">1. 要求学生系统掌握经济学基本理论和相关的基础专业知识，了解市场经济的运行机制，熟悉党和国家的经济方针、政策和法规，了解中外经济发展的历史和现状；
2. 了解经济学的学术动态；具有运用数量分析方法和现代技术手段进行社会经济调查、经济分析和实际操作的能力；
3. 具有较强的文字和口头表达能力的专门人才</td></tr>
<tr><td>学习内容</td><td colspan="3">1. 研究市场经济中单个经济单位即生产者（厂商）、消费者（居民）的经济行为，包括供求价格平衡理论、消费者行为理论，在不同市场类型下厂商成本分析与产量、价格决定理论、生产要素收入决定即分配理论等；
2. 以整个国民经济为视野，以经济活动总过程为对象，考察国民收入、物价水平等总量的决定和波动。其中经济增长理论和经济波动（经济周期）理论又是宏观经济学的两个独立分支</td></tr>
<tr><td>课程 7</td><td colspan="3">配送中心的营运</td></tr>
<tr><td>学期</td><td>第 3 学期</td><td>参考学时</td><td>42 学时</td></tr>
<tr><td>职业能力要求</td><td colspan="3">1. 负责配送中心作业组织和学员日常管理，督促日常工作完成；
2. 接受总经理下达的作业任务，拟定计划，组织学员完成；
3. 全面监控配送中心作业情况，发现问题，制定整改意见；
4. 收集学员意见和工作情况，整理成报告，完成本职汇报工作；
5. 组织配送中心学员的各项活动，完成其他交代的任务</td></tr>
<tr><td>学习目标</td><td colspan="3">通过本章的学习需要了解配送、配送中心的概念、分类、功能、作用等知识，在掌握配送中心的规划布局和配送管理的环节及业务流程的基础上，进一步熟悉配送管理合理化、配送的路径选择等知识</td></tr>
<tr><td>学习内容</td><td colspan="3">1. 收货环节：在此环节的基本要素包括收货的准确性，货位分配的合理性，上架的及时性等；
2. 储存环节：库存的准确性由很多方面决定，平时的维护及整理是非常重要的一环；
3. 拣选环节：拣选通常是物流管理者最关注的环节之一，但拣选只是众多环节中非常普通的一环，是因为拣选环节的诸多要素如拣选效率、拣选准确性等，并不完全决定于拣选本身</td></tr>
</table>

3. 专业核心学习领域课程教学标准(表 4-10)

专业核心学习领域课程教学标准　　表 4-10

课程 1	连锁采购管理		
学期	第 2 学期	参考学时	56 学时
职业能力要求	了解采购与供应商管理业务的基本知识及职业化要求; 了解并掌握采购策略、采购战术,及供应商管理办法,了解标杆企业的做法; 掌握采购成本分析与控制的管理体系及流程,及建立采购成本控制与监控平台; 了解基本的商务沟通技巧,掌握采购谈判策略、战术管理,熟悉采购模式的设计与技巧; 掌握供应商考核与激励的理论及方式方法,并能灵活运用		
学习目标	通过本课程学习,从采购制度、采购分工、科学的采购方式等方面完善学生对于采购的认知,从采购决策、供应商管理、谈判与合同等方面教导了关于采购的流程,加上相对应的实训内容,培养学生对于采购的理解和实施相应的操作		
学习内容	1. 基础教学内容:连锁采购类型和基本要求、采购组织的构成、连锁采购计划和预算编制、连锁采购决策、连锁采购流程管理、连锁供应商管理、连锁合同管理、采购谈判技巧、商品验收方法、采购风险管理; 2. 拓展教学内容:连锁供应商案例分析、连锁采购网分析; 3. 职业素质素养:连锁采购谈判案例、连锁采购合同拟定		
课程 2	连锁供应商管理		
学期	第 3 学期	参考学时	56 学时
职业能力要求	询价能力、采购谈判能力、合同执行能力、成本意识		
学习目标	掌握供应商调查的方法; 掌握采购谈判技巧; 熟悉合同的签订、履行以及合同执行过程中解决纠纷和索赔的处理方法; 了解如何进行供应商维护和管理		
学习内容	了解连锁企业供应商调查的方法和程序; 了解和掌握采购谈判的进程与策略; 掌握连锁企业对供应商进行评价的指标和体系; 重点掌握连锁企业与供应商关系的建立和管理; 掌握采购合同的签订原则和程序		
课程 3	连锁商品验收与退货		
学期	第 4 学期	参考学时	64 学时
职业能力要求	1. 能够确定质量检测方案 2. 能够评定供货样品质量问题 3. 能够进行不合格商品管理		
学习目标	1. 了解商品收货的整个工作流程; 2. 掌握不同商品种类不同的验收标准和方式; 3. 了解商品的退货程序		
学习内容	1. 了解商品收货的原则和程序; 2. 熟悉连锁企业商品验收的方法和要求; 3. 掌握商品退货的原则和程序; 4. 了解退货的标准和例外情况的处理		

续上表

课程 4	超市连锁管理		
学期	第 4 学期	参考学时	64 学时
职业能力要求	1. 能知道前置陈列； 2. 熟悉先进先出原则； 3. 会使用陈列道具； 4. 知道什么是满陈列； 5. 知道什么是易选、易看、易拿； 6. 零散商品的处理(回仓)		
学习目标	通过教学应使学生初步掌握连锁超市商品采购管理、连锁超市理货与补货管理、连锁超市商品盘点作业管理、连锁超市损耗管理、连锁超市门店服务的技巧、收银服务管理、连锁超市门店店长、连锁超市门店经营绩效分析等方面的基本概念和主要知识点。明确连锁超市经营管理的主要内容及相应的操作流程，为今后进一步学习其他专业知识和技能打好基础		
学习内容	商品经营陈列、商品盘点与存货管理、商品质量管理、超市防损管理、超市生鲜管理、超市服务管理、超市财务分析与绩效评估、连锁超市店长的作业化管理		
课程 5	连锁门店开发与设计		
学期	第 4 学期	参考学时	64 学时
职业能力要求	能够熟悉连锁企业门店营运管理各岗位的工作内容、职责和要求，掌握理货、收银、盘点等技能，初步具备门店经营定位、商品结构确定、卖场布局、商品采购、商品陈列、商品促销等经营管理能力，培养及提高学生的职业素养、方法能力、社会能力和自主创业能力		
学习目标	通过本课程学习，了解连锁门店开发的内容与含义，课程描述了高质量门店开发对于连锁行业的意义，从门店开发预算、商圈划分、地理位置选择等方面培养学生对于门店开发的认识；从门店的 CIS 设计、内部设计、外部设计等多方面培养学生对于门店设计的理念，最终形成对整个门店开发与设计的整体概念，培养学生自主开发门店的能力		
学习内容	连锁经营概念、连锁经营的三种基本模式、连锁门店的业态选择、连锁门店投资开发可行性分析、商圈分析和连锁门店选址、门店 CIS 设计、连锁门店内外部设计、门店商品陈列技巧、连锁门店开发推广策略		
课程 6	广告学		
学期	第 4 学期	参考学时	68 学时
职业能力要求	可在新闻媒介广告部门、广告公司、市场调查及信息咨询行业以及企事业单位从事广告经营管理、广告策划创意和设计制作、市场营销策划及市场调查分析工作		
学习目标	在业务知识和能力方面，既具有广告基本理论知识、更能熟练掌握基本美术技能、计算机平面设计技能；还要具有较强的动手能力与实际工作能力，富有创新精神和自主学习能力		
学习内容	广告史、广告写作、广告策划、广告战略、广告战术、媒体选择、广告心理、广告摄影、广告设计、广告管理、广告道德规范等一系列原理和理论。这些原理和理论揭示了广告活动的基本规律		
课程 7	商品陈列设计		
学期	第 5 学期	参考学时	48 学时
职业能力要求	陈列设计师对流行文化的领悟能力、国际进化的时尚眼光、专业的设计能力和丰富的创造构想，当然，专业的学识和文化积淀还是远远不能够满足于时尚职业人的要求，敏锐的时尚嗅觉和理智的市场分析能力才是一个能够为品牌真正成就市场价值的根本		
学习目标	1. 掌握连锁门店商品布局与陈列的相关原理，能够进行描述； 2. 能够运用商品陈列设计的基本理论与技术进行陈列设计； 3. 能发现卖场中商品陈列存在的问题，并进行更正		

续上表

课程 7	商品陈列设计		
学期	第 5 学期	参考学时	48 学时
学习内容	1. 连锁门店商品布局的原则和方法； 2. 连锁门店商品陈列的原则； 3. 连锁门店主要大类商品陈列技巧		
课程 8	推广策略		
学期	第 5 学期	参考学时	64 学时
职业能力要求	既掌握市场营销专业所必备的基本理论知识，又具有市场分析、销售与管理、客户服务、营销策划等综合职业能力，具备职业生涯发展和终身学习能力，能胜任生产、服务、管理一线工作的高素质劳动者和技术技能人才		
学习目标	1. 熟悉新店铺开业前的相关准备工作，能进行相关工作的实施； 2. 能进行店铺开业庆典方案的设计； 3. 能进行店铺开业促销活动方案的设计和实施； 4. 能进行店铺开业促销效果绩效的评估		
学习内容	1. 了解营业执照的申请步骤； 2. 熟悉税务登记相关工作流程； 3. 掌握开业庆典的相关工作流程； 4. 熟悉各种店铺开业推广策略绩效指标		

4. 专业拓展学习领域课程教学标准（表 4-11）

专业拓展学习领域课程教学标准 表 4-11

课程 1	卖场内部设计		
学期	第 5 学期	参考学时	24 学时
职业能力要求	1. 主力商品是指在该业态中扮演销售主力部分的商品，亦可指能满足该业态主要顾客某方面需求的特色性商品； 2. 具备业态运作的能力例如卖场情境的塑造能力、商品的开发能力、作业流程的控管能力…等		
学习目标	对连锁门店的内部设计有个全面的认识；能清晰说明通道、柜台、货架、地板设计的原理与技巧；能准确描述门店灯光、色彩、声音、气味、温度设计技术		
学习内容	1. 连锁门店卖场通道与服务设施的设计； 2. 连锁门店照明与声音的设计； 3. 连锁门店色彩的设计； 4. 连锁门店其他要素的设计		
课程 2	配送中心的规划与设计		
学期	第 5 学期	参考学时	48 学时
职业能力要求	1. 会运用相关知识为配送中心进行选址分析，并形成选址报告； 2. 会根据物流配送中心的作业需求，选用适当的机械设备； 3. 会运用相关技能对配送中心进行规划设计，并形成一些规划图、表		
学习目标	1. 了解竞争力、价值链如何影响市场环境； 2. 认识顾客作为一种环境因素影响企业的网络营销； 3. 了解网络道德问题的主要表现方式及特征； 4. 互联网如何受经济、政治因素的影响		

续上表

课程 2	配送中心的规划与设计		
学期	第 5 学期	参考学时	48 学时
学习内容	1. 了解影响网络营销的微观市场环境和宏观市场环境； 2. 重点掌握连锁企业采购计划的制定要点； 3. 了解预算的含义和类型； 4. 掌握连锁企业采购预算的编制方法和流程		
课程 3	投资开发可行性分析		
学期	第 5 学期	参考学时	48 学时
职业能力要求	具有一定的领导能力、判断与决策能力、协调能力、人际沟通能力、影响力、计划与执行能力		
学习目标	1. 对连锁门店投资开发可行性有个全面的认识； 2. 能清晰地描述投资开发可行性主要研究的内容； 3. 能自己完成一份门店投资开发性的可行性分析报告； 4. 能独自进行门店开发的不确定性的分析		
学习内容	1. 门店投资开发可行性研究内容； 2. 门店投资开发可行性环境分析的主要框架和内容； 3. 连锁门店开发的投资构成； 4. 连锁门店开发投资可行性的经济评价		
课程 4	CIS 设计		
学期	第 4 学期	参考学时	48 学时
职业能力要求	1. 具备较强的平面设计能力，能够根据设计主题进行各种平面媒体及广告的合理化设计，形成能够流畅的传达信息并具有较强的视觉冲击力和感染力的设计作品； 2. 熟悉印刷与广告设计的材料及工艺，能够将其有效的融入设计； 3. 了解企业进行 VI 设计的意义，掌握 VI 设计的方法，具有一定的 VI 设计能力； 4. 掌握网页或视频编辑的基础制作方法与设计规范，能够进行合理化美术设计		
学习目标	1. 理解连锁门店的 CIS 的设计形式，以及能清晰地说出 MIS、BIS、VIS 三者的关系； 2. 掌握连锁门店 CIS 的设计方法，并能够自己进行企业的 CIS 设计		
学习内容	1. CIS 的定义与本质； 2. CIS 的类型和 MIS、BIS、VIS 三者的关系； 3. 连锁门店的 CIS 设计		
课程 5	生鲜管理		
学期	第 3 学期	参考学时	56 学时
职业能力要求	1. 具有制定预算的能力，理解生鲜毛利表的组成部分及其含义，并根据生鲜品类预算表来监管可利用资源； 2. 熟悉生鲜各部门商品在不同季节的销售特点和品质管理的特性，能对不合理库存采取相应的措施，以确保满足商品的销售和周转； 3. 了解各商品大类、坪效和人效的概念和行业标杆，熟悉影响门店生产效率的因素，并采取相应的措施		
学习目标	1. 能够明确不同生鲜的分类； 2. 掌握不同生鲜食品的常规陈列方式； 3. 针对生鲜食品耗损的原因采取相对应的改善措施		

续上表

课程 5	生鲜管理		
学期	第 3 学期	参考学时	56 学时
学习内容	1. 了解不同生鲜食品的分类； 2. 掌握不同生鲜食品的各项业务环节的运作方式； 3. 重点掌握生鲜食品的采购管理、加工作业、陈列管理、销售管理、损耗控制与鲜度管理、卫生安全管理等相关知识		
课程 6	财务分析与绩效评估		
学期	第 5 学期	参考学时	36 学时
职业能力要求	对财务人员进行的工作能力考核主要包括财务知识掌握程度、统计分析能力、成本核算能力、成本预算能力等内容		
学习目标	能够进行资产负债表分析；能够进行利润表分析；能够经营绩效进行评估并且提出改善方案		
学习内容	1. 理解连锁超市经营绩效评价的意义； 2. 掌握连锁超市经营绩效的评估指标； 3. 掌握连锁超市经营绩效改善的常用手段； 4. 能够运用连锁超市经营绩效评估指标对各分店或部门的经营绩效进行分析		
课程 7	门店选址和商圈分析		
学期	第 4 学期	参考学时	48 学时
职业能力要求	能根据某连锁企业的资源状况规划其网点扩张战略；能根据详细资料判断某连锁企业扩张中存在的问题；能对备选的店址价值进行正确评估		
学习目标	1. 对门店选址的重要性和程序有清晰的认识； 2. 能运用商圈选择准则进行商圈分界点的计算； 3. 能运用方法对某一区域的商圈进行全面系统的分析； 4. 能掌握饱和度指数计算方法		
学习内容	1. 门店选址应遵循的原则以及注意的问题； 2. 优良门店店址的条件和标准； 3. 影响商圈及其大小的因素； 4. 门店商圈调查分析的内容		

5. 独立实践环节教学标准(表 4-12)

独立实践环节教学标准 表 4-12

课程 1	入学教育		
学期	第 1 学期	参考学时	1 周
职业能力要求	大一新生尽快调整心态适应职业教育，了解、掌握未来职业发展前景，帮助新生抓住入学的难得契机改变过去种种生活与学习的恶习，以实现高职教育的教育目标		
学习目标	1. 知识与能力目标：观察与演练结合，培养学生愿意与老师和同学友好交谈的态度； 2. 过程与方法目标：依据画面提示，对学生进行尊敬老师、遵守纪律、团结友爱等方面的入学常规教育； 3. 情感、态度、价值观目标：观察图画内容，使学生初步感受教师的温暖，同学的友爱和校园生活的丰富多彩		

续上表

课程1	入学教育		
学期	第1学期	参考学时	1周
学习内容	适应性教育、专业思想教育、爱国爱校教育、文明修养与法纪安全教育、心理健康教育、成才教育		
课程2	国防教育		
学期	第1学期	参考学时	2周
职业能力要求	培养政治立场坚定、道德情操高尚、身心健康、科学文化素质良好、专业能力强、富有创新精神和综合实践能力		
学习目标	使大学生树立“居安思危”的思想和以国家兴亡为己任的历史责任感，具有重要的意义。增强高校“90后”大学生国防意识，应注重培育和增强学生的忧患意识、责任意识和尚武意识		
学习内容	国防理论、国防历史和地理、爱国主义思想、革命英雄主义精神、国防法制、国防常识、国防科技知识、国防体育等		
课程3	叉车实训		
学期	第3学期	参考学时	4周
职业能力要求	1. 熟悉叉车的主要技术参数； 2. 会根据实际要求选择合适的叉车； 3. 正确指出叉车各个零部件及其作用		
学习目标	通过强化培训，培养学生的驾驶和作业过程中的操作能力，使学员熟练掌握叉车的基本结构及常见故障诊断与维修知识		
学习内容	1. 基础知识与操作知识：学习叉车的基本常识、安全驾驶注意事项与驾驶作业技术，以及叉车的动力装置、底盘、工作装置、电气系统的基本理论知识； 2. 保养维护：学习叉车的动力装置、底盘、工作装置、电气系统的机械原理及常见故障的判断与排除		
课程4	仓储实训		
学期	第4学期	参考学时	1周
职业能力要求	1. 具备良好的物料控制理念； 2. 较强的数据观念、能力，熟练使用办公软件； 3. 优秀执行能力、沟通能力，能承受较大的工作压力，较好的团队协作精神		
学习目标	通过实训教学，使学生对于仓储活动和配送活动过程中的一些具体工作有所了解，提高学生的实际操作和动手能力，能够让学生真正掌握物流操作技术		
学习内容	1. 收货（点数、过称、指导卸货、签送货单，开进仓单、记标识卡）； 2. 送检（对原材料仓须报送检验，由检验员检验合格否，不合格退货，合格才入仓）； 3. 保管（做好防火、防水，质量、日盘点）； 4. 发货（根据发货计划按量发货、点数、过称、指导搬货、签领料单、开出仓单、记标识卡）； 5. 记账（对当日发生的收货、出货入电脑账，打印进仓单、出仓单；收货输入送货单位名称、数量、规格、日期等；出货写明出货单位名称、数量、规格、日期等；日盘点时，注意账、物、卡的数量须保持一致）； 6. 月盘点（每月底进行月度盘点，数量异常须进行仔细检查核对，查明盈亏原因，对错误进行纠正；月度仓库报表）		

续上表

课程 5	超市实训		
学期	第 3 学期	参考学时	1 周
职业能力要求	1. 能知道前置陈列； 2. 熟悉先进先出原则； 3. 会使用陈列道具； 4. 知道什么是满陈列； 5. 知道什么是易选、易看、易拿； 6. 零散商品的处理（回仓）		
学习目标	通过教学应使学生初步掌握连锁超市商品采购管理、连锁超市理货与补货管理、连锁超市商品盘点作业管理、连锁超市损耗管理、连锁超市门店服务的技巧、收银服务管理、连锁超市门店店长、连锁超市门店经营绩效分析等方面的基本概念和主要知识点。明确连锁超市经营管理的主要内容及相应的操作流程，为今后进一步学习其他专业知识和技能打好基础		
学习内容	商品经营陈列、商品盘点与存货管理、商品质量管理、超市防损管理、超市生鲜管理、超市服务管理、超市财务分析与绩效评估、连锁超市店长的作业化管理		
课程 6	门店货物摆设实训		
学期	第 4 学期	参考学时	2 周
职业能力要求	陈列设计师对流行文化的领悟能力、国际进化的时尚眼光、专业的设计能力和丰富的创造构想，当然，专业的学识和文化积淀还是远远不能够满足于时尚职业人的要求，敏锐的时尚嗅觉和理智的市场分析能力才是一个能够为品牌真正成就市场价值的根本		
学习目标	1. 掌握连锁门店商品布局与陈列的相关原理，能够进行描述； 2. 能够运用商品陈列设计的基本理论与技术进行陈列设计； 3. 能发现卖场中商品陈列存在的问题，并进行更正		
学习内容	1. 连锁门店商品布局的原则和方法； 2. 连锁门店商品陈列的原则； 3. 连锁门店主要大类商品陈列技巧		
课程 7	门店选址实训		
学期	第 5 学期	参考学时	3 周
职业能力要求	能根据某连锁企业的资源状况规划其网点扩张战略；能根据详细资料判断某连锁企业扩张中存在的问题；能对备选的店址价值进行正确评估		
学习目标	1. 对门店选址的重要性和程序有清晰的认识； 2. 能运用商圈选择准则进行商圈分界点的计算； 3. 能运用方法对某一区域的商圈进行全面系统的分析； 4. 能掌握饱和度指数计算方法		
学习内容	1. 门店选址应遵循的原则以及注意的问题； 2. 优良门店店址的条件和标准； 3. 影响商圈及其大小的因素； 4. 门店商圈调查分析的内容		
课程 8	毕业顶岗实习		
学期	第 5、6 学期	参考学时	23 周
职业能力要求	通过毕业顶岗实习使学生加深对专业理论知识的理解，培养和提高学生实际操作和分析问题、解决问题的能力，使学生综合运用所学理论知识与连锁经营管理实践紧密结合，为毕业后从事施工技术管理等工作打下良好的基础		

续上表

课程 8	毕业顶岗实习		
学期	第 5、6 学期	参考学时	23 周
学习目标	1. 在实习过程中认知连锁经营管理各岗位间职务关联性; 2 将连锁经营管理等专业知识和相关政策法规结合,运用到相应的实践岗位,提高观察问题、发现问题、分析问题、解决问题的能力,提高专业水平; 3. 在解决实际工作的问题,养成努力钻研、吃苦耐劳的精神		
学习内容	1. 掌握连锁门店选址; 2. 掌握连锁内部设计; 3. 掌握货物管理; 4. 掌握推广策略		

(二)教学组织

贯彻"合作办学、合作育人、合作发展"的理念,按照"依托行业、对接产业、定位职业、服务社会"的专业建设思路,以行动导向实施课程教学,形成以教师为主导、学生为主体、教学做合一、理论与实践合一、工学结合的教学模式。始终要重视学生在校学习与实际工作的一致性,采取工学交替、任务驱动、项目导向的一体化教学模式,运用任务驱动法、项目导向法、情境教学法、案例分析法、现场教学法、课堂讨论法等教学方法进行教学,立足于加强学生实际操作能力的培养。

核心课程建议采用"任务驱动、项目导向"教学法,通过典型的工作任务或项目,由教师提出要求或示范,组织学生进行活动,注重"教"与"学"的互动,让学生在活动中增强爱岗敬业、团结协作的意识,实现技能与素质的同步提高。实施"教、学、做"一体化教学,提高学生的学习兴趣,有效培养学生的职业能力;教师可着重进行引导并实施监督和评价。实践课程要加强引导、示范,创设工作情境,让学生亲自动手,提高学生岗位适应能力和分析处理问题的能力。

在教学过程中,要充分借鉴多媒体、教学资源库、网络资源等教学资源辅助教学,帮助学生理解所学知识,并重视本专业领域新技术、新工艺、新设备的发展趋势,也要充分利用校外实训基地,校企合作,工学结合,积极引导学生提升职业素养、提高职业道德,紧密结合职业技能证书的考核、加强取证项目的训练。

(三)考核评价

以能力为核心、以过程为重点的学习绩效考核评价体系,深入公路建设企业,对道路桥梁工程技术专业的职业岗位职责及知识、能力和技能要求进行细致的调研与分析,分解知识与能力的考核要素,吸纳用人单位专家参与教学质量评价,确保学生职业能力培养的质量。

遵循"能力为主,知识为辅;过程为主,结果为辅;应会为主,应知为辅;定量为主,定性为辅"的原则,合理确定专业理论考核和职业能力考核的权重,并结合企业考核标准确定能力考核要素,将校内考核与企业实践考核相结合,使学习效果评价与岗位职业标准相吻合。采用现场实操或答辩方式进行考核。

(执笔人:张康潜)

Ⅴ：会计与审计专业人才培养方案

第一部分 主体部分

一、专业名称(专业代码)

会计与审计专业(620206)

二、招生对象

普通高中毕业生或具有同等学力者

三、学制

全日制三年

四、培养目标

本专业培养适应社会主义现代化建设需要,德、智、体、美全面发展,具有会计、审计等岗位必备的基本理论和专业知识,具有较强的实践能力、创造能力、就业能力和创业能力,具有良好的职业道德、创业精神和健全的体魄,能适应会计核算、审计监督的高素质技能型专门人才。

五、就业面向

本专业毕业生就业岗位主要是面向会计事务所、各类企事业单位从事公司会计职务、各类企事业单位从事公司内部审计、政府机构会计等职业岗位。

主要岗位:出纳、助理会计、助理内部审计员岗位;

拓展岗位:会计师、审计师岗位;

发展岗位:财务主管、总会计师等岗位。

六、培养规格

(一)素质目标

(1)政治素质:热爱社会主义祖国,拥护党的基本路线,懂得中国特色社会主义理论体系的基本原理,具有爱国主义、集体主义精神和良好的思想品德。

(2)道德素质:有正确的人生观、价值观;有较高的道德修养,文明礼貌、遵纪守法、克己奉公。

(3)责任意识:有高度的责任感,有严谨、认真、细致的工作作风。

(4)协作精神:具有团队精神和合作意识,具有协调工作的能力和组织管理能力。

(5)遵守会计职业道德:具备敬业爱岗、熟悉法律、依法办事、客观公正、搞好服务、保守秘密。坚持诚信为本、操守为重、坚持准则、不做假账。

(二)知识目标

(1)流畅的口头表达能力、撰写常见财经应用文和一般信函的能力。

(2)计算机基本操作能力和中英文处理能力。

(3)财经情报资料检索能力、阅读财经制度文件能力。

(4)理解国家有关的法律、法规,具有扎实的会计与审计学方面的基本理论、基本知识和熟练的专业技能,并具备较高的语言水平和熟练的计算机操作能力。

(三)能力目标

(1)会计核算能力:即进行会计确认、计量、记录和报告的能力,包括科学建账、熟练运用会计方法填制会计凭证、登记会计账簿和编制会计报表、进行成本核算、组织财产清查、合理报税等能力。

(2)财务管理能力:即能把握企业、事业等单位资金运动规律,具有较高的理财意识和财务知识,进行处理、分析、应用的能力。

(3)财务决策能力:即具有对财务进行预测和参与财务决策的能力。

(4)执法监督能力:即对经济业务的合理性、合法性进行检查、控制的能力。

(5)审计查账能力:即对企业、事业等单位的经济信息资料进行审查、验证、分析、查对的能力。

(6)财务软件运用能力:即掌握财务软件的基础知识,熟练操作有关财务软件进行财务与业务一体化管理的能力。

七、教学环节进程安排表

(一)培养时间分配表

在人才培养的实施过程中,教学环节周数分配如表5-1所示。

会计与审计专业培养时间分配表 表5-1

学年		一		二		三		合计
学期		一	二	三	四	五	六	
1	入学教育	1周						1周
2	国防教育	2周						2周
3	课内教学	16周	17周	19周	19周	11周		76周
4	实践教学		2周			4周		12周
5	生产实习					4周	19周	23周
累计		19周	19周	19周	19周	19周	19周	114周

(二)教学进程表

本专业的人才培养进程如表5-2所示。

会计与审计专业教学进程表　　表 5-2

序号	类别	课程名称	教学时数与学分				考核方式		课内教学时数及实践周数					
			总学时	学分	理论学时	实践学时	考试学期	考查学期	第一学年		第二学年		第三学年	
									一	二	三	四	五	六
									16 周	17 周	19 周	19 周	11 周	0 周
1	公共基础课程	“两课”基础	64	4	64			1	4					
2		“两课”概论	68	4	68			2		4				
3		体育	66	4	66			1,2	2	2				
4		计算机基础	96	6	64	32	1		6					
5		大学英语Ⅰ	64	4	64		1		4					
6		大学英语Ⅱ	68	4	68		2			4				
7		高等数学	64	4	64		1		4					
8		任选课 1	38	2	38			3			2			
9		任选课 2	38	3	38			4				2		
10		就业指导	11	1	11			5					1	
公共基础课程小计			577	36	545	32	课内占比		35.31%					
1	专业基础学习领域	会计学	96	6	45	51	1		6					
2		经济法	44	4	22	22		5					4	
3		财务管理	76	4	56	20	3				4			
4		会计报表	44	4	22	22	5						4	
5		电算会计	136	8	68	68	2			8				
专业基础学习领域小计			396	26	213	183	课内占比		24.24%					
1	专业核心学习领域	审计学	44	4	22	22	5						4	
2		成本会计	114	6	57	57	4					6		
3		计算及点钞技术	72	4	30	42		2,3		2	2			
4		纳税会计	114	6	76	38	4					6		
5		内部审计实务	76	4	36	40	3				4			
6		经济学	76	4	76	0		3			4			
7		公路会计	114	6	57	57	4					6		
专业核心学习领域小计			610	34	354	256	课内占比		37.33%					
1	专业拓展学习领域	统计学	76	4	38	38		3			4			
2		财经法规与职业道德	68	4	34	34	2			4				
3		中会(二)	114	6	76	38	4					6		
4		中会(一)	114	6	76	38	3				6			
5		excel 在财务会计中的运用	44	4	22	22		5					4	
6		审计软件运用技术	66	6	33	33	5						6	
专业拓展学习领域小计			482	30	279	203	课内占比		29.50%					
课内教学环节合计			2065	126	1391	674	总百分比		68.26%					

续上表

序号	类别	课程名称	教学时数与学分				考核方式		课内教学时数及实践周数					
			总学时	学分	理论学时	实践学时	考试学期	考查学期	第一学年		第二学年		第三学年	
									一	二	三	四	五	六
									16周	17周	19周	19周	11周	0周
1	独立实践环节	入学教育	1周	1		30		1	1周					
2		国防教育	2周	2		60		1	2周					
3		审计实务实训	4周	8		120		5					4周	
4		会计模拟	2周	4		60		2		2周				
5		毕业顶岗实习	23周	10		690		5,6					4周	19周
独立实践环节合计			960	25		960	总百分比		58.75%					
课时(学分)总计			3025	151	1391	1634	周时数		26	24	26	26	23	0
周数总计									19	19	19	19	19	19
理论教学时数			1391				总百分比		45.98%					
实践教学时数			1634				总百分比		54.02%					

(三)课程设置及学时比例

本专业的人才培养进程如表5-3所示。

会计与审计专业课程设置及学时、学分比例表 表5-3

项目	理论教学	实践教学			
		课内实训	专项实训	顶岗实习	合计
学时	1391	674	270	690	1634
所占比例	44.46%	55.54%			

八、毕业标准

(一)基本要求

(1)德、智、体、美等方面均通过学生管理部门考核达标。

(2)按规定完成课程(学习领域)的学习,成绩合格。

(3)完成各项独立实践环节(单列科目:如实践课、课程设计、实习、毕业实践、毕业设计等)的学习,成绩合格。

(二)考证要求

(1)必须取得全国计算机等级证(一级及以上)。

(2)获得至少一个本专业职业资格证书方可毕业。本专业职业资格证书如表5-4所示。

会计与审计专业职业资格证书表 表5-4

序号	考核项目	考核发证部门	等级要求
1	珠算技术等级证书	江西省珠算协会	4
2	会计电算化证书	江西省财政厅	初级

续上表

序号	考 核 项 目	考核发证部门	等 级 要 求
3	会计从业资格证书	江西省财政厅	初级
4	助理会计师	江西省财政厅	初级
5	助理审计员	江西省财政厅	初级

(三)其他要求

完成任选课的学习,并取得5学分。

第二部分　支撑材料

一、专业人才培养实施条件

（一）专业教学团队

会计与审计专业教学团队由专业带头人、专任教师和兼职教师组成。

1. 专业带头人

校内专业带头人应具备高级职称、实践经验丰富、在行业有一定影响力，具备先进的职业教育理念、较高的学术水平和教学管理水平，能准确把握专业发展方向，能够发挥专业带头人领军作用。

校外专业带头人应具有一定的行业知名度、精通会计与审计理论知识、掌握会计与审计发展动态和前沿科学技术，具备引导专业建设方向、指导专业发展规划、整合社会资源、带动技术研究、指导学生就业等方面的优势和作用。

2. 专任教师

专任教师应具备本专业或相近专业硕士及以上学历，或本科学历、中级以上职称，并具有高校教师资格证及两年以上的企业实践经历。

其中，骨干教师需具有扎实的专业理论、丰富的实践经验、先进的高职教学理念、较强的专业建设与教学改革能力，且骨干教师的比例要达35%以上；双师素质教师需具有较高的专业知识和一定的实践能力、较好的职业教育教学能力、较强的课程建设与教学组织能力，且双师素质的比例要达到90%以上。

3. 兼职教师

企业兼职教师应具备技师或工程师以上职称、至少有五年以上的企业工作经历，具备丰富的生产实践经验和较强的专业技术技能，且具有一定的教学与管理能力。兼职教师承担的专业课学时比例不低于50%。

（二）专业教学资源

1. 选用优秀的高职高专规划教材

在选择教材时，必须力争选用高水平的教材，杜绝质量低劣的教材进入课堂，不断提高教学质量，满足新形势发展的要求。鼓励优先选用教育部“面向21世纪课程教材”、国家级和省部级规划教材、教育主管部门或教学指导委员会推荐的教材；优先选用近三年出版的新教材或修订版教材；优先选用具有鲜明行业特征的高职高专规划教材、特色教材和精品教材。

本专业核心学习领域推荐使用的教材如表5-5所示。

会计与审计专业核心学习领域推荐使用教材表　　表5-5

课程名称	推荐使用教材	主　编	ISBN
审计学	审计学（第2版）	刘建军	978－7－111－32015－9

续上表

课程名称	推荐使用教材	主　编	ISBN
成本会计	成本会计实务	郑艳华	978-7-302-33770-6
计算及点钞技术	计算技术与点钞	罗荷英	978-7-5654-0864-9
纳税会计	纳税会计	王红云	978-7-111-41879-5
内部审计实务	内部审计	王宝庆	978-7-5654-1174-8
经济学	经济学基础	张永良	978-7-5640-8096-9
公路会计	公路会计学	张秉刚	978-7-122-11753-3

2. 开发基于工作过程的校本教材

应尽量开发具有本校特色、基于工作过程的校本教材。在校本教材的开发过程中，应由专业教师与企业技术人员共同合作，根据会计、审计等职业岗位任职要求，引入行业技术标准，将职业岗位能力和职业道德融入教学内容中，形成适用于理实一体化教学的特色教材。

3. 选用精品资源共享课程

在课程教学过程中，本专业核心学习领域推荐选用精品资源共享课程如表 5-6 所示。

会计与审计专业核心学习领域推荐选用精品资源共享课程表　　表 5-6

课程名称	优质课程名称	主持人	课 程 院 校	网　址
审计学	审计学原理	张蕊	江西财经大学	http://skynet. jxufe. edu. cn/jpkc/shenjixue/zccs. htm
成本会计	成本会计	黄盈盈	江西交通职业技术学院	http://elearn. jxjtxy. com/eol/homepage/course/layout/page/index. jsp? courseId = 10918
计算及点钞技术	珠算与点钞实训	罗安文	湖北职业技术学院	http://zsdc. jpkc. hbvtc. edu. cn/
纳税会计	纳税会计	迟颖	江西交通职业技术学院	http://elearn. jxjtxy. com/eol/homepage/course/layout/page/index. jsp? courseId = 10524
内部审计实务	内部审计学	时现	南京审计学院	http://jjzx. nau. edu. cn/nbsjx/default-kc. aspx
经济学	微观经济学	刘继伟	长春工业大学	http://wgjjx. jpk. ccut. edu. cn/sort. asp? 0g1D3m1G3G3v1. html
公路会计	公路会计	邱海菊	江西交通职业技术学院	http://elearn. jxjtxy. com/eol/jpk/course/layout/page/index. jsp? courseId = 1225

4. 专业网络教学资源

以数字化校园为运行载体，以学习领域(课程)为组织形式，利用网络学习平台建设共享性网络教学资源库，建议包括专业基本资源、课程教学资源、自主学习资源、拓展学习资源。

网络教学资源库的建议配置如表 5-7 所示。

会计与审计专业网络教学资源库的建议配置 表 5-7

类别	资源	主要内容与要求	备注
专业基本资源	专业简介	专业代码、招生对象、学制、就业面向、专业特点、主要课程等	专业介绍
	人才培养方案	主要包括培养目标、专业面向的职业岗位分析、专业定位、课程体系、核心课程描述、教学进程、毕业标准、实施条件、实施规范、实施流程、实施保障等	
	课程标准	专业核心课程的课程标准	
	教学文件	教学管理相关文件	
课程教学资源	教学指南	本课程的作用、目标和要求，本课程与职业岗位的关系，本课程与其他课程的关系，本课程的主要特点、课程结构、课程内容、课时分配、课程的重点与难点、实践教学体系、课程教学方法、课程教学资源、课程考核、课程授课方案设计、课程建设与工学结合效果评价等	专业基本配置
	教学设计	主要包括学时安排、学习任务设计、学习内容确定、教学目标设定、教学重难点分析及处理、任务工单提供、教学方法建议、教学手段选用、教学设施和教学场地安排、教学实施要求、课程考核方法，以及课后总结等	
	多媒体课件	优质核心课程课件	
	教学视频库	课程设计录像、课堂教学录像、实训操作演示录像等	
	案例库	以一个完整的企业项目为案例单元，通过观看、阅读、学习、分析案例，实现知识内容的传授、知识技能的综合应用展示、知识迁移、技能掌握等	
	FALSH 资源	教学难点的动漫演示	
	实训项目	实训目标、实训设备、实训要求、实训内容与步骤、实训项目考核和评价标准、实训报告或总结、技术手册、操作规程与安全注意事项	
	学生作品	学生学习成果、实训作品和生产产品	
自主学习资源	学习指南	课程学习目标与要求，重点、难点提示及释疑，学习方法，典型任务解析，自我测试题及答案，参考资料和网站	专业特色配置
	测试题库	知识和技能测试	
	视频库	学习任务实施操作视频资料	
	网络课程	基于互联网的处方自主学习平台	
	课程链接	与本专业相关的网站	
拓展学习资源	拓展视频资源	其内容可以在教学标准的基础上适当拓展	专业拓展选配
	文献库	与本课程或本专业相关的行业标准、企业规范、专利资料、法律法规、技术资料、成功案例等	
	仪器设备操作手册	常用仪器设备的操作手册	
	仿真教学	按教学内容列出仿真软件，并提供应用入口	
	课程 BBS	建立由专人管理的网上论坛	
	网上答疑	按主讲教师开设答疑室	
	其他资源	素质教育模块、课外活动园地	

5. 其他教学资源

学院图书馆或资料室应当配置数量适当、结构合理、技术新颖的本专业纸质和电子图书，为专业学习、教学、科研和社会服务提供良好的信息服务；学院配置的电子图书，具有良好服务功能，能为专业教学资源库建设提供大数据服务。

（三）实验实训条件

1. 校内实训条件

1）建设要求

为配合课程教学以增强学生的实践动手能力，我们积极加强实验室与实训基地建设，加大对外交流与合作，与校外企业建立稳定、良好的合作关系，为学生提供良好的生产、实践性实训的基地。目前会计与审计专业拥有3个校内实训室，6个稳固的校外实训基地。校内模拟实训室设备先进、实习实训资料齐全；生产性实训基地有效地解决了会计与审计专业学生难以接触实际业务的瓶颈，校外实训基地运行正常，基本上可满足学生观摩、顶岗实训等实践要求。

2）建设情况

建设具有企业氛围的校内理实一体专业实训室。为配合课程教学以增强学生的实践动手能力，校内应建立能满足一体化教学和实训的专业实训室。实训室在设备和工位数量上能保证3个教学班实施理实一体化课程的需要，配置实训设备和多媒体教学设备，便于开展教、学、做合一的教学活动，使学生在实践过程中，强化技能，并培养其发现问题、分析问题、解决问题的能力。

建议校内实训室建设如表5-8所示：

会计与审计专业校内实训条件建议配置 表5-8

序号	名　称	主要设备	主要功能	对应课程	容纳人数
1	财会理实一体化实训室	电脑，投影仪，账册等，教学软件	单项实训 专业综合实训	成本会计 纳税会计 公路会计	60人
2	会计电算化实训室	电脑 投影仪 用友U8软件	会计电算化岗位实训 审计电算化岗位实训	会计报表 电算会计	60人
3	企业ERP沙盘实训室	投影仪器 电脑 ERP实训软件	企业经营沙盘对抗模拟	财务管理 内部审计实务 公路会计	60人
4	审计事务模拟实训室	电脑 终端机 高清晰显示器 审计软件	审计实务模拟	审计学 内部审计实务 审计软件运用技术	60人
5	商业银行实训室	排队叫号机 利率显示屏 服务评价器 电脑	模拟银行业务流程	财务管理	60人

续上表

序号	名 称	主 要 设 备	主要功能	对应课程	容纳人数
6	会计基本技能实训室	算盘 点钞卷 财务小键盘 验钞机 凭证装订机	会计基本技能实训	计算及点钞技术	60 人

2. 校外实训条件

依托学院合作发展理事会，选择技术较为先进、管理水平较高、生产规模大、效益好的企业作为紧密合作对象，紧密合作的校外实训基地数量应稳定在5家以上。

校外实训基地的基本要求是：

(1)固定校外实训基地应选择资质高、管理规范，在行业内具有一定影响力的大、中型施工企业和交通建设行业职能机构。

(2)动态校外实训基地应选择具有代表性和典型意义的重点工程建设项目，具备学生实训实习期间的安全和劳动保护等措施。

(3)具备相应的教学场地，有水平较高、实践经验丰富的科研、管理和生产人员担任实习实训指导教师实习实训项目、内容与学生所学专业相符，能满足实训环节各项教学任务要求。

(4)每年接受实习实训学生能达到一定规模。

二、专业人才培养实施规范

(一)课程教学标准

1. 公共基础课程教学标准

本部分内容请参阅本书的附录部分。

2. 专业学习领域教学标准(表5-9)

专业学习领域教学标准　　表5-9

学习领域1	会计基础		
学期	第1学期	参考学时	102学时
职业能力要求	1. 能对原始单据审核的会计基本技能，能具备出纳员、收银员岗位的基本能力； 2. 能正确应用会计的基本规范，能说出会计的基本术语； 3. 能根据经济业务按照会计的专门方法进行会计基本业务处理； 4. 能建账、记账、算账、更改错账，能具备中小企业记账员岗位的基本能力； 5. 能理解会计的基本知识和关键的基本理论		
学习目标	1. 认知会计职业岗位的背景、特点和要求，产生对会计职业的兴趣； 2. 能熟练把握点钞、真假币识别、票据辨别、原始单据审核等会计基本技能，能具备出纳员、收银员岗位的基本能力； 3. 能正确应用会计的基本规范，能说出会计的基本术语； 4. 能正确判断经济业务性质和内容，能准确按照会计的专门方法进行会计基本业务处理； 5. 能根据案例资料有能力建账、记账、算账、更改错账，能具备中小企业记账员岗位的基本能力； 6. 能理解会计的基本知识和关键的基本理论，具有继续学习会计专业主干课程的良好的知识基础		

续上表

<table>
<tr><td>学习领域 1</td><td colspan="3">会计基础</td></tr>
<tr><td>学期</td><td>第 1 学期</td><td>参考学时</td><td>102 学时</td></tr>
<tr><td>学习内容</td><td colspan="3">学习情境 1:会计职业基本要求
学习情境 2:会计核算基础知识
学习情境 3:企业基本业务核算
学习情境 4:会计核算工作基本规范</td></tr>
<tr><td>学习领域 2</td><td colspan="3">经济法</td></tr>
<tr><td>学期</td><td>第 5 学期</td><td>参考学时</td><td>44 学时</td></tr>
<tr><td>职业能力要求</td><td colspan="3">1. 能运用经济法规的基本理论初步分析我国经济环境;
2. 运用合同法对日常经济活动进行分析;
3. 结合会计法、税法、审计法等对经济业务进行判断分析;
4. 其他法律知识的运用</td></tr>
<tr><td>学习目标</td><td colspan="3">1. 了解经济法的内容、涉及的日常现象;
2. 认知税收的定义、税收基本特征、税收要素与分类、中国现行税制;
3. 理解合同法的基本概念、基本内容、构成要素;
4. 认知经济法对日常生活的影响及作用</td></tr>
<tr><td>学习内容</td><td colspan="3">学习情境 1:经济法基本内容
学习情境 2:会计法
学习情境 3:审计法
学习情境 4:票据法
学习情境 5:合同法</td></tr>
<tr><td>学习领域 3</td><td colspan="3">财务管理</td></tr>
<tr><td>学期</td><td>第 3 学期</td><td>参考学时</td><td>76 学时</td></tr>
<tr><td>职业能力要求</td><td colspan="3">1. 学生能够具备风险与收益分析,
2. 掌握对企业财务的分析;
3. 对企业资金的管理;
4. 对企业业绩评价</td></tr>
<tr><td>学习目标</td><td colspan="3">1. 学习财务筹资管理;
2. 掌握财务投资活动;
3. 掌握财务分配活动;
4. 掌握对企业业绩的评价</td></tr>
<tr><td>学习内容</td><td colspan="3">学习情境 1:财务管理的环境
学习情境 2:企业筹资活动;
学习情境 3:企业投资活动;
学习情境 4:企业分配活动</td></tr>
<tr><td>学习领域 4</td><td colspan="3">会计报表编制与分析</td></tr>
<tr><td>学期</td><td>第 5 学期</td><td>参考学时</td><td>44 学时</td></tr>
<tr><td>职业能力要求</td><td colspan="3">1. 编制资产负债表、利润表、现金流量表;
2. 对企业会计报表进行分析;
3. 对会计报表进行综合分析;
4. 撰写财务报告</td></tr>
</table>

续上表

学习领域4	会计报表编制与分析		
学期	第5学期	参考学时	44学时
学习目标	1. 了解财务报表体系，掌握会计报表编制的原则与要求； 2. 掌握资产负债表、利润表、现金流量表、所有者权益变动表的编制方法； 3. 掌握会计报表主要项目的分析方法； 4. 掌握会计报表综合分析方法； 5. 掌握会计报表主要比率的分析方法		
学习内容	学习情境1：资产负债表的编制 学习情境2：损益表的编制 学习情境3：现金流量表的编制 学习情境4：企业会计报表的分析		
学习领域5	电算化会计		
学期	第2学期	参考学时	136学时
职业能力要求	1. 能娴熟使用一种通用财务软件； 2. 具备自主学习财务软件新增功能或同类其他财务软件的能力； 3. 完成对某个企业财务进行电算化操作		
学习目标	1. 掌握各子系统的原理，包括其功能目标、与其他子系统的关系； 2. 掌握数据处理流程； 3. 系统总体功能模块结构的运用		
学习内容	学习情境1：系统管理和基础设置 学习情境2：基础档案的设置 学习情境3：总账子系统的设置 学习情境4：会计报表系统的处理		

3. 专业核心学习领域教学标准（表5-10）

专业核心学习领域教学标准　　表5-10

学习领域1	审计学		
学期	第5学期	参考学时	44学时
职业能力要求	1. 获取审计证据； 2. 分析审计职业道德； 3. 编制审计工作底稿； 4. 撰写审计报告		
学习目标	1. 熟悉注册会计师执业准则体系的基本内容和注册会计师职业道德规范的基本要求； 2. 理解掌握审计计划的编制及审计工作底稿的编制内容、要求； 3. 熟悉审计报告的基本内容，掌握审计意见的类型，培养学生分析问题和解决问题的能力		
学习内容	学习情境1：审计证据 学习情境2：审计工作底稿 学习情境3：审计抽样与审计风险 学习情境4：审计报告 学习情境5：基本业务循环的审计		

续上表

<table>
<tr><td>学习领域2</td><td colspan="3">成本会计</td></tr>
<tr><td>学期</td><td>第4学期</td><td>参考学时</td><td>114学时</td></tr>
<tr><td>职业能力要求</td><td colspan="3">1. 各种费用的分配；
2. 完工产品成本的计算；
3. 各种不同成本计算法下的产品成本的运用</td></tr>
<tr><td>学习目标</td><td colspan="3">1. 学会工业企业各种成本费用的归集和分配方法；
2. 学会工业企业产品成本计算的基本方法和辅助方法；
3. 掌握工业企业产品成本核算的基本流程、成本计划编制以及成本分析的基本原理和方法</td></tr>
<tr><td>学习内容</td><td colspan="3">学习情境1:各种费用的计算方法
学习情境2:品种法
学习情境3:分批法
学习情境4:分步法
学习情境5:成本报表</td></tr>
<tr><td>学习领域3</td><td colspan="3">计算及点钞技术</td></tr>
<tr><td>学期</td><td>第2、3学期</td><td>参考学时</td><td>72学时</td></tr>
<tr><td>职业能力要求</td><td colspan="3">1. 掌握会计数字书写与订正规则；
2. 掌握珠算的基础知识、珠算的加减乘除四则运算的基本算理、算法以及相关的心算方法；
3. 了解票币兑换的常识,掌握人民币真伪鉴别的方法、点钞技术的基本要求和基本方法；
4. 掌握电子计算工具的使用方法</td></tr>
<tr><td>学习目标</td><td colspan="3">1. 正确使用珠算的两指或三指拨珠法及珠算双手拨珠法；
2. 正确运用一套加、减、乘、除的珠算心算基本算法,并能准确计算；
3. 正确掌握数码字的书写及订正,并按规范要求填制凭证、账簿；
4. 能运用人民币真假票币鉴别的多种方法鉴别假币；
5. 能运用单指单张、多指多张法点钞；
6. 能借助电了计算工具对有关数据进行计算</td></tr>
<tr><td>学习内容</td><td colspan="3">学习情境1:数字书写
学习情境2:珠算加减乘除的运用
学习情境3:电子计算器的运用
学习情境4:点钞</td></tr>
<tr><td>学习领域4</td><td colspan="3">纳税会计</td></tr>
<tr><td>学期</td><td>第4学期</td><td>参考学时</td><td>114学时</td></tr>
<tr><td>职业能力要求</td><td colspan="3">1. 增值税的计算与缴纳；
2. 营业税的计算与缴纳；
3. 消费税的计算与缴纳；
4. 所得税的计算与缴纳；
5. 其他税种的计算与缴纳</td></tr>
<tr><td>学习目标</td><td colspan="3">1. 掌握税收、税法的基本理论；
2. 能比较各主要税种的含义及征税范围；
3. 能根据不同税种应纳税额的计算方法计算税金；
4. 能根据不同税种会计科目的不同进行正确的会计核算和账簿登记；
5. 能了解不同税种的报税流程和方法</td></tr>
</table>

续上表

<table>
<tr><td>学习领域4</td><td colspan="3">纳税会计</td></tr>
<tr><td>学期</td><td>第4学期</td><td>参考学时</td><td>114学时</td></tr>
<tr><td>学习内容</td><td colspan="3">学习情境1:增值税缴纳
学习情境2:营业税的缴纳
学习情境3:消费税的缴纳
学习情境4:所得税的缴纳
学习情境5:其他税种的缴纳</td></tr>
<tr><td>学习领域5</td><td colspan="3">内部审计实务</td></tr>
<tr><td>学期</td><td>第3学期</td><td>参考学时</td><td>76学时</td></tr>
<tr><td>职业能力要求</td><td colspan="3">1. 制定企业内部制度;
2. 开展企业内部审计工作;
3. 撰写内部审计报告</td></tr>
<tr><td>学习目标</td><td colspan="3">1. 了解内部审计准则与职业道德规范;
2. 熟悉内部审计程序;
3. 熟悉掌握内部审计技术方法;
4. 熟悉掌握内部控制审查与评价;
5. 熟悉掌握风险管理与内部审计;
6. 熟悉掌握公司治理与内部审计</td></tr>
<tr><td>学习内容</td><td colspan="3">学习情境1:内部审计准则
学习情境2:内部审计评价
学习情境3:企业内部控制
学习情境4:公司内部治理</td></tr>
<tr><td>学习领域6</td><td colspan="3">经济学</td></tr>
<tr><td>学期</td><td>第3学期</td><td>学时</td><td>76学时</td></tr>
<tr><td>职业能力要求</td><td colspan="3">1. 具备观察、分析各种社会经济现象的能力;
2. 初步具备在市场经济方面进行科学思维、科学分析的能力;
3. 能够解释一些经济现象如“薄利多销”、“规模收益”等;
4. 能够对政府所采取的经济政策做出理论上的解释及对实际的影响;
5. 根据当前经济形势的变化推断政府可能采取的经济政策</td></tr>
<tr><td>学习目标</td><td colspan="3">1. 价格形成的一般理论;
2. 消费者理性行为和厂商的生产行为与企业运营的市场规律;
3. 分析宏观经济运行的一般原理;
4. 政府实施宏观调控的原则和方法</td></tr>
<tr><td>学习内容</td><td colspan="3">学习情境1:市场供求关系
学习情境2:消费者行为分析
学习情境3:成本与收益的解释
学习情境4:企业要素投入的最优组合
学习情境5:市场理论的分析</td></tr>
</table>

续上表

学习领域 7	公路会计		
学期	第 4 学期	学时	114 学时
职业能力要求	1. 熟练地对公路建设单位进行记账、算账、报账、管账的基本功能； 2. 熟练地对公路施工单位进行记账、算账、报账、管账的基本功能； 3. 熟练地对公路养护单位进行记账、算账、报账、管账的基本功能； 4. 能熟练地编制公路建设、施工、养护三种单位的会计报表及进行分析； 5. 运用经济管理知识，对资金、资产进行管理，且能进行分析问题和解决问题		
学习目标	1. 了解公路建设、施工、养护等单位的经济内容及资金运动； 2. 掌握公路建设、施工、养护等单位的会计科目及运用； 3. 掌握公路建设单位的资金来源及资金占用的构成； 4. 掌握公路施工企业工程成本的构成； 5. 掌握公路养护单位养护工程成本的形成及特点； 6. 掌握建设、施工、养护三种单位会计报表的编制及分析		
学习内容	学习情境 1：建设单位资金来源核算岗位 学习情境 2：建设单位资金占用核算岗位 学习情境 3：施工企业材料物资核算岗位 学习情境 4：施工企业工程成本核算岗位 学习情境 5：养护单位养护收入核算岗位 学习情境 6：养护单位养护成本核算岗位 学习情境 7：总账核算岗位		

4. 专业拓展学习领域教学标准（表 5-11）

专业拓展学习领域教学标准　　表 5-11

学习领域 1	统计学		
学期	第 3 学期	学时	76 学时
职业能力要求	1. 对统计资料进行分组汇总并编制统计表； 2. 对统计资料进行相对数分析、指数分析、动态分析和抽样推断，以获得对事物规律性的认识； 3. 编制统计报表； 4. 分析统计报表		
学习目标	1. 能有效地使用采集统计数据的各种方法，能正确地对统计资料进行分组汇总并编制统计表； 2. 根据实例资料能较熟练地进行相对数分析、指数分析、动态分析和抽样推断，计算相应的分析指标体系，进行必要的文字评价，以获得对事物规律性的认识； 3. 通过学习，能读懂、理解和分析各级政府计划或统计的资料，利用各方面统计信息为管理服务； 4. 培养学生具有统计职业意识，喜爱统计工作，树立统计法治观念，养成良好的统计职业道德和爱岗敬业精神		
学习内容	学习情境 1：社会统计资料的收集 学习情境 2：社会统计资料的整理 学习情境 3：社会统计资料的分析 学习情境 4：统计报表的编制与分析		

续上表

学习领域2	财经法纪与职业道德		
学期	第2学期	学时	68学时
职业能力要求	1. 会计机构形成的基本事项； 2. 会计人员的评价； 3. 各种支付结算凭证的填写； 4. 企业的税收法律环境		
学习目标	1. 掌握会计工作的管理体制和监督体制； 2. 掌握会计人员的不相容职务； 3. 掌握各种票据填写规范要求； 4. 了解我国税收法律		
学习内容	学习情境1:会计工作管理体制 学习情境2:会计监督体制 学习情境3:会计机构和会计人员 学习情境4:支付结算管理 学习情境5:税收法律制度		
学习领域3、4	中级财务会计Ⅰ、Ⅱ		
学期	第3、4学期	学时	228学时
职业能力要求	1. 能联系实际掌握财务会计核算的一般操作方法； 2. 能正确使用企业会计核算中常用的账户； 3. 能按要求正确核算企业的主要经济业务； 4. 能正确计算会计核算的主要指标;能运用会计核算资料对企业财务状况进行初步分析		
学习目标	1. 理解企业财务会计的基本概念和基本理论； 2. 掌握企业财务会计核算的基本目标、基本要求、账户体系和报告体系； 3. 掌握企业财务会计核算的基本过程、程序和基本核算方法		
学习内容	学习情境1:出纳岗位核算 学习情境2:往来岗位 学习情境3:存货岗位 学习情境4:资产岗位 学习情境5:投资岗位 学习情境6:负债岗位		
学习领域5	Excel在财务会计中的运用		
学期	第5学期	参考学时	44学时
职业能力要求	1. 熟悉Excel软件的基本操作； 2. 利用Excel建立会计数据筛选、分类汇总、数据透视等基础处理； 3. 能够编制员工工资表、固定资产及折旧明细表、建立会计凭证、会计账簿及财务报表等表格； 4. 美化建好的Excel表格		
学习目标	1. 掌握Excel有关工作表创建、数据类型、数据录入、有效性等操作知识； 2. 掌握利用Excel单元格格式、表格样式及条件格式等操作知识； 3. 掌握利用Excel表格插入饼图、柱图、折线图等常见图形，以及对图形进行美化的操作知识； 4. 掌握利用Excel各类常见公式与函数进行批量数据运算的知识； 5. 掌握利用Excel建立差旅费报销单、工资表、固定资产折旧计算表及本量利分析表等的相关操作知识； 6. 掌握利用Excel进行日常财务核算并制作会计报表的相关操作知识		

续上表

学习领域 5	Excel 在财务会计中的运用		
学期	第 5 学期	参考学时	44 学时
学习内容	学习情境 1:创建一般的 Excel 表格并美化 学习情境 2:进行财务数据的汇总与分析 学习情境 3:使用 Excel 的各种常见公式和函数 学习情境 4:用 Excel 编制差旅费报销单、工资表、固定资产折旧表等表格 学习情境 5:用 Excel 进行日常账务处理和报表编制		
学习领域 6	审计软件运用技术		
学期	第 5 学期	学时	66 学时
职业能力要求	1. 能实际利用审计软件进行系统管理和审计调整; 2. 能根据具体审计目标选择恰当的审计程序; 3. 能根据被审计单位的业务特征,确定具体审计目标; 4. 能正确实施控制测试和实质性测试,并获取充分适当的审计证据; 5. 能系统掌握审计报告阶段各项工作的基本程序和方法,并根据不同情形形成相应的审计意见并出具审计报告		
学习目标	1. 理解计算机审计的基本原理; 2. 熟悉并掌握审计软件的各功能操作要点; 3. 熟悉计算机审计的基本框架和一般流程; 4. 掌握审计工作底稿、审计报告及附注的编制方法		
学习内容	学习情境 1:审计软件环境 学习情境 2:计划阶段审计实务 学习情境 3:销售与收款业务循环的审计 学习情境 4:投资与筹资业务循环的审计 学习情境 5:投资岗位 学习情境 6:完结阶段审计实务		

5. 独立实践环节教学标准(表 5-12)

独立实践环节教学标准 表 5-12

环节 3	出纳岗位		
学期	第 2 学期	学时	60 学时
职业能力要求	1. 现金、银行存款、外汇收付款业务办理的流程; 2. 培养学生验钞、点钞、捆钞; 3. 原始凭证填制审核; 4. 现金、银行存款日记账登记; 5. 熟练进行收付款业务的办理		
实践目标	1. 熟悉《现金管理条例》、《银行支付结算办法》等财经法律法规有关货币资金管理的内容; 2. 能按照相关财经法规要求规范办理现金收付、银行转账结算业务; 3. 能规范的进行验钞、点钞、捆钞等;能辨别银行结算票据的真伪; 4. 能规范填制相关原始凭证,会审核原始凭证及记账凭证; 5. 能正确登记本外币库存现金、银行存款日记账; 6. 熟悉规范保管现金及其他有价证券的方法		

续上表

环节 3	出纳岗位		
学期	第 2 学期	学时	60 学时
实践内容	以出纳的角色完成某个公司现金、银行存款的业务处理		
环节 4	审计实务实训		
学期	第 5 学期	学时	60 学时
职业能力要求	1. 具有进行审计抽样的能力； 2. 具有对各个会计报表项目进行独立审计的能力； 3. 具有编制各审计项目的工作底稿的能力； 4. 具有出具审计报告的能力		
实践目标	1. 独立完成对企业会计报表的审计； 2. 出具相应的审计报告		
实践内容	对某个企业的会计报表进行审计并出具相应的审计报告		
环节 5	会计模拟实训		
学期	第 5 学期	学时	60 学时
职业能力要求	1. 具有建账的能力； 2. 能够正确区分不同账户所使用的账簿； 3. 具有编制记账凭证的能力； 4. 会登账、对账、结账； 5. 会进行试算平衡； 6. 编制会计报表		
实践目标	1. 独立完成企业的建账 - 审核原始凭证 - 编制记账凭证 - 登账； 2. 编制资产负债表和利润表		
实践内容	完成特定企业一个月的所有账务处理。		
环节 6	毕业顶岗实习		
学期	第 6 学期	学时	690 学时
职业能力要求	1. 掌握会计、审计基础理论和专业知识； 2. 知道企业财务岗位的设置及职责要求； 3. 具备适应不同财务岗位的能力； 4. 具备一定的综合分析能力和文字表达能力		
实践目标	1. 在实习过程中认知会计、审计各岗位间职务关联性； 2. 将会计与审计等专业知识和相关政策法规结合，运用到相应的实践岗位； 3. 在遵循会计法、会计准则、审计准则的前提下进行会计核算、完成审计业务		
实践内容	1. 完成不同财务岗位间的轮岗实习； 2. 根据实习情况，完成实习周记和实习报告		

（二）教学组织

贯彻“合作办学、合作育人、合作发展”的理念，按照“依托行业、对接产业、定位职业、服务社会”的专业建设思路，以行动导向实施课程教学，形成以教师为主导、学生为主体、教学做合一、理论与实践合一、工学结合的教学模式。始终要重视学生在校学习与实际工作的一致性，采取工学交替、任务驱动、项目导向的一体化教学模式，运用任务驱动法、项目导向法、情境教学法、案例分析法、现场教学法、课堂讨论法等教学方法进行教学，立足于加强学生实际操作能力的培养。

核心课程建议采用“任务驱动、项目导向”教学法，通过典型的工作任务或项目，由教师提出要求或示范，组织学生进行活动，注重“教”与“学”的互动，让学生在活动中增强爱岗敬业、团结协作的意识，实现技能与素质的同步提高。实施“教、学、做”一体化教学，提高学生的学习兴趣，有效培养学生的职业能力；教师可着重进行引导并实施监督和评价。实践课程要加强引导、示范，创设工作情境，让学生亲自动手，提高学生岗位适应能力和分析处理问题的能力。

在教学过程中，要充分借鉴多媒体、教学资源库、网络资源等教学资源辅助教学，帮助学生理解所学知识，并重视本专业领域新技术、新工艺、新设备的发展趋势，也要充分利用校外实训基地，校企合作，工学结合，积极引导学生提升职业素养、提高职业道德，紧密结合职业技能证书的考核、加强取证项目的训练。

（三）考核评价

吸纳用人单位专家参与教学质量评价，建立以能力为核心、以过程为重点的学习绩效考核评价体系。针对不同类型的课程采用不同的考核方法。对公共基础课程，建议采取理论考核的方法；对于专业学习领域，建议采取过程考核与综合考核相结合的方式；对于实践学习领域，尽量采用实操考核、过程考核的方法。具体原则如下：

1. 公共基础学习领域

总评成绩 = 平时成绩（考勤、提问、作业等）×40% + 期终考核 ×60%。

2. 专业学习领域

采取过程考核与综合考核相结合的评价方式，同时根据学生取得相应工种的职业资格证书的情况，综合评价学生成绩。其中过程考核包括学习态度、课程作业等，占课程总成绩的 40%；综合考核包括期末考试、实践考核等，占课程总成绩的 60%。如学生取得相应工种的职业资格证书，则该门课程考核合格。

3. 实践学习领域

以工作态度、实际操作和实习报告等情况综合评定学生成绩，其中工作态度、实际操作等占 80%（在企业完成的项目由企业指导教师评定），实习报告占 20%。

（执笔人：邱海菊）

VI：城市轨道交通运营管理专业人才培养方案

第一部分　主体部分

一、专业名称(专业代码)

城市轨道交通运营管理(520304)

二、招生对象

普通高中毕业生或具有同等学力者

三、学制

全日制三年

四、培养目标

本专业针对城市轨道交通及相关领域的一线岗位,培养具有良好职业道德和可持续发展能力,具备一定的专业理论知识和较强的实践动手能力,熟练掌握城市轨道交通相关设备设施,掌握城市轨道交通行车组织作业、客运组织与服务、票务管理等方面的专业知识,具备较强的文字表述能力及语言表达能力、计算机办公软件应用能力、现场应急救护能力及常用英语会话能力的技术技能型专门人才。

五、就业面向

本专业毕业生主要面向地铁等轨道交通运输企业服务和管理一线岗位,要求学生能熟练运用相关设施设备,掌握行车组织、客运组织与服务、票务管理、站务管理等方面的专业知识,能从事票务员等岗位工作、适应企业第一线的技术技能需要。

初级岗位:车站客运服务人员(票务员、站厅巡视员、站台巡视员、安检员、乘务员等);

拓展岗位:AFC 综合作业员、客运值班员、行车值班员、列车长;

发展岗位:值班站长、站长、行车调度员、运营控制中心值班主任。

六、培养规格

(一)素质目标

(1)具有较好的沟通能力及团队协作精神,具有良好的职业道德。

(2)具有分析问题、解决问题的能力,为人处事得体大方,具有经受挫折的能力。

(3)具有强烈的责任意识、服务意识及安全意识。

（二）知识目标

（1）具有本专业所必需的英语交流、计算机应用等科学文化基础知识。

（2）熟悉社交礼仪、人际沟通、演讲与口才等专业基础知识。

（3）掌握客运组织与服务、票务设备应用及管理、运营安全管理、列车行车组织作业等专业知识。

（4）了解城市轨道交通行业的最新发展的相关信息。

（三）能力目标

（1）具有计算机办公软件应用能力、现场应急救护能力、突发事件应急处理能力。

（2）具有较强的文字表述能力、语言表达能力、外语交际能力。

（3）具有较强的自我学习和分析问题的能力。

（4）具有票务管理能力。

（5）具有客运组织与服务能力。

（6）具有行车组织作业能力。

（7）具有运营安全管理能力。

七、教学环节进程安排表

（一）培养时间分配表

在人才培养的实施过程中，教学环节周数分配如表 6-1 所示。

城市轨道交通运营管理专业培养时间分配表 表 6-1

学年		一		二		三		合计
学期		一	二	三	四	五	六	
1	入学教育	1 周						1 周
2	国防教育	2 周						2 周
3	课内教学	16 周	19 周	18 周	18 周	15 周		86 周
4	实践教学			1 周	1 周			2 周
5	生产实习					4 周	19 周	23 周
累计		19 周	19 周	19 周	19 周	19 周	19 周	114 周

注：课内教学指按课程（学习领域）组织的各种教学活动，包括理论课程、理实一体化课程等；实践教学是指计划单列的非生产性实践教学活动，包括专业认识实践、专项单列实训、课程设计、综合设计、社会实践等。

（二）教学进程表

本专业的人才培养进程如表 6-2 所示。

（三）课程设置及学时比例

在人才培养的实施过程中，各教学环节学时比例如表 6-3 所示。

表 6-2

城市轨道交通运营管理专业进程表

序号	类别	课程名称	教学时数与学分				考核方式		课内教学时数及实践周数					
			总学时	学分	理论学时	实践学时	考试学期	考查学期	第一学年		第二学年		第三学年	
									一	二	三	四	五	六
									16 周	19 周	18 周	18 周	15 周	19 周
1	公共基础课程	“两课”基础	64	4	64			1	4					
2		“两课”概论	76	5	76			2		4				
3		体育	70	5	70			1、2	2	2				
4		计算机应用基础	96	6	48	48	1		6					
5		大学英语Ⅰ	64	4	64		1		4					
6		大学英语Ⅱ	76	5	76		2	2		4				
7		大学语文Ⅰ	32	2	32			1	2					
8		应用文写作	30	2	30			5					2	
9		就业指导	15	1	15			5					1	
小计			523	34	475	48	百分比		18.85%					
1	专业基础学习领域	礼仪	32	2	20	12			2					
2		管理学	64	4	64		1		4					
3		城市轨道交通概论	114	6	86	28	2			6				
4		运输经济学	76	4	42	34		2		4				
5		城市轨道交通车站设备	76	4	48	28		2		4				
6		形体训练	36	2	10	26		3			2			
7		经济法	72	4	72			3			4			
8		英语口语	36	2	18	18		3			2			
9		城市轨道交通通信与信号	54	3	36	18		3			3			
10		城市轨道交通客运服务英语	72	4	72			4				4		
小计			632	35	468	164	百分比		22.77%					
1	专业核心学习领域	城市轨道交通票务管理	72	4	32	40	3				4			
2		城市轨道交通客运组织与服务	108	6	62	46	3				6			
3		城市轨道交通行车组织	72	4	36	36	4					4		
4		城市轨道交通安全管理	108	6	38	76	4					6		
小计			360	20	168	198	百分比		12.97%					
1	专业拓展学习领域	演讲与口才	72	4	36	36		4				4		
2		乘务岗位技能实务	72	4	36	36		4				4		
3		城市轨道交通员工职业素养	30	2	15	15		5					2	
4		城市轨道交通企业管理	60	4	30	30	5						4	
5		办公软件	60	4	30	30		5					4	
6		市场营销	60	4	30	30	5						4	
7		旅客心理学	60	4	30	30		5					4	
小计			414	26	207	207	百分比		14.92%					
理论学时总计			1318				百分比		47.50%					

续上表

序号	类别	课程名称	教学时数与学分				考核方式		课内教学时数及实践周数					
			总学时	学分	理论学时	实践学时	考试学期	考查学期	第一学年		第二学年		第三学年	
									一	二	三	四	五	六
									16 周	19 周	18 周	18 周	15 周	19 周
1	独立实践环节	入学教育	1 周	1		30			1 周					
2		国防教育	2 周	2		60			2 周					
3		票务模拟实训	1 周	1		30					1周			
4		大客流火灾等应急实训	1 周	1		30						1 周		
5		毕业顶岗实习	23 周	10		690							4 周	19 周
小计			28 周	15		840	百分比		30.27%					
实践教学总学时			1457				百分比		52.50%					
总学分			130											
总学时数			2775											

城市轨道交通运营管理专业课程设置及学时比例表 表 6-3

项目	理论教学	实践教学			
		课内实训	专项实训	生产实习	合计
学时	1318	617	150	690	1457
所占比例	47.50%	52.50%			

八、毕业标准

(一)课程考核要求

(1)按规定修完所有课程,成绩合格。

(2)完成各实践性教学环节(单列科目:如军训、技能实训等)的学习,成绩合格。

(3)参加一学期的顶岗实习并考核合格。

(二)职业资格证书要求

必须取得省级计算机等级证和英语应用能力证书,并获得至少一个本专业职业资格证书方可毕业,如表 6-4 所示。

城市轨道交通运营管理专业职业资格证书表 表 6-4

序号	考核项目	考核发证部门	等级要求
1	英语应用能力考试	高等学校英语应用能力考核委员会	A/B 级
2	计算机应用能力	教育部考试中心	一级
3	救护员	江西省红十字会	初级
4	普通话等级证	江西省语言文字工作委员会	二甲以上
5	低压电工证	江西省安监局	中级

第二部分　支撑材料

一、专业人才培养实施条件

（一）专业教学团队

1. 师资数量与结构

（1）教师队伍结构优化，梯队合理，45 岁以下青年教师中研究生学历或硕士以上学位比例达到 30%。

（2）每门课程的专任教师应不少于 2 人，专任教师数量应与学生规模相适应，专任教师中高级职称的比例≥30%，主要专业技能课程至少配备相关专业中级技术职称以上的专任教师 2 人。

（3）每门课程的专任教师中具备双师素质教师的比例应达到 50% 以上，由企业工程技术人员担任的兼职教师数占专任教师总数应达到 50% 左右。

（4）专业实训、实习指导教师 80% 以上是大专以上学历或中级以上职称；同时，实习指导教师具有中高级职称比例≥20%。

2. 业务水平

教师应具备良好的职业道德和一定的教学科研能力，达到高等教育教师任职资格的要求且具备高等教育教师任职资格。其中主讲教师应由具备讲师以上职称的专任教师或工程师以上职称的兼职教师担任，参加科学研究或技术服务的专任教师人数不少于专任教师总数的 30%。

3. 教学团队现状

城市轨道交通运营管理专业现有专业教师 27 人，其中专任教师 13 人，企业兼职教师 9 人。专任教师中教授 4 人、副教授 4 人、江西省高校教学名师 1 人、交通高等职业教育专业带头人 2 人，省高校中青年学科带头人 1 人，省高校中青年骨干教师 2 人，双师素质专业教师比例达到 93%。

（二）专业教学资源

1. 选用优秀的高职高专规划教材

在选择教材时，应整体研究制定教材选用标准和选用程序，确保具有时代性、应用性、先进性和普适性的优秀教材优先被选用，同时，要注意选用具有鲜明行业特征的高职高专规划教材、特色教材和精品教材。

本专业核心学习领域推荐使用的教材如表 6-5 所示。

2. 开发基于工作过程的校本教材

与合作企业共同开发基于工作过程的校本教材，以弥补国家及地方统编教材的不足，体现本校本专业专业特色。在基于工作过程的校本教材开发过程中，校方与企业用人单位进行紧密联系,从实际工作岗位的典型工作任务出发,以完成实际工作任务所需要的知识为学习内容,以培养企业所需的职业能力为目标,以实践过程的学习为主要过程,融入企业标准和行业规范,使之成为理实一体化教学的适用教材。专业核心学习领域教材一般要求为特色鲜明的校本教材,或国家和地区职业教育优质教材。

城市轨道交通运营管理专业核心学习领域推荐使用教材表 表 6-5

课程名称	推荐使用教材	主编	ISBN
城市轨道交通票务管理	城市轨道交通票务管理	于涛	978-7-114-09953-3
城市轨道交通客运组织与服务	城市轨道交通客运组织及服务	兰云飞等	978-7-5121-2004-4
城市轨道交通行车组织	城市轨道交通行车组织	耿幸福	978-7-114-09933-5
城市轨道交通安全管理	城市轨道交通安全管理	张新宇等	978-7-114-10086-4

3. 选用精品资源共享课程

充分利用现有国家和地方的精品资源共享课程开展教学,加强网络学习平台建设,通过慕课、个人空间、网络课程等网络技术构建日常教学课程网站,整合各种优质教学资源进行专业教学。

在课程教学过程中,专业核心学习领域推荐选用精品资源共享课程如表 6-6 所示。

城市轨道交通运营管理专业优质核心课程建设一览表 表 6-6

课程名称	优质课程名称	主持人	课程院校	网址
城市轨道交通行车组织	城市轨道交通系统运营管理	张星臣	北京交通大学	http://course.jingpinke.com/details?uuid=4058d44a-1290-1000-83d6-b7b5f3b2d8d7&objectId=oid:4058d44a-1290-1000-83d5-b7b5f3b2d8d7&courseID=K100066
城市轨道交通客运组织与服务	轨道交通客运组织	朱宛平	广州铁路职业技术学院	http://jpkc.gtxy.cn/4_kyzz/index.asp
城市轨道交通安全管理	城市轨道交通系统运营管理	张星臣	北京交通大学	http://course.jingpinke.com/details?uuid=4058d44a-1290-1000-83d6-b7b5f3b2d8d7&objectId=oid:4058d44a-1290-1000-83d5-b7b5f3b2d8d7&courseID=K100066

4. 专业网络教学资源

以数字化校园为运行载体,以学习领域(课程)为组织形式,利用网络学习平台建设共享性网络教学资源库,建议包括专业基本资源、课程教学资源、自主学习资源、拓展学习资源。

网络教学资源库的建议配置如表 6-7 所示。

5. 其他教学资源

学院图书馆或资料室应当配置数量适当、结构合理、技术新颖的本专业纸质和电子图书,为专业学习、教学、科研和社会服务提供良好的信息服务;学院配置的电子图书,具有良好服务功能,能为专业教学资源库建设提供大数据服务。

城市轨道交通运营管理专业网络教学资源库的建议配置　　表 6-7

类别	资　源	主要内容与要求	备注
专业基本资源	专业简介	专业代码、招生对象、学制、就业面向、专业特点、主要课程等	专业介绍
	人才培养方案	主要包括培养目标、专业面向的职业岗位分析、专业定位、课程体系、核心课程描述、教学进程、毕业标准、实施条件、实施规范、实施流程、实施保障等	
	课程标准	专业核心课程的课程标准	
	教学文件	教学管理相关文件	
课程教学资源	教学指南	本课程的作用、目标和要求，本课程与职业岗位的关系，本课程与其他课程的关系，本课程的主要特点、课程结构、课程内容、课时分配、课程的重点与难点、实践教学体系、课程教学方法、课程教学资源、课程考核、课程授课方案设计、课程建设与工学结合效果评价等	专业基本配置
	教学设计	主要包括学时安排、学习任务设计、学习内容确定、教学目标设定、教学重难点分析及处理、任务工单提供、教学方法建议、教学手段选用、教学设施和教学场地安排、教学实施要求、课程考核方法，以及课后总结等	
	多媒体课件	优质核心课程课件	
	教学视频库	课程设计录像、课堂教学录像、实训操作演示录像等	
	案例库	以一个完整的企业项目为案例单元，通过观看、阅读、学习、分析案例，实现知识内容的传授、知识技能的综合应用展示、知识迁移、技能掌握等	
	FALSH 资源	教学难点的动漫演示	
	实训项目	实训目标、实训设备、实训要求、实训内容与步骤、实训项目考核和评价标准、实训报告或总结、技术手册、操作规程与安全注意事项	
	学生作品	学生学习成果、实训作品和生产产品	
自主学习资源	学习指南	课程学习目标与要求，重点、难点提示及释疑，学习方法，典型任务解析，自我测试题及答案，参考资料和网站	专业特色配置
	测试题库	知识和技能测试	
	视频库	学习任务实施操作视频资料	
	网络课程	基于互联网的处方自主学习平台	
	课程链接	与本专业相关的网站	
拓展学习资源	拓展视频资源	其内容可以在教学标准的基础上适当拓展	专业拓展选配
	文献库	与本课程或本专业相关的行业标准、企业规范、专利资料、法律法规、技术资料、成功案例等	
	仪器设备操作手册	常用仪器设备的操作手册	
	仿真教学	按教学内容列出仿真软件，并提供应用入口	
	课程 BBS	建立由专人管理的网上论坛	
	网上答疑	按主讲教师开设答疑室	
	其他资源	素质教育模块、课外活动园地	

（三）实验实训条件

1. 校内实训条件

根据城市轨道交通运营管理专业培养目标和教学要求，校内应具备一体化教学和生产性实习等基本实训条件。实训室在设备和工位数量上能保证1个教学班实施理实一体化课程的需要，配置多媒体教学设备，便于开展教、学、做合一的教学活动。

根据城市轨道交通运营管理专业人才培养的需要，校内实训条件建议如表6-8所示。

城市轨道交通运营管理专业校内实训室建设建议表 表6-8

序号	名 称	主要设备	主要功能	对应课程	容纳学生人数
1	城市轨道交通运营管理实训中心站厅区	AFC自动售检票设备、人工票亭、安检机等	主要承担票务管理、售检票及安全管理等实训；开展票务员技能培训	城市轨道交通票务管理	50人/次
2	城市轨道交通运营管理实训中心站台区	车辆、塞拉门、屏蔽门、广播系统、乘客信息系统等	主要承担客运组织与服务等实训；开展站务员技能培训	城市轨道交通客运组织城市轨道交通客运服务城市轨道交通安全管理	50人/次
3	车站控制实训室	IBP盘及操作台、监控系统、火灾报警系统、环控系统等	主要承担车站行车组织作业等实训；开展行车调度员技能鉴定	城市轨道交通行车组织、城市轨道交通安全管理	50人/次
4	专用教室	地铁车站模型及控制系统、投影仪等	主要承担车站安全运营及管理等实训	城市轨道交通概论	50人/次
5	语音室	电脑、音视频资料等	主要承担交际英语口语等实训	城市轨道交通客运服务英语、英语口语	40人/次
6	形体房	镜子、压腿架子、音响等	开展礼仪、形体训练等	礼仪、形体训练	40人/次

2. 校外实训条件

在校外实训基地的建设中，积极寻求与区域内地铁运营企业开展深层次、紧密型合作，建立与自己的规模相适应的、稳定的校外实训基地，充分满足本专业所有学生综合实践能力及半年以上顶岗实习的需要。紧密合作的校外实训基地数量要稳定在10家以上。

校外实训基地要有健全的规章制度及基于职业标准的员工日常行为规范，使学生在实训期间养成遵纪守法的习惯，使其能真正领悟到团队合作精神，同时培养学生解决实际问题的能力。

校外实训基地的基本要求是：

（1）固定校外实训基地应选择资质高、管理规范，在行业内具有一定影响力的大、中型施工企业和交通建设行业职能机构。

（2）动态校外实训基地应选择具有代表性和典型意义的重点工程建设项目，具备学生实训实习期间的安全和劳动保护等措施。

(3)具备相应的教学场地，有水平较高、实践经验丰富的科研、管理和生产人员担任实习实训指导教师实习实训项目、内容与学生所学专业相符，能满足实训环节各项教学任务要求。

(4)每年接受实习实训学生能达到一定规模。

二、专业人才培养实施规范

(一)课程教学标准

1. 公共基础课程教学标准

本部分内容请参阅本书的附录部分。

2. 专业基础学习领域教学标准(表6-9)

专业基础学习领域教学标准　　表6-9

学习领域1	礼仪		
学期	第1学期	参考学时	32学时
职业能力要求	1. 具备仪容仪表自我检测能力(服装色彩搭配能力等)； 2. 具备举止文明，表现良好的气质风度的能力； 3. 具备与人会面时的独立交际能力； 4. 具备宴会礼仪的自我训练和检测能力		
学习目标	1. 通过本课程的学习，要求学生掌握礼仪的基本理论如沟通技巧、个人礼仪等； 2. 提高学生社交能力、语言表达、沟通力、协调力、应变能力，培养学生的团队合作精神； 3. 培养学生的耐心、细致、严谨的工作态度，成为受企业欢迎的人； 4. 注重EQ－情商的培养：亲和力，沟通力，协调力，合作力，意志力，表达力； 5. 注重DQ－德商培养：要做好事先做好人，懂礼仪知礼节，道德高尚，真善美； 6. 注重AQ－逆商的培养，在逆境中求发展； 7. 注重HQ－健商的培养，心理健康		
学习内容	1. 个人形象礼仪； 2. 日常交往礼仪； 3. 常用公务礼仪； 4. 国际礼宾礼仪		
学习领域2	管理学		
学期	第1学期	参考学时	64学时
职业能力要求	1. 具备能够运用辩证思维方法、数理逻辑思维方法以及实证分析方法分析解决社会经济管理现象和具体问题； 2 具有一定的运用经济学知识解释经济现象和处理经济问题的能力； 3. 掌握现代经济管理分析方法，知识面比较宽，具备经济分析与预测能力； 4. 初步具备辩证思维能力，学会运用全面发展的观点观察与分析问题； 5. 注重遵章守纪、积极思考、耐心、细致、勇于实践、竞争意识等职业素质的养成		
学习目标	1. 认识和理解管理的重要性和普遍性，了解古今中外管理思想的发展，理解古典管理理论和行为科学的内容； 2. 理解并掌握管理的基本原理与方法，掌握管理的计划、组织、领导、控制、创新等职能的基本内涵、要求及科学有效实现的方法； 3. 通过管理学知识的学习而真正学会并能够用自己的头脑来思考管理学理论与实践问题		

续上表

学习领域 2	管理学		
学期	第 1 学期	参考学时	64 学时
学习内容	1. 管理认知; 2. 预测与决策; 3. 计划与组织; 4. 领导与激励; 5. 沟通与控制; 6. 市场供求分析; 7. 成本理论分析; 8. 市场理论分析		
学习领域 3	城市轨道交通概论		
学期	第 2 学期	参考学时	114 学时
职业能力要求	1. 具有城市轨道交通系统认识能力; 2. 具有城市轨道交通车站、线路、岗位群及调度指挥等知识应用能力		
学习目标	1. 能够对城市轨道交通系统有认识; 2. 能够说出城市轨道交通具体类型及特点; 3. 能够掌握城市轨道交通规划相关专业知识; 4. 能够掌握城市轨道交通线路、车站及线网相关专业知识		
学习内容	1. 城市轨道交通系统的认识; 2. 城市轨道交通具体类型及特点; 3. 城市轨道交通规划相关专业知识; 4. 城市轨道交通线路、车站及线网相关专业知识		
学习领域 4	运输经济学		
学期	第 2 学期	参考学时	76 学时
职业能力要求	1. 根据现实问题的分析能力; 2. 查阅资料、手册的能力		
学习目标	1. 理解运输的基本概念; 2. 掌握运输与生产力布局的关系; 3. 熟悉运输业的劳动组织、生产率和工资制度; 4. 会用专业知识理解运价的形成		
学习内容	学习情境 1:运输的性质和特征 学习情境 2:运输与生产力布局的关系 学习情境 3:运输合理化的经济效果 学习情境 4:运输业的经济政策和技术政策及其理论依据 学习情境 5:运输业的劳动组织、劳动生产率和工资制度 学习情境 6:运价形成		

续上表

学习领域5	城市轨道交通车站设备		
学期	第2学期	参考学时	76学时
职业能力要求	1. 能识别城市轨道交通车站的类型； 2. 能运用自动售票系统设备，完成地铁车站票务设备开启并做好检查工作； 3. 能正确进行电梯及自动扶梯的开关机操作； 4. 能正确进行站台安全门日常开关机操作； 5. 能正确使用灭火器材； 6. 能进行日常低压配电及照明系统的操作		
学习目标	1. 掌握城市轨道交通车站的具体功能及分类； 2. 掌握自动售票机的系统构架； 3. 掌握电梯的基本结构和原理； 4. 掌握站台安全门控制机监视系统的结构原理； 5. 掌握气体灭火系统的灭火原理和特点； 6. 掌握车站环控系统的控制方式		
学习内容	1. 城市轨道交通车站的具体功能及分类； 2. 自动售票机的系统构架； 3. 电梯的基本结构和原理； 4. 站台安全门控制机监视系统的结构原理； 5. 气体灭火系统的灭火原理和特点； 6. 车站环控系统的控制方式		
学习领域6	形体训练		
学期	第3学期	参考学时	36学时
职业能力要求	1. 通过课堂实践教学，培养身体的柔韧性，协调性，灵活性以及美观性； 2. 能主动展示形体与动作美，在与同伴的合作与交流中增进交往能力和团队的合作能力； 3. 培养学生适应未来社会竞争和发展的能力		
学习目标	1. 以健康第一为指导思想，塑造健美形体，增进身心健康； 2. 掌握一定的舞蹈理论知识，了解舞蹈形体的起源、发展，对舞蹈形体课有正确的认识和了解； 3. 掌握舞蹈形体训练科学形体塑身的训练方法，培养学生积极健康的舞蹈表现力； 4. 熟悉与掌握形体、礼仪、个人形象塑造的基本理论知识； 5. 熟悉与掌握形体训练的方法与内容		
学习内容	1. 形体训练理论知识； 2. 青少年形体训练心理、生理特征； 3. 体态体形训练、身体基本姿势训练； 4. 形体舞蹈训练； 5. 服务姿态训练		
学习领域7	经济法		
学期	第3学期	参考学时	72学时
职业能力要求	1. 查阅典型案例与法律知识的能力； 2. 运用所学经济法学知识，正确进行分析并选择适当的途径解决纠纷，依法制裁侵权方，维护当事人合法权益的能力； 3. 培养学生适应未来社会竞争和发展的能力		

续上表

学习领域 7	经济法		
学期	第 3 学期	参考学时	72 学时
学习目标	1. 掌握公司法、企业法主要规定； 2. 掌握合同法的主要规定； 3. 掌握税法的基本规定与主要税种； 4. 掌握民法相关知识； 5. 掌握反不正当竞争法、消费者权益保护法、产品质量法的主要规定； 6. 掌握知识产权法主要规定； 7. 掌握经济纠纷解决方法		
学习内容	1. 经济法基础； 2. 市场主体法； 3. 市场运行法； 4. 市场管理法； 5. 经济纠纷解决		
学习领域 8	英语口语		
学期	第 3 学期	参考学时	36 学时
职业能力要求	1. 听说和自我表达能力； 2. 对英语构词和本土文化的应用与表现能力； 3. 专业知识能力		
学习目标	1. 通过系统的大量实践，着重训练学生口头表达和交际能力，培养和训练学生语言知识的转换能力； 2. 使学生能就日常生活中的一般情景进行恰当的交谈； 3. 能就所听的材料或熟的题材进行对话或连贯发言，达到“正确表达思想，语音、语调基本正确，无重大语法错误，语言基本得体”的要求		
学习内容	1. 日常交流； 2. 表达个人观点； 3. 个人情感； 4. 工作场景； 5. 其他类型交际场景		
学习领域 9	城市轨道交通通信与信号		
学期	第 3 学期	参考学时	54 学时
职业能力要求	1. 能够熟练观察城轨通信信号设备正常工作状态及正常工作指标； 2. 能够熟练完成信号机、轨道电路、转辙机的操作； 3. 能够熟练完成列车自动控制 ATC 设备的运行控制； 4. 能了解无线集中调度系统的应用； 5. 能够完成电话系统、闭路电系统的运用； 6. 能够完成时钟系统的调整		

续上表

学习领域9	城市轨道交通通信与信号		
学期	第3学期	参考学时	54学时
学习目标	1. 掌握交通信号基础设备相关知识； 2. 掌握联锁系统设备基本结构与操作方式相关知识； 3. 掌握列车自动控制ATC设备的构成、功能和维护等相关知识； 4. 掌握交通通信系统的组成及功能相关知识； 5. 掌握交通电话系统、无线调度系统、闭路电视系统、广播系统及时钟系统相关知识； 6. 掌握交通通信信号设备的技术指标和正常工作参数，使学生具有城轨通信信号设备使用、检测和维护等基本技能		
学习内容	学习情境1：基础信号设备； 学习情境2：联锁系统； 学习情境3：列车自动控制系统； 学习情境4：电话系统； 学习情境5：广播系统； 学习情境6：乘客信息系统		
学习领域10	城市轨道交通客运服务英语		
学期	第4学期	参考学时	72学时
职业能力要求	1. 能运用轨道专业知识和英语及跨文化交流知识，从事地铁运营和服务的基层工作； 2. 能在工作场所与外国乘客进行基本的英语沟通和交流； 3. 能听懂外国乘客的疑问并对问题给予恰当的反馈与帮助； 4. 能利用网络资源收集地铁相关信息，能阅读与工作相关的网页； 5. 能用英文描述自己的岗位与职责		
学习目标	1. 掌握地铁行业相关的英语词汇或专业术语、缩略语； 2. 熟悉并运用相关的功能句型来表达意思（问候、介绍、道歉、致谢、询问、指路、提供帮助等英语用语）； 3. 了解中西方跨文化交际的相关背景和文化差异性，为实际沟通扫除障碍		
学习内容	1. 地铁行业相关的英语词汇或专业术语、缩略语； 2. 相关的功能句型来表达意思（问候、介绍、道歉、致谢、询问、指路、提供帮助等英语用语）		

3. 专业核心学习领域教学标准（表6-10）

专业核心学习领域教学标准　　表6-10

学习领域1	城市轨道交通票务管理		
学期	第3学期	参考学时	72学时
职业能力要求	1. 能根据自动售检票AFC系统要求，运用自动售检票系统设备完成地铁车站票务并做好检查工作； 2. 在正常客流情况下，能依据票务作业和票务管理流程，运用AFC自动售检票设备完成使用半自动售票机和自动售票机售票作业，监护自动检票机检票作业，辅助乘客完成购票、进站、出站和票卡异常作业，填写各种票务报表作业； 3. 能依据在客流高峰或特大客流的特殊票务作业规定，对AFC自动售检票设备进行降级作业模式转换，完成对客流的引导，确保乘客安全； 4. 能根据正常营运作业自动售检票设备的要求，对设备进行检查和维护，适当开启和关闭部分自动检票机，完成正常情况下对客流的引导工作，为乘客提供良好服务； 5. 能根据地铁票务间歇/换班的规定，进行卡、票款和发票等结转作业，闭站后的清票、票务盘点等工作		

续上表

学习领域1	城市轨道交通票务管理		
学期	第3学期	参考学时	72学时
学习目标	1. 知道AFC自动售检票系统的功能、结构、设备种类和布局; 2. 知道票卡媒介作用原理,AFC系统的票卡种类及功能; 3. 了解自动售检票系统的清分系统和清分规则; 4. 掌握自动半自动售票机、自动检票机的功能、结构和基本操作; 5. 掌握自动售检票设备的基本故障处理; 6. 掌握车站票据与台账、票款及票务备品的管理; 7. 掌握正常和特殊条件下的售检票作业、退票作业、钱箱更换及现金清点和票款收缴作业流程		
学习内容	情境1:城市轨道交通自动售检票系统认知 情境2:城市轨道交通票卡媒介 情境3:自动售检票系统终端设备与操作 情境4:AFC设备典型故障、日常巡视与维检修 情境5:票务管理程序 情境6:不同情况下票务作业 情境7:票款清分结算		
学习领域2	城市轨道交通客运组织与服务		
学期	第3学期	参考学时	72学时
职业能力要求	1. 会正确使用自动售检票设备; 2. 会处理大客流、突发事件等异常情况下的客运组织作业; 3. 会调查预测客流; 4. 能有效解决乘客投诉并处理乘客常见票务问题; 5. 具有现场应急处理能力及协调能力		
学习目标	1. 了解城市轨道交通客运服务人员的基本仪容要求和着装规范; 2. 掌握城市轨道交通服务人员的服务规范用语; 3. 掌握客流调查的方法、客运服务标准和技巧; 4. 掌握大客流、突发事件等异常情况下的客运组织原则、措施及控制方法		
学习内容	情境1:客运服务人员基本礼仪 情境2:车站站厅、站台、客服中心等客运服务 情境3:乘客投诉的处理 情境4:车站客流调查、预测、分析与组织 情境5:城市轨道交通市场营销		
学习领域3	城市轨道交通行车组织		
学期	第4学期	参考学时	72学时
职业能力要求	1. 会进行正常情况、设备故障情况下的行车组织作业; 2. 会进行各种情况下的调车、行车指挥和调度; 3. 会及时妥善处理行车过程中的事故处理工作		
学习目标	1. 掌握轨道交通行车组织的基本知识; 2. 掌握设备故障情况下的行车组织方法; 3. 掌握行车指挥和调度工作的方法,会编制列车运行图; 4. 熟悉调车作业的基本要求		

续上表

学习领域 3	城市轨道交通行车组织		
学期	第 4 学期	参考学时	72 学时
学习内容	学习情境 1:行车调度与指挥 学习情境 2:列车运行图的编制 学习情境 3:正常情况下行车组织作业 学习情境 4:非正常情况下行车组织作业 学习情境 5:列车运行图的编制 学习情境 6:列车事故处理与预防 学习情境 7:车站行车组织作业		
学习领域 4	城市轨道交通安全管理		
学期	第 4 学期	参考学时	108 学时
职业能力要求	1. 掌握城市轨道交通通用安全技术; 2. 能识别城市轨道交通危险源、职业危害并进行防护; 3. 能进行城市轨道交通应急救援; 4. 熟悉安全生产法律法规		
学习目标	1. 了解城市轨道交通运营安全常识; 2. 了解城市轨道交通运营安全管理; 3. 掌握轨道交通运营安全技术		
学习内容	学习情境 1:城市轨道交通安全基础知识 学习情境 2:城市轨道交通运营安全管理 学习情境 3:城市轨道交通危险源识别与控制 学习情境 4:城市轨道交通安全技术 学习情境 5:城市轨道交通事故分类及处理 学习情境 6:城市轨道交通应急救援		

4. 专业拓展学习领域教学标准(表 6-11)

专业拓展学习领域教学标准 表 6-11

学习领域 1	演讲与口才		
学期	第 4 学期	参考学时	72 学时
职业能力要求	1. 能按基本要求写出主题鲜明、结构合理、行文流畅、详略得当的演讲稿; 2. 有备演讲时,着装整齐、大方得体; 3. 姿态自然、动作适度; 4. 主题鲜明、材料典型; 5. 音量适当,发音标准,具有较强的表现力,能活跃气氛,引起高潮; 6. 能掌握论辩的逻辑技巧、语言艺术,并运用辩论技巧进行争辩		
学习目标	1. 掌握普通话语音知识、语流音变规律、诗歌朗诵技巧。理解演讲者眼神、表情、手势所表达的意义及情感; 2. 掌握演讲稿的写作、有备演讲、即兴演讲、辩论演讲的基本技巧; 3. 掌握求职口才的技巧,基本掌握旅游服务的语言表达技巧		
学习内容	1. 语言基础; 2. 即兴演讲; 3. 演讲稿写作; 4. 职场口才		

续上表

<table>
<tr><td>学习领域2</td><td colspan="3">乘务岗位技能实务</td></tr>
<tr><td>学期</td><td>第4学期</td><td>参考学时</td><td>72学时</td></tr>
<tr><td>职业能力要求</td><td colspan="3">1. 具备较扎实的乘务岗位基础知识与基本技能；
2. 沟通协调能力；
3. 团队协作能力；
4. 服务创新能力；
5. 有良好的文字表述及语言表达能力</td></tr>
<tr><td>学习目标</td><td colspan="3">1. 掌握乘务岗位具体作业标准及操作规范；
2. 掌握常见礼仪知识；
3. 学会处理应急情况下操作流程</td></tr>
<tr><td>学习内容</td><td colspan="3">1. 乘务岗位作业标准；
2. 乘客服务原则与规范；
3. 常见礼仪知识</td></tr>
<tr><td>学习领域3</td><td colspan="3">城市轨道交通员工职业素养</td></tr>
<tr><td>学期</td><td>第5学期</td><td>参考学时</td><td>30学时</td></tr>
<tr><td>职业能力要求</td><td colspan="3">1. 具备城市轨道交通员工基本素养；
2. 具备城市轨道交通员工岗位技能；
3. 具备城市轨道交通员工职业化能力</td></tr>
<tr><td>学习目标</td><td colspan="3">1. 掌握城市轨道交通员工职业道德的基本规范、职业意识及职业心态；
2. 掌握城市轨道交通员工职业行为标准；
3. 掌握城市轨道交通员工客运服务原则与规范</td></tr>
<tr><td>学习内容</td><td colspan="3">1. 城市轨道交通员工职业化素养训练；
2. 城市轨道交通员工职业化行为规范；
3. 城市轨道交通员工职业化技能</td></tr>
<tr><td>学习领域4</td><td colspan="3">城市轨道交通企业管理</td></tr>
<tr><td>学期</td><td>第5学期</td><td>参考学时</td><td>60学时</td></tr>
<tr><td>职业能力要求</td><td colspan="3">1. 在初步了解企业管理知识体系的基础上，有进一步学习企业管理知识的能力；
2. 能初步分析与判断企业管理基础工作、组织结构、生产经营过程状况的能力；
3. 能够发现、分析日常管理中存在的问题，并提出相应的解决方案</td></tr>
<tr><td>学习目标</td><td colspan="3">1. 初步了解企业管理的知识体系，包括企业管理知识体系的结构和现代企业管理知识的形成过程；
2. 熟悉企业管理基础工作的主要内容；
3. 熟悉科学合理的企业组织结构的标准；
4. 熟悉企业供应、生产、销售三大环节管理的主要内容；
5. 掌握企业计划、决策、激励、控制的基本方法；
6. 熟悉现场管理的主要内容，掌握生产经营现场的主要管理方法</td></tr>
<tr><td>学习内容</td><td colspan="3">1. 管理学基本理论知识；
2. 过程管理；
3. 管理应用</td></tr>
</table>

续上表

<table>
<tr><td>学习领域 5</td><td colspan="3">办公软件</td></tr>
<tr><td>学期</td><td>第 5 学期</td><td>参考学时</td><td>60 学时</td></tr>
<tr><td>职业能力要求</td><td colspan="3">1. 沟通协调能力；
2. 团队协作能力；
3. 服务创新能力；
4. 有良好的文字及语言组织能力</td></tr>
<tr><td>学习目标</td><td colspan="3">1. 能用不同的方法建立、保存、打开 Word 文档；
2. 能制作出不同格式的各类公文、报告等文档并打印；
3. 能用 Word 进行表格制作理排版、及图文混排的文档并打印等；
4. 能用不同的方法建立、保存、打开工作表；
5. 熟练进行工作表格式化美化操作；
6. 能够使用数据的排序、增删、筛选、分类汇总、数据透视等对大量的数据进行管理分析；
7. 能制作图文并茂的演示文稿，并在文稿中设置超级链接、自动循环播放、插入各类文件</td></tr>
<tr><td>学习内容</td><td colspan="3">1. Word 综合知识；
2. Excel 综合知识；
3. PPT 综合知识</td></tr>
<tr><td>学习领域 6</td><td colspan="3">市场营销</td></tr>
<tr><td>学期</td><td>第 5 学期</td><td>参考学时</td><td>60 学时</td></tr>
<tr><td>职业能力要求</td><td colspan="3">1. 能够准确地收集与分析市场信息、发现市场营销机会；
2. 能够熟练地使用营销模拟软件开展营销活动；
3. 具有分析问题与处理问题的基本技能与良好的表达与沟通能力</td></tr>
<tr><td>学习目标</td><td colspan="3">1. 学会撰写市场调研报告和市场定位分析报告；
2. 能够初步的设计目标市场营销策划方案，学会撰写营销策划书，编制营销计划；
3. 树立正确的市场营销观念；
4. 掌握营销的基本知识与基本原理，初步养成营销的职业意识和综合素质</td></tr>
<tr><td>学习内容</td><td colspan="3">1. 市场营销基础知识；
2. 市场营销信息管理；
3. 市场营销环境分析；
4. 市场购买行为分析；
5. 营销策略</td></tr>
<tr><td>学习领域 7</td><td colspan="3">旅客心理学</td></tr>
<tr><td>学期</td><td>第 5 学期</td><td>参考学时</td><td>60 学时</td></tr>
<tr><td>职业能力要求</td><td colspan="3">1. 具备基础文化素质；
2. 具备旅客心理学基本理论、方法和操作技能；
3. 具备分析问题、解决问题能力</td></tr>
<tr><td>学习目标</td><td colspan="3">1. 掌握旅客心理学基本理论、方法和操作技能；
2. 明确客运服务人员的心理修养；
3. 树立健康积极的工作态度</td></tr>
<tr><td>学习内容</td><td colspan="3">1. 旅客心理学基础知识；
2. 旅客心理活动与服务；
3. 旅客运输管理心理</td></tr>
</table>

5. 独立实践环节教学标准(表 6-12)

独立实践环节教学标准　　表 6-12

环节 3	票务模拟实训		
学期	第 3 学期	学时	30 学时
职业能力要求	1. 具备票务基本理论、方法和操作技能； 2. 具备分析问题、解决问题的能力； 3. 具备综合运用所学理论知识与实践紧密结合能力		
学习目标	通过有目的、有步骤地实施以任务驱动的实训项目教学,从而在培养学生自主学习、团结协作的能力以及良好的沟通与表达能力基础上,切实提高学生的职业技能、服务意识和处理实际问题的方法及综合素质,增强其就业竞争力		
学习内容	1. 城市轨道交通售检票系统基础知识； 2. 城市轨道交通票务管理流程及操作规范； 3. 城市轨道交通票务服务规范		
环节 4	大客流火灾等应急实训		
学期	第 4 学期	学时	30 学时
职业能力要求	1. 具备应急管理基本理论、方法和操作技能； 2. 具备分析问题、解决问题的能力； 3. 具备综合运用所学理论知识与实践紧密结合能力		
学习目标	通过有目的、有步骤地实施以任务驱动的实训项目教学,从而在培养学生自主学习、团结协作的能力以及良好的沟通与表达能力基础上,切实提高学生的职业技能、服务意识和处理实际问题的方法及综合素质,增强其就业竞争力		
学习内容	1. 城市轨道交通运营安全基础知识； 2. 城市轨道交通应急管理流程及操作规范； 3. 现场应急救护基础知识		
环节 5	毕业顶岗实习		
学期	第 6 学期	学时	570 学时
职业能力要求	通过毕业顶岗实习使学生加深对专业理论知识的理解,培养和提高学生实际操作和分析问题、解决问题的能力,使学生综合运用所学理论知识与管理实践紧密结合,为毕业后从事运营管理等工作打下良好的基础		
学习目标	1. 在实习过程中认知企业的工作流程和各岗位的职责任务,提高岗位的适应能力,学会以各种方式学习,综合素质要有明显进步； 2. 将专业知识和相关政策法规结合,运用到相应的实践岗位,提高观察问题、发现问题、分析问题、解决问题的能力,提高专业水平； 3. 在规范有序的实际工作中养成努力钻研、吃苦耐劳的精神		
学习内容	1. 城市轨道交通售检票系统； 2. 城市轨道交通票务管理； 3. 城市轨道交通客运组织与服务； 4. 城市轨道交通安全管理； 5. 城市轨道交通列车运行与调度指挥等		

（二）教学组织

贯彻“合作办学、合作育人、合作发展”的理念，按照“依托行业、对接产业、定位职业、服务社会”的专业建设思路，以行动导向实施课程教学，形成以教师为主导、学生为主体、学做合一、理实一体、工学结合的教学模式。始终要重视学生在校学习与实际工作的一致性，采取工学交替、任务驱动、项目导向的一体化教学模式，运用任务驱动法、项目导向法、情境教学法、案例分析法、现场教学法、课堂讨论法等教学方法进行教学，立足于加强学生实际操作能力的培养。

核心课程建议采用“任务驱动、项目导向”教学法，通过典型的工作任务或项目，由教师提出要求或示范，组织学生进行活动，注重“教”与“学”的互动，让学生在活动中增强爱岗敬业、团结协作的意识，实现技能与素质的同步提高。实施“教、学、做”一体化教学，提高学生的学习兴趣，有效培养学生的职业能力；教师可着重进行引导并实施监督和评价。实践课程要加强引导、示范，创设工作情境，让学生亲自动手，提高学生岗位适应能力和分析处理问题的能力。

在教学过程中，要充分借鉴多媒体、教学资源库、网络资源等教学资源辅助教学，帮助学生理解所学知识，并重视本专业领域新技术、新工艺、新设备的发展趋势，也要充分利用校外实训基地，校企合作，工学结合，积极引导学生提升职业素养、提高职业道德，紧密结合职业技能证书的考核、加强取证项目的训练。

（三）考核评价

吸纳用人单位专家参与教学质量评价，建立以能力为核心、以过程为重点的学习绩效考核评价体系。针对不同类型的课程采用不同的考核方法。对公共基础课程，建议采取理论考核的方法；对于专业学习领域，建议采取过程考核与综合考核相结合的方式；对于独立实践环节，尽量采用实操考核、过程考核的方法。具体原则如下：

1. 公共基础课程

总评成绩 = 平时成绩（考勤、提问、作业等）×40% + 期终考核 ×60%。

2. 专业学习领域

采取过程考核与综合考核相结合的评价方式，同时根据学生取得相应工种的职业资格证书的情况，综合评价学生成绩。

其中，过程考核包括学习态度、课程作业等，占课程总成绩的40%；综合考核包括期末考试、实践考核等，占课程总成绩的60%。

如学生取得相应工种的职业资格证书，则该门课程考核合格。

3. 实践学习领域

以工作态度、实际操作和实习报告等情况综合评定学生成绩，其中工作态度、实际操作等占80%（在企业完成的项目由企业指导教师评定），实习报告占20%。

（执笔人：汪武芽）

VII：市政工程技术专业人才培养方案

第一部分　主体部分

一、专业名称（专业代码）

市政工程技术（560601）

二、招生对象

普通高中毕业生或具有同等学力者

三、学制

全日制三年

四、培养目标

市政工程技术专业主要面向市政施工生产一线，培养德、智、体、美全面发展，掌握市政工程技术的基本理论知识，具有市政管道工程、市政道路工程、市政桥梁工程施工与技术管理方面职业能力，具有良好职业道德素养、科学创新精神，能在市政行业、企业从事组织施工、技术管理、市政设施维护等职业岗位的技术技能人才。同时为其职业发展奠定坚实的基础。

五、就业面向

本专业毕业生主要面向市政建设行业的施工企业、试验检测机构等单位，可从事施工技术管理、试验检测等技术工作。

主要岗位：施工员、试验检测员岗位；

拓展岗位：测量员岗位；

发展岗位：技术主管、试验室主任及测量主管等岗位。

六、培养规格

（一）素质目标

（1）具有强烈的责任意识、质量意识、安全意识及环保意识。

（2）具有良好的文化、身体和心理素质。

（3）爱岗敬业，团结协作，遵纪守法，热爱劳动。

（4）具有较强的综合职业能力，具有较强的实践能力，具有较好的沟通协调能力。

(二)知识目标

(1)具有本专业所必需的数学计算、英语交流、计算机应用等科学文化基础知识。
(2)熟悉工程识图、力学分析、工程测量、工程材料等专业基础知识。
(3)掌握工程勘测设计、施工管理、城市管道、施工放样等专业知识。
(4)了解市政工程的新技术、新材料、新工艺和新设备的相关信息。

(三)能力目标

(1)具有识读和绘制工程结构图的能力。
(2)具有市政工程勘测、施工放样和竣工测量的能力。
(3)具有市政道路工程试验检测的能力。
(4)具有在现场从事市政道路、管道工程施工与管理的能力。
(5)具有编制工程造价与现场工程计量的能力。
(6)具有编制、收集、整理和上交工程技术资料的能力。
(7)具有计算机操作和安装使用常用专业软件的能力。
(8)具有较强的自学和获取知识的能力。

七、教学环节进程安排表

(一)培养时间分配表

在人才培养的实施过程中,教学环节周数分配如表7-1所示。

市政工程技术专业培养时间分配表　　表7-1

学年		一		二		三		合计
学期		一	二	三	四	五	六	
1	入学教育	1周						1周
2	国防教育	2周						2周
3	课内教学	16周	14周	18周	13周	11周		72周
4	实践教学		5周	1周	6周	4周		16周
5	生产实习					4周	19周	23周
累计		19周	19周	19周	19周	19周	19周	114周

注:课内教学指按课程(学习领域)组织的各种教学活动,包括理论课程、理实一体化课程等;实践教学是指计划单列的非生产性实践教学活动,包括专业认识实践、专项单列实训、课程设计、综合设计、社会实践等。

(二)教学进程表

本专业的人才培养进程如表7-2所示。

(三)课程设置及学时比例

在人才培养的实施过程中,各教学环节学时比例如表7-3所示。

市政工程技术专业教学进程表 表 7-2

序号	类别	课程名称	教学时数与学分				考核方式		课内教学时数及实践周数					
			总学时	学分	理论学时	实践学时	考试学期	考查学期	第一学年		第二学年		第三学年	
									一	二	三	四	五	六
									16 周	14 周	18 周	13 周	11 周	0 周
1	公共基础课程	"两课"基础	64	3	64			1	4					
2		"两课"概论	56	4	56			2		4				
3		体育	60	4	60			1、2	2	2				
4		计算机应用基础	96	6	44	52	1		6					
5		大学英语Ⅰ	96	6	96		1		6					
6		大学英语Ⅱ	56	4	56		2			4				
7		高等数学	64	4	64		1		4					
8		工程数学	42	3	42			2		3				
9		任选课 1	36	2	36			3			2			
10		任选课 2	26	3	26			4				2		
11		就业指导	11	1	11			5					1	
公共基础课程小计			607	40	555	52	课内占比		36.65%					
1	专业基础学习领域	工程制图	74	5	44	30	2	1	2	3				
2		工程测量	56	4	16	40	2			4				
3		工程力学	56	4	56		2			4				
4		结构力学	72	4	72		4				4			
5		土力学与地基基础	72	4	48	24	4				4			
6		结构设计原理	72	4	72			4			4			
7		道路建筑材料	72	4	38	34	4				4			
专业基础学习领域小计			474	29	346	128	课内占比		28.62%					
1	专业核心学习领域	城市道路	72	4	56	16	4				4			
2		城市管道工程	44	3	28	16	7						4	
3		道路工程施工技术	52	4	26	26	5					4		
4		桥涵施工技术	52	4	26	26	5					4		
5		市政施工组织与概预算	52	4	36	16	5					4		
专业核心学习领域小计			272	19	172	100	课内占比		16.43%					
1	专业拓展学习领域	房屋建筑学	36	2	28	8		4			2			
2		土木工程概论	39	2	29	10		4				3		
3		工程经济	52	3	40	12	5					4		
4		建筑 CAD	52	3	26	26		5				4		
5		建设监理	33	3	21	12	7						3	
6		桥梁工程检测技术	44	4	26	18		7					4	
7		道路检测技术	44	4	26	18		7					4	
8		公路养护与管理	33	3	21	12	7						3	
专业拓展学习领域小计			333	24	217	116	课内占比		20.11%					
课内教学环节合计			1686	112	1290	396	总百分比		57.23%					

续上表

序号	类别	课程名称	教学时数与学分				考核方式		课内教学时数及实践周数					
			总学时	学分	理论学时	实践学时	考试学期	考查学期	第一学年		第二学年		第三学年	
									一	二	三	四	五	六
									16 周	14 周	18 周	13 周	11 周	0 周
1	独立实践环节	入学教育	1 周	1		30		1	1 周					
2		国防教育	2 周	2		60		1	2 周					
3		工程测量实训	4 周	8		120		2		4 周				
4		CAD 实训	1 周	2		30		2		1 周				
5		城市道路课程设计	1 周	2		30		3			1 周			
6		市政工程概预算	1 周	2		30		4				1 周		
7		城市道路施工实训	5 周	10		150		4				5 周		
8		城市管道施工实训	4 周	8		120		5					4 周	
9		毕业顶岗实习	23 周	10		690		5,6					4 周	19 周
独立实践环节合计			1260	45		1260	总百分比		76.09%					
课时(学分)总计			2946	157	1290	1656	周时数		24	24	24	25	19	0
周数总计									19	19	19	19	19	19
理论教学时数			1290				总百分比		43.79%					
实践教学时数			1656				总百分比		56.21%					

市政工程技术专业课程设置及学时比例表 表 7-3

项目	理论教学	实践教学			
		课内实训	专项实训	顶岗实习	合计
学时	1290	396	570	690	1656
所占比例	43.79%	56.21%			

八、毕业标准

(一)基本要求

(1)德、智、体、美等方面均通过学生管理部门考核达标;

(2)按规定完成课程(学习领域)的学习,成绩合格;

(3)完成各项独立实践环节(单列科目:如实践课、课程设计、实习、毕业实践、毕业设计等)的学习,成绩合格。

(二)考证要求

(1)必须取得全国计算机等级证(一级及以上)和英语应用能力证书(三级 B);

(2)获得至少一个本专业职业资格证书方可毕业。本专业职业资格证书如表 7-4 所示。

市政工程技术专业职业资格证书表 表 7-4

序号	考 核 项 目	考核发证部门	等 级 要 求
1	试验工	人力资源和社会保障部	四级
2	测量工	人力资源和社会保障部	四级
3	试验检测员	交通运输部	
4	监理员	住房和城乡建设厅	
5	资料员	住房和城乡建设厅	

(三)其他要求

完成任选课的学习,并取得 5 学分。

第二部分　支撑材料

一、专业人才培养实施条件

(一)专业教学团队

1. 师资数量与结构

(1)教师队伍数量应与学生规模相适应,生师比控制在16:1左右。

(2)教师队伍结构优化,梯队合理,45岁以下青年教师中研究生学历或硕士以上学位比例达到30%,专任教师中高级职称的比例≥30%,专任教师中具备双师素质教师的比例应达到80%以上。

(3)每个学习领域(课程)的教师应不少于2人,其中专业核心学习领域应配备相关专业中级技术职称以上的双师素质教师2人。

(4)各专业学习领域及独立实践环节,均应配备行业企业工程技术人员担任兼职教师,兼职教师折算比例应达到50%左右。

(5)专业实习(训)指导教师均为大专以上学历或中级以上职称。实习(训)指导教师具有中高级职称比例≥20%。

2. 业务水平

教师应具备良好的职业道德和一定的教学科研能力,达到高等教育教师任职资格的要求且具备高等教育教师任职资格。其中主讲教师应由具备讲师以上职称的专任教师或工程师以上职称的兼职教师担任,参加科学研究或技术服务的专任教师人数不少于专任教师总数的30%。

3. 教学团队现状

市政工程技术专业现有专业教师48人,其中专任教师33人,企业兼职教师15人。专任教师中教授2人、副教授2人、硕士10人、专业带头人1人,骨干教师4人,双师素质教师达到85%。

(二)专业教学资源

1. 选用优秀的高职高专规划教材

在选择教材时,应整体研究制定教材选用标准和选用程序,确保具有时代性、应用性、先进性和普适性的优秀教材优先被选用,同时,要注意选用具有鲜明行业特征的高职高专规划教材、特色教材和精品教材。

本专业专业核心学习领域可供选用教材如表7-5所示。

市政工程技术专业专业核心学习领域推荐使用教材表　　表 7-5

课程名称	推荐使用教材	主　　编	ISBN
城市道路	城市道路工程	张乐飞	978-7-114-07190-4
城市管道工程	市政管道工程施工	白建国	978-7-112-16444-8
桥涵工程施工	桥涵工程施工	邹花兰、江祥林(企)	978-7-114-12352-8
道路工程施工技术	道路工程施工技术	闫超君、丁明科、费秉胜	978-7-5084-5803-8
市政施工组织与概预算	市政施工组织与管理	徐行军	978-7-5615-4688-8

2. 开发基于工作过程的校本教材

与合作企业共同开发基于工作过程的校本教材，将相关的企业标准、行业规范等导入教材之中，编写中要突破学科体系的构架，将职业教育的教学过程与工作过程相融合，将专业理论知识和技能向企业工作过程知识转变，以典型工作任务作为工作过程知识的载体，并按职业能力构建教材的知识、技能体系，使之成为理实一体化教学的适用教材。专业核心学习领域教材一般要求为特色鲜明的校本教材，或国家和地区职业教育优质教材。

3. 选用精品资源共享课程

充分利用现有国家和地方的精品资源共享课程开展教学，加强网络学习平台建设，通过慕课、个人空间、网络课程等网络技术构建日常教学课程网站，整合各种优质教学资源进行专业教学。可供适用的精品资源共享课程如表 7-6 所示。

市政工程技术专业精品资源共享课程一览表　　表 7-6

课程名称	资源课程名称	主 持 人	课程所属院校	访问网址
城市道路路基工程施工	路基工程施工	周娟、刘武(企)	江西交通职业技术学院	http://elearn.jxjtxy.com/eol/homepage/course/layout/page/index.jsp? courseId = 10658
城市道路路面工程施工	路面工程施工	蔡龙成、廖小春(企)	江西交通职业技术学院	http://jpkc.jxjtxy.com/2013/lmsg/
桥涵工程施工	桥涵工程施工	邹花兰、江祥林(企)	江西交通职业技术学院	http://elearn.jxjtxy.com/eol/lesson/coursesum.jsp? lid = 11718
道路工程检测	道路工程检测	陈晓明、胡宗林(企)	江西交通职业技术学院	http://elearn.jxjtxy.com/eol/lesson/coursesum.jsp? lid = 11623
工程测量	工程测量	谢艳、钟自生(企)	江西交通职业技术学院	http://elearn.jxjtxy.com/eol/homepage/course/layout/page/index.jsp? courseId = 10798

4. 专业网络教学资源

以数字化校园为运行载体，以学习领域(课程)为组织形式，利用网络学习平台建设共享性网络教学资源库，主要包括试题库、课件库、专业教学素材库、教学录像库等。网络教学资源库的建议配置如表 7-7 所示。

市政工程专业网络教学资源库的建议配置　　表 7-7

类别	资　源	主要内容与要求	备注
专业基本资源	专业简介	专业代码、招生对象、学制、就业面向、专业特点、主要课程等	专业介绍
	人才培养方案	主要包括培养目标、专业面向的职业岗位分析、专业定位、课程体系、核心课程描述、教学进程、毕业标准、实施条件、实施规范、实施流程、实施保障等	
	课程标准	专业核心课程的课程标准	
	教学文件	教学管理相关文件	

续上表

类别	资　源	主要内容与要求	备注
课程教学资源	教学指南	本课程的作用、目标和要求，本课程与职业岗位的关系，本课程与其他课程的关系，本课程的主要特点、课程结构、课程内容、课时分配、课程的重点与难点、实践教学体系、课程教学方法、课程教学资源、课程考核、课程授课方案设计、课程建设与工学结合效果评价等	专业基本配置
	教学设计	主要包括学时安排、学习任务设计、学习内容确定、教学目标设定、教学重难点分析及处理、任务工单提供、教学方法建议、教学手段选用、教学设施和教学场地安排、教学实施要求、课程考核方法，以及课后总结等	
	多媒体课件	优质核心课程课件	
	教学视频库	课程设计录像、课堂教学录像、实训操作演示录像等	
	案例库	以一个完整的企业项目为案例单元，通过观看、阅读、学习、分析案例，实现知识内容的传授、知识技能的综合应用展示、知识迁移、技能掌握等	
	FALSH 资源	教学难点的动漫演示	
	实训项目	实训目标、实训设备、实训要求、实训内容与步骤、实训项目考核和评价标准、实训报告或总结、技术手册、操作规程与安全注意事项	
	学生作品	学生学习成果、实训作品和生产产品	
自主学习资源	学习指南	课程学习目标与要求，重点、难点提示及释疑，学习方法，典型任务解析，自我测试题及答案，参考资料和网站	专业特色配置
	测试题库	知识和技能测试	
	视频库	学习任务实施操作视频资料	
	网络课程	基于互联网的处方自主学习平台	
	课程链接	与本专业相关的网站	
拓展学习资源	拓展视频资源	其内容可以在教学标准的基础上适当拓展	专业拓展选配
	文献库	与本课程或本专业相关的行业标准、企业规范、专利资料、法律法规、技术资料、成功案例等	
	仪器设备操作手册	常用仪器设备的操作手册	
	仿真教学	按教学内容列出仿真软件，并提供应用入口	
	课程 BBS	建立由专人管理的网上论坛	
	网上答疑	按主讲教师开设答疑室	
	其他资源	素质教育模块、课外活动园地	

5. 其他教学资源

学院图书馆或资料室应当配置数量适当、结构合理、技术新颖的本专业纸质和电子图书，为专业学习、教学、科研和社会服务提供良好的信息服务；学院配置的电子图书，具有良好服务功能，能为专业教学资源库建设提供大数据服务。

学院图书馆现有纸质图书55万余册，电子图书11.5万册；各种期刊（含历年合订本）11806册。电子资源有超星、书生电子图书、中国交通运输科技资源数据库、万方电子期刊、超星读秀、爱迪科森《网上报告厅》等数据库和正在试用的其他电子资源。

（三）实验实训条件

1. 校内实训条件

根据市政工程技术专业人才培养目标和教学要求，在校内由专任教师与企业行业兼职教师共同设计和建设具备理实一体化教学和生产性实训功能的校内实训基地。加强教学功能设计，突出企业氛围，使学生在实训期间能够学习到专业知识，感受企业文化氛围，接受企业操作规范。在建设过程中由学校和企业共同提供实训项目、管理规范、设备、场地、人员和"校中厂"，保障生产性实训教学的有效实施，为校内实训和顶岗实习提供保障。在校企共建过程中保障技术及设备的更新，紧跟技术的发展步伐。

根据市政工程技术专业人才培养的需要，校内实训条件建议如表7-8所示。

市政工程技术专业校内实验实训条件配置建议表 表7-8

序号	名 称	主要设备	主要功能	对应课程	容纳人数
1	桥梁检测实训室	桥梁动载测试分析系统、桥梁静态采集系统、测斜仪、锚杆拉拔计、非金属超声波检测仪、锚杆锚固质量检测仪、激光隧道断面检测仪、磁粉探伤仪、超声测力计等	主要承担基桩完整性、结构混凝土测强、桥梁荷载试验等实训；开展试验检测员技能培训	桥梁现场检测	60人
2	道路检测实训室	摆式摩擦系数测定仪、拉拔试验仪、车拖式汽油驱动路面取芯机、无核法密度湿度计、无核法沥青路面密度测试计、公路连续式平整度仪、新拌混凝土快速测试仪、手持式落锤弯沉仪等	主要承担灌砂法测压实度、路面厚度测试、路面弯沉试验、路面平整度试验、摩擦系数试验等实训；开展试验检测员技能培训	道路工程检测	60人
3	工程测量实训室	自动安平水准仪、电子水准仪、5"全站仪、动态GPS等	主要承担高程测量、施工放样等实训；开展测量工技能鉴定	工程测量	60人
4	道路材料实训室	洛杉矶磨耗机、勃氏透气仪、岩石分类回弹仪、落锤冲击试验机、冻融试验机、混凝土磨耗试验机、沥青混合料搅拌机、马歇尔自动击实仪、马歇尔试验仪、全自动沥青抽提仪、薄膜烘箱、沥青混合料材料性能试验系统等	主要承担水泥性能试验、集料性能试验、水泥混凝土性能试验、沥青三大指标试验、沥青混合料取样试验、沥青混合料性能等实训；开展试验工技能鉴定	道路建筑材料试验	60人
5	土工实训室	CBR值测定仪、平板载荷测试仪、电动直剪仪、便携式可变能量动力触探仪、土工合成材料蠕变试验仪、土工静三轴试验仪、数显液塑限联合测定仪等	主要承担CBR值测试、界限含水率试验、直接剪切试验、地基承载力测试、三轴试验、土工合成材料性能测试等实训	工程岩土	60人

续上表

序号	名　称	主要设备	主要功能	对应课程	容纳人数
6	江西省交通规划勘察设计院	电脑、专业软件等	开展勘察设计综合实训、师资培养、社会培训等	道路勘测设计	20人
7	江西省交苑公路工程试验检测中心	电脑、试验数据处理软件等	开展试验检测综合实训、师资培养及社会培训等	工程检测实训等	20人
8	路桥园综合实训基地	典型道路工程构造物等	试验检测人员考核、桥梁结构检测、结构混凝土检测、基桩检测、隧道工程检测、结构展示等	工程检测实训等	180人

2. 校外实训条件

在校外实训基地的建设中，依托学院合作发展理事会，积极寻求与国内外、区域内大型知名企业开展深层次、紧密型合作，建立与自己的规模相适应的、稳定的校外实训基地，建立健全规章制度及基于职业标准的日常行为规范，充分满足本专业所有学生综合实践能力及半年以上顶岗实习的需要，发挥企业在人才培养中的作用，由企业提供场地、办公设备、项目和技术指导人员，企业技术人员与教师共同组织和带领学生完成真实项目设计与施工等，使学生真正进入企业项目实践。

校外实训基地的基本要求是：

(1)固定校外实训基地应选择资质高、管理规范，在行业内具有一定影响力的大、中型施工企业和交通建设行业职能机构。

(2)动态校外实训基地应选择具有代表性和典型意义的重点工程建设项目，具备学生实训实习期间的安全和劳动保护等措施。

(3)具备相应的教学场地，有水平较高、实践经验丰富的科研、管理和生产人员担任实习实训指导教师实习实训项目、内容与学生所学专业相符，能满足实训环节各项教学任务要求。

(4)每年接受实习实训学生能达到一定规模。

二、专业人才培养实施规范

(一)课程教学标准

1. 公共基础课程教学标准

本部分内容请参阅本书的附录部分。

2. 专业基础学习领域教学标准(表 7-9)

专业基础学习领域教学标准　　表 7-9

学习领域 1	工程制图		
学期	第 1、2 学期	参考学时	80 学时
职业能力要求	1. 具有制图资料的收集、分析能力; 2. 具有一定的制图方案识读和绘制能力; 3. 具有一定的空间想象能力和空间分析能力; 4. 能熟练地运用计算机和手绘表现道路工程图; 5. 能够准确识读和绘制道路工程图		
学习目标	1. 熟悉绘制和识读工程图样的相关理论知识和技能; 2. 掌握绘制和识读简单工程图样的技能; 3. 掌握计算机绘图的方法与技巧,应用 CAD 软件绘制简单的工程图样		
学习内容	学习情境 1:制图入门 学习情境 2:基本体投影 学习情境 3:组合体投影 学习情境 4:道路路线工程图识读 学习情境 5:桥涵工程图识读 学习情境 6:计算机绘图		
学习领域 2	工程测量		
学期	第 2 学期	参考学时	64 学时
职业能力要求	1. 能熟练进行高程测量的路线布设及外业测量和内业计算; 2. 能熟练进行平面测量的路线布设及外业测量和内业计算; 3. 能熟练进行大比例尺地形图测绘的数据采集和绘制成图; 4. 能熟练进行道路工程测量的外业测量和内业计算		
学习目标	1. 能正确使用测绘仪器进行"角度、距离、坐标、放样"的基本测量操作; 2. 能对常规仪器进行检验、校正; 3. 能掌握道路工程测量等的原理及施测方法; 4. 能正确对道路工程测量等的数据进行分析和平差计算		
学习内容	学习情境 1:认识测量学 学习情境 2:高程测量 学习情境 3:平面测量 学习情境 4:大比例尺地形图测绘 学习情境 5:道路工程测量		
学习领域 3	工程力学		
学期	第 2 学期	参考学时	64 学时
职业能力要求	1. 会对结构的计算简图进行受力分析; 2. 会对轴向拉压构件进行强度、刚度分析; 3. 会对剪切构件进行强度、刚度分析; 4. 会对扭转构件进行强度、刚度分析; 5. 会对弯曲构件进行强度、刚度分析; 6. 会对组合构件进行强度和稳定性分析		

续上表

<table>
<tr><td>学习领域3</td><td colspan="3">工程力学</td></tr>
<tr><td>学期</td><td>第2学期</td><td>参考学时</td><td>64学时</td></tr>
<tr><td>学习目标</td><td colspan="3">1. 掌握工程力学基本理论基础;
2. 掌握拉压构件力学分析;
3. 掌握剪切构件力学分析;
4. 掌握扭转构件力学分析;
5. 掌握弯曲构件力学分析;
6. 掌握组合构件力学分析</td></tr>
<tr><td>学习内容</td><td colspan="3">学习情境1:工程力学入门
学习情境2:静力学
学习情境3:平面力系的合成与平衡
学习情境4:轴向拉伸与压缩
学习情境5:梁的内力、应力计算</td></tr>
<tr><td>学习领域4</td><td colspan="3">结构力学</td></tr>
<tr><td>学期</td><td>第3学期</td><td>参考学时</td><td>72学时</td></tr>
<tr><td>职业能力要求</td><td colspan="3">1. 熟悉工程结构中常见约束及其简化表达方法;掌握简单结构的计算简图的画法;了解平面杆系结构的分类;
2. 熟练掌握杆系结构的几何组成规律,快速判别平面杆系的几何性质,了解静定结构与超静定结构的构造差别与求解差别;
3. 熟练掌握各种静定结构的内力计算特点与方法。熟练绘制梁与刚架的内力图;
4. 熟悉位移计算的一般公式。熟练掌握用图乘法求解梁和刚架在荷载作用下的位移;
5. 熟练掌握用力法求解各种超静定结构。会利用结构的对称性对结构进行简化计算;
6. 了解位移法的解题思路。掌握力矩分配法计算连续梁的方法;
7. 了解影响线及其应用。了解梁的内力包络图的概念</td></tr>
<tr><td>学习目标</td><td colspan="3">本学习领域的目标是掌握结构的几何组成规律,分段叠加法作弯矩图;学习静定多跨梁与静定刚架的内力图;掌握计算桁架内力的结点法及截面法;了解结构位移计算的一般公式,掌握荷载作用下的位移计算及举例,图乘法;超静定结构的组成及超静定次数。力法的基本概念;学习位移法的基本概念;了解用力矩分配法计算连续梁和无结点线位移的刚架和移动荷载和影响线的概念</td></tr>
<tr><td>学习内容</td><td colspan="3">学习情境1:三铰拱的反力与内力,合理拱轴曲线
学习情境2:结构位移计算的一般公式,互等定理
学习情境3:称结构的简化计算
学习情境4:位移法的基本未知量数目
学习情境5:连续梁的内力包络图</td></tr>
<tr><td>学习领域5</td><td colspan="3">土力学与地基基础</td></tr>
<tr><td>学期</td><td>第3学期</td><td>参考学时</td><td>72学时</td></tr>
<tr><td>职业能力要求</td><td colspan="3">1. 能说明土中应力的种类及其分布规律,进行计算土中应力;
2. 能说明地基沉降量计算原理,应用分层总和法计算基础总沉降量,描述沉降与时间关系;
3. 学会一定埋置深度的基础下的地基应力计算及桥台后填土引起的基底附加应力计算</td></tr>
</table>

续上表

<table>
<tr><td>学习领域 5</td><td colspan="3">土力学与地基基础</td></tr>
<tr><td>学期</td><td>第 3 学期</td><td>参考学时</td><td>72 学时</td></tr>
<tr><td>职业能力要求</td><td colspan="3">4. 会操作土的固结试验和直接剪切试验、地基承载力检测等仪器设备，并能整理试验结果和编写试验报告；
5. 能说明地基承载力确定方法及其适用条件；
6. 能进行受力分析和计算作用于挡土墙上的土压力；
7. 描述软弱地基的特点、地基加固方法的分类，说明公路桥涵及人工构造物基础工程较为常用的地基加固方法；
8. 能初步根据技术规范和设计要求对挡土墙和桥涵地基设计方案进行技术和经济性评价；
9. 能说明常用基础的一般特点、主要类型和适用情况；
10. 能说明常用基础的构造；
11. 会操作基础技术性质检验的仪器；
12. 能进行基础的设计与计算；
13. 能说明基础的施工程序和要点；
14. 能根据施工技术规范对常用基础的质量进行检查和控制</td></tr>
<tr><td>学习目标</td><td colspan="3">本学习领域是让使学生具备基础工程的试验与检测、基础的施工方法、施工工艺和施工技术等工作任务的技能和相关理论知识</td></tr>
<tr><td>学习内容</td><td colspan="3">学习情境 1：认知自然界的土、石，地基与基础
学习情境 2：土的物理性质及工程分类
学习情境 3：土中应力
学习情境 4：土体强度及地基承载力
学习情境 5：土压力与土坡稳定
学习情境 6：人工地基
学习情境 7：基础计算
学习情境 8：基础施工</td></tr>
<tr><td>学习领域 6</td><td colspan="3">结构设计原理</td></tr>
<tr><td>学期</td><td>第 3 学期</td><td>参考学时</td><td>72 学时</td></tr>
<tr><td>职业能力要求</td><td colspan="3">1. 能够具备结构配筋计算的能力；
2. 能够正确认识钢筋混凝土材料及其性质；
3. 能够正确掌握结构、结构构件受力特点及配筋方式；
4. 能够根据钢筋混凝土结构的设计原理解决施工中遇到的问题；
5. 能够运用所学内容进行钢筋混凝土结构的设计、计算；
6. 能够具备综合运用所学知识分析和解决钢筋混凝土基本构件有关问题；
7. 能够独立完成钢筋的力学检查；
8. 能够独立完成混凝土的原材料检查及测定混凝土的强度；
9. 能够进行简单的轴心受压计算</td></tr>
<tr><td>学习目标</td><td colspan="3">通过本学习领域的学习，使学生掌握一般钢筋混凝土结构、结构构件的设计原理、过程和方法。教学过程中突出实践操作能力培养和职业能力培养，将职业素质养成教学融入日常教学之中，使学生具有较强的信息获取、整理、分析和共享能力，能运用所学到的专业知识解决生产实际中遇到的问题，并具有较好的职业素质和社会能力</td></tr>
</table>

续上表

学习领域6	结构设计原理		
学期	第3学期	参考学时	72学时
学习内容	学习情境1:钢筋混凝土的力学性能 学习情境2:设计原则 学习情境3:受弯承载力计算 学习情境4:受压承载力计算 学习情境5:预应力混凝土结构		
学习领域7	道路建筑材料		
学期	第3学期	参考学时	72学时
职业能力要求	1. 能正确描述常用道路桥梁工程材料的技术性能与技术要求; 2. 会进行路桥梁工程常用材料的试验操作; 3. 会进行普通水泥混凝土的配合比设计; 4. 会进行无机结合料稳定土的组成设计; 5. 会进行沥青混合料的配合比设计; 6. 能够依照现行规范、标准及规程完成试验报告		
学习目标	通过本课程的学习,使学生基本掌握常用建筑材料的技术性质、工程应用及相关的检验检测技能,以便在工程实践中有正确合理地选用建筑材料。学生学习本课程后,通过职业技能考试,能获取材料员职业资格证书		
学习内容	学习情境1:钢筋混凝土材料 学习情境2:砌体工程材料 学习情境3:路基填筑材料 学习情境4:路面基层材料 学习情境5:路面面层材料		

3. 专业核心学习领域教学标准(表7-10)

专业核心学习领域教学标准　　表7-10

学习领域1	城市道路		
学期	第3学期	学时	72学时
职业能力要求	1. 能运用测量学的原理,采集道路初测、定测和一次定测中的角度、中桩、水准、横断、地形等资料; 2. 能收集地质、土质、筑路材料、用地、工程概预算等调查资料,能收集小桥涵设计资料; 3. 能进行道路平面交叉口设计,能绘制平面交叉口立面设计图		
学习目标	1. 熟悉道路工程、道路勘测专业术语; 2. 熟悉道路分级、道路设计原则和依据; 3. 熟悉不同设计阶段的工作内容及道路设计文件的组成与内容; 4. 掌握道路设计图纸绘制及平、纵、横的相关计算; 5. 掌握路基土石方工程数量计算与调配		
学习内容	学习情境1:城市道路勘测综合调查; 学习情境2:城市道路选线及定线; 学习情境3:城市道路平面勘测设计; 学习情境4:城市道路纵断面勘测设计; 学习情境5:城市道路横断面勘测设计		

续上表

学习领域 2	城市管道工程		
学期	第 5 学期	参考学时	52 学时
职业能力要求	1. 熟悉管道施工、开槽施工、非开槽施工、盾构施工、渠道施工、、附属构筑物施工及管道维护管理施工的技术准备劳动组织技术要点； 2. 能进行管道施工、开槽施工、非开槽施工、盾构施工、渠道施工、附属构筑物施工及管道维护管理施工的物资机械设备准备、施工现场准备主要内容； 3. 掌握市政管道工程施工组织设计的方法； 4. 了解市政管道工程施工管理的一般知识； 5. 能参考施工前的图表表格案例，准备施工前的图表和表格； 6. 培养学生自主学习，团队合作，解决实际问题的能力		
学习目标	通过本课程的学习，让学生充分掌握城市管道工程的理论基础和基本技能，在后续的工作中，能灵活运用各项技术，胜任工程工作		
学习内容	学习情境 1：城市管道； 学习情境 2：市政管道开槽施工； 学习情境 3：市政管道不开槽施工； 学习情境 4：盾构施工； 学习情境 5：附属构筑物施工及管道维护管理		
学习领域 3	道路工程施工技术		
学期	第 4 学期	参考学时	72 学时
职业能力要求	1. 能运用道路施工的基本认识分析施工现场照片； 2. 能运用并分析各项施工技术，并根据不同的施工环境确定最佳的施工方法； 3. 能正确判断各类机械的性能，并能合理配置机械； 4. 能将各项施工技术灵活运用到路基路面工程的各分项工程中； 5. 能够运用道路施工的基本知识，解决工程中相关的技术问题		
学习目标	1. 熟悉路基施工中各个阶段的主要施工工艺流程； 2. 掌握常用的路基工程施工计算； 3. 熟悉路基工程的整修与交工验收； 4. 熟悉公路沥青路面、水泥混凝土路面结构； 5. 熟悉路面工程施工中各个阶段的主要施工工艺流程； 6. 掌握各种施工方法的主要特点； 7. 掌握常用的施工计算，确定施工过程中需要的各种数据； 8. 掌握各个施工过程中的要点并进行质量控制		
学习内容	学习情境 1：一般路基施工 学习情境 2：特殊路基施工 学习情境 3：路基排水工程施工 学习情境 4：路基防护工程施工 学习情境 5：路面设计与识图 学习情境 6：路面施工准备 学习情境 7：基层和垫层施工 学习情境 8：沥青路面施工 学习情境 9：水泥混凝土路面施工		

续上表

学习领域 4	桥涵施工技术		
学期	第 4 学期	参考学时	72 学时
职业能力要求	1. 能根据施工设计图进行图纸复核和工程量核算； 2. 能根据施工设计图进行材料的准备与检验； 3. 能进行施工前的准备和施工方案的拟定； 4. 能进行施工前的桥位控制测量； 5. 能有组织地完成桥梁的施工和管理； 6. 能处理桥梁施工中的关键技术，能对施工事故提出处理方案； 7. 能填写施工中的相关资料		
学习目标	1. 熟悉桥涵工程施工现场准备内容，掌握其施工测量放样； 2. 识读桥梁及涵洞的施工图，会对混凝土、钢筋、模板、支架、拱架进行合理选用和装卸； 3. 识读桥涵基础及涵洞的施工图，会进行桥梁基础的施工； 4. 识读桥梁墩台的施工图，会进行桥梁墩台的施工； 5. 识读涵洞施工图，会进行涵洞施工； 6. 识读梁桥的构造和施工图，会进行梁桥和刚架桥的施工； 7. 识读钢筋混凝土拱桥的构造和施工设计图，会进行钢筋混凝土拱桥的施工； 8. 识读桥面系及附属工程的构造和施工设计图，会进行桥面系及附属工程的施工		
学习内容	学习情境 1：桥涵施工准备； 学习情境 2：桥涵基础施工； 学习情境 3：桥涵墩台施工； 学习情境 4：涵洞施工； 学习情境 5：梁桥施工； 学习情境 6：拱桥施工 学习情境 7：桥面系及附属工程施工 学习情境 8：其他体系桥梁施工		
学习领域 5	市政施工组织与概预算		
学期	第 4 学期	参考学时	72 学时
职业能力要求	1. 能根据法律、法规等的要求编制相关文书； 2. 能根据法律、法规等的要求组织投标预备会、开标会议、评标会议； 3. 能根据法律、法规等的要求处理招投标活动中的程序性事物		
学习目标	1. 熟悉市政工程招投标程序及相关文书； 2. 熟悉市政工程设计概算文件的编制； 3. 掌握市政工程投标报价及投标文件编制； 4. 掌握工程费用结算，熟悉竣工决算报告编制； 5. 掌握市政工程造价软件，并编制各类市政工程造价文件		
学习内容	学习情境 1：市政工程施工招标与投标 学习情境 2：市政工程投资估算 学习情境 3：市政工程造价编制 学习情境 4：市政工程费用结算与竣工决算		

4. 专业拓展学习领域教学标准(表 7-11)

专业拓展学习领域教学标准　　表 7-11

<table>
<tr><td>学习领域 1</td><td colspan="3">房屋建筑学</td></tr>
<tr><td>学期</td><td>第 3 学期</td><td>学时</td><td>36 学时</td></tr>
<tr><td>职业能力要求</td><td colspan="3">1. 掌握民用建筑的构造组成及各自的作用;
2. 掌握建筑模数协调标准的意义及划分原则;
3. 掌握定位轴线的划分方式,了解定位轴线编号的原则和意义;
4. 了解民用建筑的构造组成;
5. 掌握地基、基础、基础埋置深度的基本概念;
6. 掌握常见基础的分类,了解基础的一般构造;
7. 掌握墙的作用、分类、构造要求和承重方案;
8. 了解常见细部构造,实际工程中的应用;
9. 了解墙面装修的种类、作用、常见的墙面装修构造;
10. 掌握地下室的一般知识及防潮层、防水层的常见构造</td></tr>
<tr><td>学习目标</td><td colspan="3">通过本课程的学习,使学生系统地掌握建筑的构造组成及各构造组成部分之间的空间准确定位;掌握建筑构造的方法及其原理;学会应用国家建筑设计有关规范,具有按照国家制图标准进行正确表达设计意图的能力</td></tr>
<tr><td>学习内容</td><td colspan="3">学习情境 1:民用建筑设计;
学习情境 2:民用建筑构造;
学习情境 3:民用建筑工业化体系;
学习情境 4:工业建筑构造</td></tr>
<tr><td>学习领域 2</td><td colspan="3">土木工程概论</td></tr>
<tr><td>学期</td><td>第 4 学期</td><td>学时</td><td>54 学时</td></tr>
<tr><td>职业能力要求</td><td colspan="3">1. 能够根据作业类型选择适用的施工作业方法;
2. 能进行施工机械的合理选用和配备;
3. 能够根据作业进行机械化施工前的准备工作,机械化施工的计划与组织</td></tr>
<tr><td>学习目标</td><td colspan="3">1. 能区分土木工程所涉及的工程范围;
2. 能分析土木工程的基本结构形式和工程结构特点,能对各种工程结构形式进行分类;
3. 学会房屋建筑、公路、铁路、桥梁、隧道等工程类型的构造要求及构造做法;
4. 学会各类工程的施工工艺;
5. 能识读各类工程结构施工图和构造图;
6. 基本能绘制各类工程结构构造图</td></tr>
<tr><td>学习内容</td><td colspan="3">学习情境 1:土木工程与建筑工程基本概念
学习情境 2:高层建筑和大跨度建筑构造
学习情境 3:道路工程概况
学习情境 4:桥隧工程概况
学习情境 5:市政管道工程概况</td></tr>
<tr><td>学习领域 3</td><td colspan="3">工程经济</td></tr>
<tr><td>学期</td><td>第 4 学期</td><td>学时</td><td>54 学时</td></tr>
<tr><td>职业能力要求</td><td colspan="3">1. 能运用资金时间价值进行方案动态评价分析;
2. 能在不同条件下,根据方案间的不同关系进行方案的比选;
3. 能根据设备不同的磨损形式采取不同的补偿方式进行补偿;</td></tr>
</table>

续上表

学习领域 3	工程经济		
学期	第 4 学期	学时	54 学时
职业能力要求	4. 在确定性评价的基础上，对项目能进行不确定性分析； 5. 结合建设项目经济评价方法，能进行项目的财务评价； 6. 利用价值工程知识，能结合实际案例进行分析和应用； 7. 能够编写项目初步可行性研究报告		
学习目标	培养学生掌握资金时间价值的等值计算和单方案评价指标；熟悉方案选择的目的、条件；掌握方案类型、独立方案和互斥方案的选择；掌握设备的有形、无形磨损概念；设备的经济寿命概念及经济寿命的计算；熟悉更新方案的评价与选择；掌握不确定性分析的含义及相关方法；掌握费用效益的识别与估算；掌握价值工程的概念、原理和基本方法		
学习内容	学习情境 1：资金时间价值； 学习情境 2：工程经济分析的基本要素； 学习情境 3：工程经济评价方法； 学习情境 4：工程项目财务评价		
学习领域 4	建筑 CAD		
学期	第 4 学期	学时	72 学时
职业能力要求	1. 熟悉道路工程制图国家标准； 2. 能运用绘图和读图的基本理论和方法，解决空间度量问题和定位问题，并根据需要画出相应图样，具备空间想象与空间思维能力； 3. 能绘制与识读简单的工程图样； 4. 能应用 CAD 软件绘制简单的工程图样		
学习目标	本学习领域的目标是要求学生掌握计算机绘图的基本概念和基本知识，学习 Auto CAD 软件的基本操作和绘图技能。提高计算机绘图的技能。通过实训，掌握工程类施工图的计算机绘制方法和图纸要求，提高工程类施工图的计算机绘图能力。达到中等设计院的计算机绘图水平。掌握计算机绘图的基本概念和基本知识，掌握 Auto CAD 软件的各种绘图命令知识和操作命令知识。掌握计算机绘图的基本技能和综合技能，通过课内实训和集中实训，掌握工程类施工图的绘制技能，达到设计院工程类施工图的绘图职业能力		
学习内容	学习情境 1：工程施工图的组成 学习情境 2：工程图案的绘制 学习情境 3：工程配景的绘制 学习情境 4：工程平面施工图的绘制 学习情境 5：工程立面施工图的绘制 学习情境 6：工程剖面施工图的绘制		
学习领域 5	建设监理		
学期	第 5 学期	学时	39 学时
职业能力要求	1. 能编制道路工程监理规划； 2. 能进行投资控制、进度控制、质量控制； 3. 会进行各种合同管理； 4. 能进行道路建设项目施工安全监理		

续上表

学习领域5	建设监理		
学期	第5学期	学时	39学时
学习目标	1. 掌握建设项目监理规划编制方法； 2. 掌握建设项目投资控制方法； 3. 掌握建设项目进度控制方法； 4. 掌握建设项目质量控制方法； 5. 掌握建设项目合同管理方法； 6. 掌握建设项目施工安全监理方法		
学习内容	学习情境1:建设工程监理入门 学习情境2:建设工程建设监理 学习情境3:建设工程安全施工监理 学习情境4:建设工程施工合同管理 学习情境5:建设工程信息管理		
学习领域6	桥梁工程检测技术		
学期	第5学期	学时	52学时
职业能力要求	1. 能熟悉现场检测桥梁工程质量的检测原理及检测方法； 2. 能正确使用检测仪器设备对桥梁工程进行现场质量检测； 3. 能根据检测数据正确评定桥梁工程质量、出具检测报告		
学习目标	1. 掌握动力触探法确定地基承载力； 2. 掌握标准贯入试验确定地基承载力； 3. 熟悉承载板试验确定地基承载力； 4. 熟悉反射波法检测预制桩的完整性； 5. 掌握声波透射法检测灌注桩的完整性； 6. 熟悉堆载法测试基桩的竖向抗压承载力； 7. 掌握回弹仪的现场测试技术； 8. 掌握超声仪检测混凝土各种缺陷的方法； 9. 熟悉应变测点、挠度测点、支座沉陷测点布置，会贴应变片； 10. 熟悉梁板试验的各种加载实施方案； 11. 熟悉动静态应变测试分析系统的技术状况及性能		
学习内容	学习情境1.地基检测 学习情境2:基桩检测 学习情境3:墩柱检测 学习情境4:梁板检测 学习情境5:全桥检测		
学习领域7	道路工程检测技术		
学期	第5学期	学时	52学时
职业能力要求	1. 能正确使用试验检测仪器和设备，规范地对路基工程、路面工程进行试验与检测； 2. 能对照《道路工程质量检验评定标准》，对所检测道路工程项目做出正确的结论； 3. 能合理选择仪器，正确使用路基工程、路面工程检测中所需的各类设备； 4. 能对试验检测仪器进行日常养护，对一般的仪器进行检验和校正		

续上表

学习领域 7	道路工程检测技术		
学期	第 5 学期	学时	52 学时
学习目标	1. 熟悉计量法常识及国际单位制的基本内容; 2. 熟练使用常用检测仪器,采集各种试验检测数据; 3. 熟悉道路工程质量评定方法,对道路工程质量进行评价; 4. 根据分析道路工程质量缺陷产生的原因、提出改善措施; 5. 了解道路工程质量检测的发展方向,及时跟踪新材料、新工艺、新技术		
学习内容	学习情境 1:路基土石方工程质量检测与评定 学习情境 2:排水工程质量检测与评定 学习情境 3:砌筑防护工程质量检测与评定 学习情境 4:路面基层和底基层质量检测与评定 学习情境 5:水泥混凝土面层质量检测与评定 学习情境 6:沥青混凝土面层质量检测与评定 学习情境 7:新建道路工程质量评定与验收 学习情境 8:在用道路技术状况检测与评定		
学习领域 8	公路养护与管理		
学期	第 5 学期	学时	39 学时
职业能力要求	1. 能进行道路与桥梁现状调查与评价; 2. 能制定道路养护计划; 3. 能制定交通管制方案; 4. 能进行施工、养护资料的管理; 5. 能使用道路养护管理系统软件		
学习目标	1. 掌握路基、路面、桥梁、涵洞和隧道的养护; 2. 熟悉道路防洪、防冰、防雪和防砂; 3. 熟悉道路沿线设施的养护; 4. 掌握各等级道路养护流程及技术管理		
学习内容	学习情境 1:路基养护 学习情境 2:路面养护 学习情境 3:桥梁涵洞养护 学习情境 4:道路隧道养护 学习情境 5:道路防洪、防冰、防雪和防沙 学习情境 6:交通工程及沿线设施养护 学习情境 7:道路养护管理		

5. 实践学习领域教学标准(表 7-12)

实践学习领域教学标准 表 7-12

环节	毕业顶岗实习		
学期	第 6 学期	学时	690 学时
职业能力要求	通过毕业顶岗实习使学生加深对专业理论知识的理解,培养和提高学生实际操作和分析问题、解决问题的能力,使学生综合运用所学理论知识与道路工程施工管理实践紧密结合,为毕业后从事施工技术管理等工作打下良好的基础		

续上表

环节	毕业顶岗实习		
学期	第6学期	学时	690学时
学习目标	1. 在实习过程中认知设计或施工等企业的工作流程和各岗位的职责任务，提高岗位的适应能力，学会以各种方式学习，综合素质要有明显进步； 2. 将施工等专业知识和相关政策法规结合，运用到相应的实践岗位，提高观察问题、发现问题、分析问题、解决问题的能力，提高专业水平； 3. 在规范有序的实际工作中养成努力钻研、吃苦耐劳的精神		
学习内容	1. 掌握各种道路工程构造物的种类、功能、构造及组成等，能进行现场读图和勘误； 2. 掌握各种道路工程构造物的施工方法、施工测量、施工组织、场地布置、安全生产、施工设备、材料实验及施工管理，并能编制相关方案或作业指导书等文件； 3. 熟悉新技术、新工艺、新方法，特别是技术管理、技术员的工作职责、技术文件的分类及整理等		

（二）教学组织

贯彻“合作办学、合作育人、合作发展”的理念，按照“依托行业、对接产业、定位职业、服务社会”的专业建设思路，以行动导向实施课程教学，形成以教师为主导、学生为主体、学做合一、理实一体、工学结合的教学模式。始终要重视学生在校学习与实际工作的一致性，采取工学交替、任务驱动、项目导向的一体化教学模式，运用任务驱动法、项目导向法、情境教学法、案例分析法、现场教学法、课堂讨论法等教学方法进行教学，立足于加强学生实际操作能力的培养。

核心课程建议采用“任务驱动、项目导向”教学法，通过典型的工作任务或项目，由教师提出要求或示范，组织学生进行活动，注重“教”与“学”的互动，让学生在活动中增强爱岗敬业、团结协作的意识，实现技能与素质的同步提高。实施“教、学、做”一体化教学，提高学生的学习兴趣，有效培养学生的职业能力；教师可着重进行引导并实施监督和评价。实践课程要加强引导、示范，创设工作情境，让学生亲自动手，提高学生岗位适应能力和分析处理问题的能力。

在教学过程中，要充分借鉴多媒体、教学资源库、网络资源等教学资源辅助教学，帮助学生理解所学知识，并重视本专业领域新技术、新工艺、新设备的发展趋势，也要充分利用校外实训基地，校企合作，工学结合，积极引导学生提升职业素养、提高职业道德紧密结合职业技能证书的考核、加强取证项目的训练。

（三）考核评价

吸纳用人单位专家参与教学质量评价，建立以能力为核心、以过程为重点的学习绩效考核评价体系。针对不同类型的课程采用不同的考核方法。对公共基础课程，建议采取理论考核的方法；对于专业学习领域，建议采取过程考核与综合考核相结合的方式；对于独立实践环节，尽量采用实操考核、过程考核的方法。具体原则如下：

1. 公共基础课程

总评成绩 = 平时成绩（考勤、提问、作业等）×40% + 期终考核×60%。

2. 专业学习领域

采取过程考核与综合考核相结合的评价方式，同时根据学生取得相应工种的职业资格证书的情况，综合评价学生成绩。

其中，过程考核包括学习态度、课程作业等，占课程总成绩的40%；综合考核包括期末考试、实践考核等，占课程总成绩的60%。

如学生取得相应工种的职业资格证书，则该门课程考核合格。

3. 独立实践环节

以工作态度、实际操作和实习报告等情况综合评定学生成绩，其中工作态度、实际操作等占80%（在企业完成的项目由企业指导教师评定），实习报告占20%。

（执笔人：梁安宁）

Ⅷ：建筑工程技术专业人才培养方案

第一部分　主体部分

一、专业名称(专业代码)

建筑工程技术专业(560301)

二、招生对象

普通高中毕业生或具有同等学力者

三、学制

全日制三年

四、培养目标

本专业培养拥护党的基本路线,具有建筑工程行业相应岗位必备的基本理论和专业知识,具有较强的专业实践技能,具有良好的职业道德、创业精神和健全的体魄,能从事建筑工程施工、管理等工作,能适应生产、建设、服务和管理第一线需要的高素质技能型专门人才。

五、就业面向

就业职业领域:建筑施工企业、建筑工程监理企业、建筑行业咨询及其他相关的企事业单位。

典型岗位(群):施工员、质量员、安全员、资料员。

拓展岗位(群):造价员、测量员、材料员、监理员。

发展岗位群:建筑施工及管理工程师、注册建造师、监理工程师及相关技术管理岗位。

毕业后3年可获取助理工程师技术职务,7年可获取工程师技术职务。毕业后3年内可考取二级注册建造师,7年内可考取一级注册建造师。

六、培养规格

(一)素质目标

(1)具有强烈的责任意识、质量意识、安全意识及环保意识。

(2)具有良好的文化、身体和心理素质。

(3)爱岗敬业,团结协作,遵纪守法,热爱劳动。

(二)知识目标

(1)具有本专业所必需的数学计算、英语交流、计算机应用等科学文化基础知识。

(2)具备建筑工程各阶段观测、记录计算、绘制图形、标定各种测量标志以配合各阶段施工的基本能力。

(3)掌握一般建筑施工安装顺序和所需的设施和设备。

(4)掌握各分部分项工程的常规施工方法和冬雨季施工方法及其包含的原理。

(5)熟悉各分部分项工程施工中容易出现的质量、安全问题及保证质量、安全的技术组织措施和验收规范。

(6)能进行施工当中遇到的一些必要计算。

(三)能力目标

(1)熟练掌握各工种的施工工艺流程及原理,能制定施工现场布置及施工方案;参与图纸会审及技术交底;参与编制施工安全技术措施;质量控制、安全管理等能力。

(2)熟练掌握施工技术、测量、试验等专业知识,有严格的人文素质修养,处事客观公正。

(3)熟练掌握土建工程量的计算的方法,能熟练运用有关计量计价文件,能编制土建工程预、结算文件,能进行土建工程的工料分析,能编制竣工决算,能参与工程投标的技术工作及编制投标文件。

(4)具备进行施工定位及抄平放线、施工垂直度控制、建筑变形观测等能力。

七、教学环节进程安排表

(一)培养时间分配表

在人才培养的实施过程中,教学环节周数分配如表 8-1 所示。

建筑工程技术专业培养时间分配表 表 8-1

学年		一		二		三		合计
学期		一	二	三	四	五	六	
1	入学教育	1 周						1 周
2	国防教育	2 周						2 周
3	课内教学	16 周	18 周	15 周	17 周	15 周		76 周
4	实践教学		1 周	4 周	2 周			12 周
5	生产实习					4 周	19 周	23 周
累计		19 周	19 周	19 周	19 周	19 周	19 周	114 周

注:课内教学指按课程(学习领域)组织的各种教学活动,包括理论课程、理实一体化课程等;实践教学是指计划单列的非生产性实践教学活动,包括专业认识实践、专项单列实训、课程设计、综合设计、社会实践等。

(二)教学进程表

本专业的人才培养进程如表 8-2 所示。

(三)课程设置及学时比例

在人才培养的实施过程中,各教学环节学时比例如表 8-3 所示。

建筑工程技术专业教学进程表　　表8-2

序号	类别	课程名称	教学时数与学分				考核方式		课内教学时数及实践周数					
									第一学年		第二学年		第三学年	
			总学时	学分	理论学时	实践学时	考试学期	考查学期	一	二	三	四	五	六
									16周	18周	15周	17周	15周	0周
1	公共基础课程	“两课”基础	64	3	64			1	4					
2		“两课”概论	72	4	72			2		4				
3		体育	68	4	68			1、2	2	2				
4		计算机基础	64	4	32	32	1		4					
5		大学英语Ⅰ	64	4	64	0	1		4					
6		大学英语Ⅱ	72	5	72	0	2			4				
7		土建数学	136	8	136	0	1	2	4	4				
8		应用文写作	30	2	30	0		5					2	
9		任选课1	30	2	30			3			2			
10		任选课2	34	2	34			4				2		
11		就业指导	15	1	15			5					1	
公共基础课程小计			649	39	617	32	课内占比		47.27%					
1	专业基础学习领域	建筑工程测量	60	4	30	30		3			4			
2		建筑力学	99	6	89	10		3		3	3			
3		房屋建筑学	60	4	48	12	3				4			
4		建筑工程制图与识图	68	4	48	20		1、2	2	2				
5		建筑CAD	54	4	30	24		3		3				
专业基础学习领域小计			341	22	245	96	课内占比		24.84%					
1	专业核心学习领域	建筑施工技术	85	6	50	35	4					5		
2		建筑工程概预算	68	5	40	28	4					4		
3		建筑材料	75	5	42	33	3				5			
4		建筑施工组织	51	4	38	13	4					3		
5		建筑工程项目管理	60	4	44	16	5						4	
专业核心学习领域小计			339	24	214	125	课内占比		24.69%					
1	专业拓展学习领域	工程经济	68	4	68	0		4				4		
2		土木工程概论	32	2	22	10		1	2					
3		建筑工程质量事故分析	30	2	20	10		5					2	
4		建设监理	60	4	40	20	5						4	
5		建筑法规	34	2	34	0		4				2		
6		建筑设备	60	4	40	20		5					4	
7		建筑结构Ⅰ	60	4	50	10		3			4			
8		建筑结构Ⅱ	68	4	58	10		4				4		
9		高层建筑施工	60	4	30	30	5						4	
10		土力学与地基基础	75	5	55	20		4			5			
专业拓展学习领域小计			547	35	417	130	课内占比		39.84%					
课内教学环节合计			1876	120	1493	383	总百分比		65.46%					

续上表

序号	类别	课程名称	教学时数与学分				考核方式		课内教学时数及实践周数					
			总学时	学分	理论学时	实践学时	考试学期	考查学期	第一学年		第二学年		第三学年	
									一	二	三	四	五	六
									16 周	18 周	15 周	17 周	15 周	0 周
1	独立实践环节	入学教育	1 周	1		30		1	1 周					
2		国防教育	2 周	2		60		1	2 周					
3		建筑 CAD 实训	1 周	2		30		2		1 周				
4		房屋建筑学课程设计	1 周	2		30		3			1 周			
5		建筑施工技术实训	1 周	2		30		4				1 周		
6		建筑工程测量实训	3 周	6		90		3			3 周			
7		建筑工程概预算大作业	1 周	2		30		4				1 周		
8		毕业顶岗实习	23 周	10		690	5,6	5,6					4 周	19 周
独立实践环节合计			990	27		990	总百分比		72.10%					
课时(学分)总计			2866	147	1493	1373	周时数		22	22	27	24	21	0
周数总计									19	19	19	19	19	19
理论教学时数			1493				总百分比		52.09%					
实践教学时数			1373				总百分比		47.91%					

地下工程与隧道工程技术专业课程设置及学时比例表 表 8-3

项目	理论教学	实践教学			
		课内实训	专项实训	顶岗实习	合计
学时	1493	383	300	690	1373
所占比例	52.09%	47.91%			

八、毕业标准

(一)基本要求

(1)德、智、体、美良好,学生管理部门考核达标。

(2)按规定修完所有课程,成绩合格。

(3)完成各实践性教学环节(单列科目:如实践课、课程设计、实习、毕业实践、毕业设计等)的学习,成绩合格。

(4)参加一学期的顶岗实习并考核合格。

(二)考证要求

(1)必须获得本专业人才培养方案规定的技能等级证书(具体个数请各专业具体化);

(2)获得至少一个本专业职业资格证书方可毕业。本专业职业资格证书如表 8-4 所示。

建筑工程技术专业岗位与能力要求对应表 表 8-4

序号	考核项目	发证部门	等级要求
1	测量工	人力资源和社会保障部	四级
2	施工员	住房和城乡建设厅	员级
3	安全员	住房和城乡建设厅	员级
4	资料员	住房和城乡建设厅	员级
5	材料员	住房和城乡建设厅	员级
6	质检员	住房和城乡建设厅	员级

第二部分　支撑材料

一、专业人才培养实施条件

（一）专业教学团队

1. 师资数量与结构

（1）教师队伍结构优化，梯队合理，45 岁以下青年教师中研究生学历或硕士以上学位比例达到 30%。

（2）每门课程的专任教师应不少于 2 人，专任教师数量应与学生规模相适应，专任教师中高级职称的比例≥30%，主要专业技能课至少配备相关专业中级技术职称以上的专任教师 2 人。

（3）每门课程的专任教师中具备双师素质教师的比例应达到 50% 以上，由企业工程技术人员担任的兼职教师数占专任教师总数应达到 50% 左右。

（4）专业实验、实习指导教师 80% 以上是大专以上学历或中级以上职称；同时，实习指导教师具有中高级职称比例≥20%。

2. 业务水平

教师应具备良好的职业道德和一定的教学科研能力，达到高等教育教师任职资格的要求且具备高等教育教师任职资格。其中主讲教师应由具备讲师以上职称的专任教师或工程师以上职称的兼任教师担任，参加科学研究或技术服务的专任教师人数不少于专任教师总数的 30%。

3. 教学团队现状

建筑工程技术专业现有专业教师 55 人，其中专任教师 33 人，从施工、造价、监理、测量等相关单位聘请了具有丰富实践经验的兼职教师 22 名。专任教师中省高等学校教学名师 1 人、省高等学校中青年学科带头人 1 人、省高等学校中青年骨干教师 5 人，双师素质教师达 29 人。

（二）专业教学资源

1. 选用优秀的高职高专规划教材

在选择教材时，必须力争选用高水平的教材，杜绝质量低劣的教材进入课堂，不断提高教学质量，满足新形势发展的要求。鼓励优先选用教育部“面向 21 世纪课程教材”、国家级和省部级规划教材、教育主管部门或教学指导委员会推荐的教材；优先选用近三年出版的新教材或修订版教材；优先选用具有鲜明行业特征的高职高专规划教材、特色教材和精品教材。

2. 开发基于工作过程的校本教材

与合作企业共同开发基于工作过程的校本教材，以弥补国家及地方统编教材的不足，体现本校本专业专业特色。在基于工作过程的校本教材开发过程中，校方与企业用人单位进行紧密联系，从实际工作岗位的典型工作任务出发，以完成实际工作任务所需要的知识为学习内容，以培养企业所需的职业能力为目标，以实践过程的学习为主要过程，融入企业标准和行业规范，使之成为理实一体化教学的适用教材。专业核心学习领域教材一般要求为特色鲜明的校本教材，或国家和地区职业教育优质教材。

3. 选用精品资源共享课程

充分利用现有国家和地方的精品资源共享课程开展教学，加强网络学习平台建设，通过慕课、个人空间、网络课程等网络技术构建日常教学课程网站，整合各种优质教学资源进行专业教学。

4. 专业网络教学资源

以优质数字化资源建设为载体，以课程为主要表现形式、以素材资源为补充，利用网络学习平台建设共享性教学资源库，资源库建设内容涵盖学历教育与职业培训。专业教学软件包应包括试题库、课件库、专业教学素材库、教学录像库等。通过专业教学网络登载，为网络学习、终身学习、学生自主学习提供条件，实现校内、外资源共享。

5. 其他

生均纸质图书藏量在30册以上，其中专业图书不少于60%，适用于本专业的相关书籍不少于2000册；与本专业相关的报刊种类不少于20种，其中专业期刊不少于10种；应有电子阅览室、电子图书资源等。

（三）实验实训条件

1. 校内实训条件

根据地下工程与隧道工程技术专业人才培养的需要，依托学院工程检测中心、工程咨询监理所等产教实体，与江西省建工集团、中昌监理公司等合作企业共建校内外实训基地，实现“校中厂”、“厂中校”等形式的实践教学基地。按照专项能力、实务能力及岗位管理能力的培养需求，建设实现不同功能的分部分项工程实习实训室（表8-5）和综合实习实训基地，营造真实或仿真的职业环境，使实习实训过程更注重学生在工程项目实施不同阶段的体验和具体操作。聘用具有丰富实践经验的行业企业一线技术人员和能工巧匠担任实习实训教学指导教师，保证学生职业能力的训练效果。强化技术研发功能，构建区域性公共技术服务平台，积极推进工学结合、校企合作、资源共享的实习实训教学运行机制，创新、提升社会服务功能。

（1）建立并完善校内外实训基地管理制度，实现实训基地建设标准化，管理规范化，运行制度化。

（2）制定并完善实训标准和操作细则，专职教师和企业兼职教师共同编制实验、检测实验手册和任务书，编写实训指导书。将与实训相关的操作规程、图片布置在醒目位置，便于讲解和记忆。

（3）继续完善顶岗实习管理制度，进一步明确校企双方的责任和义务，把顶岗实习落到实处；制订出顶岗实习的实施办法。学院与企业共同实施管理，加强对学生顶岗实习的质量管理和过程监控。施工企业人力资源部和学院实习指导教师共同制定具体的考核方法和标准，提高顶岗实习质量。

建筑工程专业校内实训室表 表 8-5

序号	实训室名称	主要设备名称	数量(台套)	实训内容	实训容量
1	工程测量实训室	全站仪	10	高程测量、角度测量、距离测量等	每 3 ~ 6 名学生一个工位
		GPS	2		
		经纬仪	10		
		水准仪	10		
2	力学实训室	微机控制电液伺服压剪试验机	2	材料的抗压、抗剪试验	每 5 ~ 8 名学生一个工位
		微机控制应力松弛试验机	2	材料的应力、应变试验	每 5 ~ 8 名学生一个工位
		微机控制电液伺服万能试验机等	2	材料的抗拉、抗压、抗剪等试验	每 5 ~ 8 名学生一个工位
3	土工实训室	击实仪	10	击实试验	每 2 ~ 3 名学生一个工位
		液塑限仪	10	界限含水率试验	每 2 ~ 3 名学生一个工位
		固结仪	10	固结试验	每 2 ~ 3 名学生一个工位
		直接剪切仪	10	直接剪切试验	每 2 ~ 3 名学生一个工位
4	建筑材料实训室	水泥负压筛析仪、水泥净浆搅拌机、水泥电动抗折机等	10	水泥安定性、稠度、抗折、抗压等试验	每 3 ~ 6 名学生一个工位
		振筛机、筛析仪	10	集料性质试验	每 3 ~ 6 名学生一个工位
		混凝土试验用搅拌机、混凝土试验用振动台、坍落度筒、200T 微机控制全自动压力试验机	10	水泥混凝土坍落度、抗压强度等试验	每 3 ~ 6 名学生一个工位
5	建筑施工实训室	脚手架、混凝土泵、钢筋加工仪器等	2	砌筑施工实训、钢筋加工实训、混凝土施工实训、模板加工实训等	每 5 ~ 8 名学生一个工位

2. 校外实训条件

以现有校外实训基地为基础，充分利用企业先进设备、技术骨干和企业文化等资源，真正实现校企合作的深度融合，建立能保证学生顶岗实习需要的工学结合的平台。在深化与江西建工集团等原有校外实训基地合作的同时，新增稳定的校外实训基地 5 家。两年内，校外实习基地达到 9 个，确保本专业学生半年以上顶岗实习达到 100%。其中，江西建工集团等 2 个校外实习基地达到“厂中校”标准，能满足在生产现场进行主要专业课教学和生产实训教学。

二、专业人才培养实施规范

(一)课程教学标准

1. 公共基础课程教学标准

本部分内容请参阅本书的附录部分。

2. 专业基础学习领域教学标准(表8-6)

专业基础学习领域教学标准　　表8-6

<table>
<tr><td>学习领域1</td><td colspan="3">建筑工程测量</td></tr>
<tr><td>学期</td><td>第3学期</td><td>参考学时</td><td>60学时</td></tr>
<tr><td>职业能力要求</td><td colspan="3">1. 能够正确规范地使用和操作不同精度测量仪器;
2. 能够准确地使用水准仪进行不同水准路线的高程测量;
3. 能够准确地使用全站仪、测距仪和丈量工具进行距离测量;
4. 能够准确地进行直线方向的定向;
5. 能够进行局部地形图的控制测量与地形图的测绘;
6. 能够进行建筑放样测量</td></tr>
<tr><td>学习目标</td><td colspan="3">1. 掌握水准仪器结构;
2. 掌握全站仪器结构与使用方法;
3. 掌握建筑测量的坐标计算;
4. 掌握建筑放样测量</td></tr>
<tr><td>学习内容</td><td colspan="3">学习情境1:水准点的高程测量
学习情境2:导线测量
学习情境3:地形图测绘与应用
学习情境4:建筑放样测量</td></tr>
<tr><td>学习领域2</td><td colspan="3">建筑力学</td></tr>
<tr><td>学期</td><td>第2、3学期</td><td>参考学时</td><td>99学时</td></tr>
<tr><td>职业能力要求</td><td colspan="3">1. 会对结构的计算简图进行受力分析;
2. 会对轴向拉压构件进行强度、刚度分析;
3. 会对剪切构件进行强度、刚度分析;
4. 会对扭转构件进行强度、刚度分析;
5. 会对弯曲构件进行强度、刚度分析;
6. 会对组合构件进行强度和稳定性分析</td></tr>
<tr><td>学习目标</td><td colspan="3">1. 掌握工程力学基本理论基础;
2. 掌握拉压构件力学分析;
3. 掌握剪切构件力学分析;
4. 掌握扭转构件力学分析;
5. 掌握弯曲构件力学分析;
6. 掌握组合构件力学分析</td></tr>
<tr><td>学习内容</td><td colspan="3">学习情境1:静力学的基本知识
学习情境2:平面力系的合成与平衡
学习情境3:轴向拉伸与压缩
学习情境4:梁的内力、应力计算</td></tr>
</table>

续上表

学习领域3	房屋建筑学		
学期	第3学期	参考学时	60学时
职业能力要求	1. 掌握建筑的构造组成及各构造组成部分之间的空间准确定位； 2. 掌握建筑构造的方法及其原理； 3. 学会应用国家建筑设计有关规范，具有按照国家制图标准进行正确表达设计意图的能力		
学习目标	1. 掌握民用建筑的构造组成及各自的作用； 2. 掌握建筑模数协调标准的意义及划分原则； 3. 掌握定位轴线的划分方式，了解定位轴线编号的原则和意义； 4. 了解民用建筑的构造组成； 5. 掌握地基、基础、基础埋置深度的基本概念； 6. 掌握常见基础的分类，了解基础的一般构造； 7. 掌握墙的作用、分类、构造要求和承重方案； 8. 了解常见细部构造，实际工程中的应用； 9. 了解墙面装修的种类、作用、常见的墙面装修构造； 10. 掌握地下室的一般知识及防潮层、防水层的常见构造		
学习内容	学习情境1：民用建筑设计 学习情境2：民用建筑构造 学习情境3：民用建筑工业化体系 学习情境4：工业建筑构造		
学习领域4	建筑工程制图与识图		
学期	第1、2学期	参考学时	68学时
职业能力要求	1. 能识读建筑施工图； 2. 能识读结构施工图； 3. 能绘制建筑施工图； 4. 能绘制结构施工图		
学习目标	1. 掌握绘制和识读工程图样的相关理论知识和技能； 2. 掌握绘制和识读简单工程图样的技能； 3. 掌握计算机绘图的方法与技巧，应用CAD软件绘制简单的工程图样		
学习内容	学习情境1：制图基础 学习情境2：基本体投影 学习情境3：组合体投影 学习情境4：建筑施工图 学习情境5：结构施工图		
学习领域5	建筑CAD		
学期	第2学期	参考学时	54学时
职业能力要求	1. 培养学生基本绘图命令使用能力，培养学生灵活应用命令的能力； 2. 培养学生能灵活的使用编辑命令，掌握使用技巧； 3. 培养学生灵活应用知识，自主主动获取新的知识的能力； 4. 培养学生独立解决问题的能力，初步具备本科目的拓展能力； 5. 培养学生的绘图安全和团队意识		

续上表

学习领域5	建筑 CAD		
学期	第2学期	参考学时	54学时
学习目标	1. 掌握 AutoCAD 软件的界面和绘图环境，了解其发展历程； 2. 掌握 AutoCAD 软件的基本绘图命令和基本技巧； 3. 掌握二维编辑命令的使用和基本技巧； 4. 掌握高级绘图命令和编辑技巧； 5. 了解三维图形的绘制和编辑； 6. 掌握建筑工程图的绘制步骤和绘制技巧		
学习内容	学习情境1：绘图基本知识 学习情境2：基本绘图与编辑 学习情境3：高级绘图与编辑 学习情境4：三维绘图与编辑 学习情境5：建筑施工图、结构施工图绘制		

3. 专业核心学习领域教学标准（表8-7）

专业核心领域教学标准　　表8-7

学习领域1	建筑施工技术		
学期	第4学期	参考学时	85学时
职业能力要求	1. 合理选择施工方案和施工工艺； 2. 能运用施工技术分析施工问题和解决问题； 3. 能对施工质量和施工安全实施监控； 4. 会编制工程施工技术报告		
学习目标	1. 掌握各种工种施工的基本方法和基本知识； 2. 掌握现行施工规范的技术要求		
学习内容	学习情境1：土方工程 学习情境2：地基与基础工程 学习情境3：砌筑工程 学习情境4：模板工程 学习情境5：钢筋工程 学习情境6：混凝土工程 学习情境7：结构安装工程 学习情境8：装饰工程		
学习领域2	建筑工程概预算		
学期	第4学期	参考学时	68学时
职业能力要求	1. 掌握建筑工程费用的内容、选择计价程序的能力； 2. 掌握建筑工程定额的分类能力； 3. 掌握工程量清单的理解能力； 4. 掌握计算建筑面积的能力； 5. 掌握的基础工程的识图能力； 6. 掌握的建筑工程项目施工工艺过程的总结能力； 7. 掌握的使用定额的能力		

续上表

<table>
<tr><td>学习领域 2</td><td colspan="3">建筑工程概预算</td></tr>
<tr><td>学期</td><td>第 4 学期</td><td>参考学时</td><td>68 学时</td></tr>
<tr><td>学习目标</td><td colspan="3">1. 掌握建筑工程定额的分类、定额基价的内容；
2. 掌握人工消耗量、材料消耗量、机械台班消耗量、人工单件、材料基价、机械台班预算价格的确定方法和内容；
3. 掌握定额基价的编制方法；
4. 掌握定额计价与清单计价的基本内容和要求；
5. 掌握建筑面积计算内容、计算方法；
6. 掌握建筑工程项目的施工工艺知识；
7. 掌握建筑工程项目的列项原则和方法；
8. 掌握建筑工程项目分项工程定额及清单计价的计算规则；
9. 掌握建筑工程项目如何直接套用定额单价；
10. 掌握建筑工程项目如何进行定额单价换算及清单综合单价的确定；
11. 掌握建筑工程项目施工组织措施费的计价方法；
12. 掌握建筑工程项目施工图预算及清单计价的各项费用如何计算；
13. 掌握建筑工程项目施工图预算及清单计价的计价程序</td></tr>
<tr><td>学习内容</td><td colspan="3">学习情境 1：建筑工程定额使用
学习情境 2：建筑面积计算
学习情境 3：建筑及装饰工程工程量计算
学习情境 4：措施项目工程量计算
学习情境 5：定额计价其他项目、规费、税金计算能力</td></tr>
<tr><td>学习领域 3</td><td colspan="3">建筑材料</td></tr>
<tr><td>学期</td><td>第 3 学期</td><td>参考学时</td><td>75 学时</td></tr>
<tr><td>职业能力要求</td><td colspan="3">1. 能根据工程所处的环境及工程的特点合理选择各种建筑材料；
2. 能识别各类建筑材料的品种、规格；
3. 能正确使用试验检测仪器和设备，规范地进行常用原材料的试验与检测；
4. 能正确地进行试验检测数据的分析与处理；
5. 能对照《质量标准》，对所检测材料做出正确的结论；
6. 能进行建筑砂浆、无机稳定土、混凝土、沥青混合料配制、调整与检测；
7. 能规范使用和操作以上原材料、复合材料检测中所需的各类设备</td></tr>
<tr><td>学习目标</td><td colspan="3">1. 能描述常用建筑材料的来源、分类、质量要求及基本性质；
2. 能表述建筑材料的技术性能及检测评定方法，能运基本知识分析材料性能的影响因素及工程应用；
3. 能运用《规范》、《标准》分析材料的质量符合性；
4. 能应用复合材料的组成结构及强度理论解决材料应用基本问题；
5. 能了解新型材料的发展方向，及时跟踪新材料、新技术、新工艺</td></tr>
<tr><td>学习内容</td><td colspan="3">学习情境 1：砂石材料选用与试验
学习情境 2：石灰、水泥选用与试验
学习情境 3：建筑钢材选用与试验
学习情境 4：沥青材料选用与试验
学习情境 5：建筑砂浆选用与试验
学习情境 6：无机结合料稳定材料选用与试验
学习情境 7：水泥混凝土选用与试验
学习情境 8：沥青混合料选用与试验
学习情境 9：土工合成材料选用与试验</td></tr>
</table>

续上表

学习领域 4	建筑施工组织		
学期	第 4 学期	参考学时	51 学时
职业能力要求	1. 能进行施工进度计划的编制,能进行进度计划的优化以及实时控制和调整; 2. 能够掌握施工准备工作的内容,操作步骤; 3. 能够编制施工组织总设计,掌握施工组织总设计的编制方法、内容; 4. 能够编制单位工程施工组织设计,掌握单位工程施工组织设计的编制方法、内容,掌握施工方案、施工方法的选择方法以及施工平面图布置的方法; 5. 掌握施工质量、成本、安全、工期等目标的保证措施		
学习目标	1. 掌握工程项目的基本概念,能够清楚工程建设程序; 2 能够通过横道图或双代号、单代号网络图来编制施工进度计划,并能按工期、资源等要求进行优化,能在工程实施过程中根据具体情况对进度计划进行控制和调整; 3. 能够掌握施工准备的工作内容; 4. 能够编制及看懂施工组织总设计,能通过设计了解设计意图,方案选择等; 5. 能够编制单位工程施工组织设计,能掌握施工方案、施工方法等怎样来进行选择,能合理确定施工平面图的布置; 6. 能够组织合理的目标保证措施,保证目标的实现		
学习内容	学习情境 1:流水施工 学习情境 2:网络计划技术 学习情境 3:施工组织总设计 学习情境 4:单位工程施工组织设计		
学习领域 5	建筑工程项目管理		
学期	第 5 学期	参考学时	60 学时
职业能力要求	1. 能够从项目实施与企业批量化生产的特点出发,分析工程项目管理的特点; 2. 能够分析工程项目管理的过程及其核心任务; 3. 掌握项目管理的工作内容; 4. 能够讲出项目分解结构图、组织结构图、合同结构图和信息流程图的区别; 5. 掌握进度计划的措施; 6. 掌握建筑施工安全生产的特点		
学习目标	1. 组织结构的基本类型、特点和适用范围; 2. 工程项目结构分解及其编码; 3. 任务分工与管理职能分工设计; 4. 工作流程组织; 5. 项目决策策划的内容; 6. 项目实施策划的主要内容; 7. 工程项目质量的特征,工程项目质量控制的目标; 8. 工程项目设计阶段、施工阶段以及竣工验收阶段的质量控制		
学习内容	学习情境 1:筑工程项目管理组织 学习情境 2:建筑工程项目前期论证 学习情境 3:建筑工程项目进度管理 学习情境 4:建筑工程项目质量管理 学习情境 5:建筑工程项目成本管理 学习情境 6:建筑工程项目安全文明管理 学习情境 7:建筑工程项目风险管理 学习情境 8:建筑工程项目合同管理 学习情境 9:建筑工程项目信息管理		

4. 专业拓展学习领域教学标准(表8-8)

专业拓展学习领域教学标准　　表8-8

学习领域1	工程经济		
学期	第4学期	参考学时	68学时
职业能力要求	1. 能运用资金时间价值进行方案动态评价分析； 2. 能在不同条件下,根据方案间的不同关系进行方案的比选； 3. 能根据设备不同的磨损形式采取不同的补偿方式进行补偿； 4. 在确定性评价的基础上,对项目能进行不确定性分析； 5. 结合建设项目经济评价方法,能进行项目的财务评价； 6. 利用价值工程知识,能结合实际案例进行分析和应用； 7. 能够编写项目初步可行性研究报告		
学习目标	1. 掌握资金时间价值的等值计算和单方案评价指标； 2. 熟悉方案选择的目的、条件,掌握方案类型、独立方案和互斥方案的选择； 3. 掌握设备的有形、无形磨损概念;设备的经济寿命概念及经济寿命的计算； 4. 熟悉更新方案的评价与选择； 5. 掌握不确定性分析的含义及相关方法； 6. 掌握费用效益的识别与估算； 7. 掌握价值工程的概念、原理和基本方法		
学习内容	学习情境1:资金时间价值 学习情境2:工程经济分析的基本要素 学习情境3:工程经济评价方法 学习情境4:工程项目财务评价 学习情境5:工程项目不确定性分析与风险分析 学习情境6:工程项目的可行性研究与后评价 学习情境7:价值工程		
学习领域2	土木工程概论		
学期	第1学期	参考学时	32学时
职业能力要求	1. 能区分土木工程所涉及的工程范围； 2. 能分析土木工程的基本结构形式和工程结构特点,能对各种工程结构形式进行分类； 3. 学会房屋建筑、公路、铁路、桥梁、隧道等工程类型的构造要求及构造做法； 4. 学会各类工程的施工工艺； 5. 能识读各类工程结构施工图和构造图； 6. 基本能绘制各类工程结构构造图		
学习目标	1. 了解土木工程所包含的专业范围； 2. 了解土木工程结构采用的基本形式、类型的划分及受力的特点； 3. 了解工程管理所包含的内容、基本概念		
学习内容	学习情境1:土木工程材料 学习情境2:基础工程 学习情境3:建筑工程 学习情境4:交通土建工程 学习情境5:桥梁工程 学习情境6:土木工程施工 学习情境7:建设工程项目管理		

续上表

<table>
<tr><td>学习领域 3</td><td colspan="3">建筑工程质量事故分析</td></tr>
<tr><td>学期</td><td>第 5 学期</td><td>参考学时</td><td>30 学时</td></tr>
<tr><td>职业能力要求</td><td colspan="3">1. 能自主分析工程质量缺陷、质量事故发生的原因；
2. 能通过各种媒体资源查找所需信息，理论联系实际，提出质量问题的处理预防措施；
3. 能独立制订工作计划并实施；
4. 具有独立解决实际工程问题的思路</td></tr>
<tr><td>学习目标</td><td colspan="3">1. 掌握工程质量事故发生的原因及防治措施；
2. 熟悉国家现行的质量标准及法规</td></tr>
<tr><td>学习内容</td><td colspan="3">学习情境 1：建筑工程质量事故的基本知识
学习情境 2：工程质量缺陷与防治措施
学习情境 3：火灾与爆燃</td></tr>
<tr><td>学习领域 4</td><td colspan="3">建设监理</td></tr>
<tr><td>学期</td><td>第 5 学期</td><td>参考学时</td><td>60 学时</td></tr>
<tr><td>职业能力要求</td><td colspan="3">1. 能够熟练选择并运用各种方法进行投资控制、进度控制、质量控制；
2. 能编制监理规划；
3. 会进行各种合同管理；
4. 能进行建设项目施工安全监理</td></tr>
<tr><td>学习目标</td><td colspan="3">1. 掌握建设项目监理规划编制方法；
2. 掌握建设项目投资控制方法；
3. 掌握建设项目进度控制方法；
4. 掌握建设项目质量控制方法；
5. 掌握建设项目合同管理方法；
6. 掌握建设项目施工安全监理方法</td></tr>
<tr><td>学习内容</td><td colspan="3">学习情境 1：建设工程监理概述
学习情境 2：建设工程建设监理
学习情境 3：建设工程安全施工监理
学习情境 4：建设工程施工合同管理
学习情境 5：建设工程信息管理</td></tr>
<tr><td>学习领域 5</td><td colspan="3">建筑法规</td></tr>
<tr><td>学期</td><td>第 4 学期</td><td>参考学时</td><td>34 学时</td></tr>
<tr><td>职业能力要求</td><td colspan="3">1. 具有一定的法律知识；
2. 具有基本的解决工程建设中相关法律问题的能力</td></tr>
<tr><td>学习目标</td><td colspan="3">1. 了解和掌握工程造价所涉及的相关的建设法规；
2. 正确运用所学习的建筑法规指导实际工作；
3. 具备解决工程建设中相关法律问题的基本能力</td></tr>
<tr><td>学习内容</td><td colspan="3">学习情境 1：建筑许可法规
学习情境 2：建筑工程发包与承包法规
学习情境 3：建筑工程招标投标法规
学习情境 4：建设工程合同法规
学习情境 5：建设工程监理法规
学习情境 6：建筑安全生产管理法规
学习情境 7：建设工程质量管理法规
学习情境 8：建筑装饰装修法规</td></tr>
</table>

续上表

学习领域6	建筑设备		
学期	第5学期	参考学时	60学时
职业能力要求	1. 掌握建筑给排水、建筑采暖、通风空调系统的组成方式，工作流程，常用设备； 2. 给排水、供暖、通风、空调管道布置与敷设的要求； 3. 具备一般给排水、采暖、通风、空调、电气工程施工图的识图能力； 4. 具备一般设备专业与土建专业的配合能力； 5. 具备一般设备专业与电气专业的配合处理能力		
学习目标	1. 掌握室内给水排水系统、采暖通风系统、建筑供电系统及燃气供应系统的基本组成和工作原理，了解其设计基本方法； 2. 掌握建筑设备基本类型，了解其工作原理； 3. 掌握建筑设备的施工方法； 4. 掌握安全用电知识及建筑防火和防雷措施		
学习内容	学习情境1：建筑给水排水系统 学习情境2：建筑采暖系统 学习情境3：热水和燃气供应 学习情境4：建筑通风与空气调节系统 学习情境5：建筑电气工程 学习情境6：安全用电与弱电工程		
学习领域7、8	建筑结构Ⅰ、Ⅱ		
学期	第3、4学期	参考学时	128学时
职业能力要求	1. 能够对荷载进行分类，并对永久荷载标准值、活荷载标准值、活荷载组合值进行计算，能够在结构极限状态设计中正确取值； 2. 能够对钢筋混凝土受弯构件、受压构件、受拉构件进行承载力计算，能够对钢筋混凝土构件进行挠度计算和裂缝宽度计算； 3. 能够进行现浇钢筋混凝土单向板肋形楼盖设计； 4. 能够进行单层工业厂房荷载和排架内力的简单计算； 5. 能够进行砌体结构刚性方案房屋计算； 6. 能够进行钢结构中轴心受力构件、受弯构件、偏心受力构件和受扭构件的承载力计算； 7. 能够对常见的结构施工图进行识读		
学习目标	1. 掌握钢筋混凝土、砌体结构、钢结构和钢筋混凝土单层厂房构件的计算原理和方法； 2. 掌握混合结构、框架结构的设计的计算方法及施工图的绘制，培养学生计算、绘图技能； 3. 运用结构设计规范、结构设计手册、标准图集等设计资料的能力		
学习内容	学习情境1：建筑结构的基本设计原则 学习情境2：钢筋混凝土结构构件 学习情境3：钢筋混凝土梁板结构 学习情境4：砌体结构 学习情境5：钢结构 学习情境6：结构施工图		

续上表

<table>
<tr><td>学习领域 9</td><td colspan="3">高层建筑施工</td></tr>
<tr><td>学期</td><td>第 5 学期</td><td>参考学时</td><td>60 学时</td></tr>
<tr><td>职业能力要求</td><td colspan="3">1. 能根据施工图纸和施工实际条件,选择和制定常规工程合理的施工方案;
2. 能根据施工图纸和施工实际条件,查找资料和完成施工中遇到的一些必要计算;
3. 能根据施工图纸和施工实际条件编写一般建筑工程施工技术交底;
4. 能根据建筑工程质量验收方法及验收规范进行常规工程的质量检验</td></tr>
<tr><td>学习目标</td><td colspan="3">1. 掌握一般建筑各分部分项工程的常规施工工艺、施工方法及包含的原理;
2. 掌握一般建筑工程施工中遇到的一些必要计算方法;
3. 熟悉一般建筑各分部分项工程施工中容易出现的常见质量、安全问题及质量、安全验收规范;
4. 熟悉一般建筑工程施工安装顺序及所需配备的设施和设备</td></tr>
<tr><td>学习内容</td><td colspan="3">学习情境 1:高层施工方案编制
学习情境 2:施工计算
学习情境 3:施工技术交底
学习情境 4:施工质量检验</td></tr>
<tr><td>学习领域 10</td><td colspan="3">土力学与地基基础</td></tr>
<tr><td>学期</td><td>第 3 学期</td><td>参考学时</td><td>75 学时</td></tr>
<tr><td>职业能力要求</td><td colspan="3">1. 掌握土力学的专业术语及设计内容;
2. 掌握土力学中各种土的力学性质和分类;
3. 掌握土力学稳定性等计算;
4. 掌握各种地基基础的设计;
5. 掌握特殊及不良地基的处理方式</td></tr>
<tr><td>学习目标</td><td colspan="3">1. 掌握土力学的专业术语,土的物理性质和工程分类;
2. 掌握土中应力的计算;
3. 掌握地基变形计算;
4. 掌握土的抗剪强度与地基;
5. 掌握土压力与土坡的稳定性计算;
6. 掌握岩土工程勘察;
7. 掌握各种地基的设计;
8. 掌握特殊及不良地基的处理方式</td></tr>
<tr><td>学习内容</td><td colspan="3">学习情境 1:土的物理性质及工程分类
学习情境 2:地基中的应力计算
学习情境 3:土的压缩性与地基沉降计算
学习情境 4:土的抗剪强度与地基承载力
学习情境 5:土压力及土坡稳定
学习情境 6:建筑场地的工程地质勘查
学习情境 7:天然地基上浅基础设计
学习情境 8:桩基础</td></tr>
</table>

5. 实践学习领域教学标准(表 8-9)

实践学习领域教学标准 表 8-9

<table>
<tr><td>环节 3</td><td colspan="3">建筑 CAD 实训</td></tr>
<tr><td>学期</td><td>第 2 学期</td><td>学时</td><td>30 学时</td></tr>
<tr><td>职业能力要求</td><td colspan="3">1. 培养学生基本绘图命令使用能力,培养学生灵活应用命令的能力;
2. 培养学生能灵活的使用编辑命令,掌握使用技巧</td></tr>
<tr><td>学习目标</td><td colspan="3">1. 掌握 AutoCAD 软件的基本绘图命令和基本技巧;
2. 掌握二维编辑命令的使用和基本技巧;
3. 掌握高级绘图命令和编辑技巧;
4. 掌握建筑工程图的绘制步骤和绘制技巧</td></tr>
<tr><td>学习内容</td><td colspan="3">1. 绘图基本知识;
2. 基本绘图与编辑;
3. 高级绘图与编辑;
4. 建筑施工图、结构施工图绘制</td></tr>
<tr><td>环节 4</td><td colspan="3">房屋建筑学课程设计</td></tr>
<tr><td>学期</td><td>第 3 学期</td><td>学时</td><td>30 学时</td></tr>
<tr><td>职业能力要求</td><td colspan="3">1. 掌握建筑的构造组成及各构造组成部分之间的空间准确定位;
2. 掌握建筑构造的方法及其原理;
3. 学会应用国家建筑设计有关规范,具有按照国家制图标准进行正确表达设计意图的能力</td></tr>
<tr><td>学习目标</td><td colspan="3">1. 掌握民用建筑的构造组成及各自的作用;
2. 掌握建筑模数协调标准的意义及划分原则;
3. 掌握民用建筑平面图设计;
4. 掌握民用建筑立面图设计;
5. 掌握民用建筑剖面图设计;
6. 掌握民用建筑详图绘制</td></tr>
<tr><td>学习内容</td><td colspan="3">民用建筑设计、民用建筑构造</td></tr>
<tr><td>环节 5</td><td colspan="3">建筑施工技术实训</td></tr>
<tr><td>学期</td><td>第 4 学期</td><td>学时</td><td>30 学时</td></tr>
<tr><td>职业能力要求</td><td colspan="3">1. 合理选择施工方案和施工工艺;
2. 能运用施工技术分析施工问题和解决问题;
3. 能对施工质量和施工安全实施监控;
4. 会编制工程施工技术报告</td></tr>
<tr><td>学习目标</td><td colspan="3">1. 掌握各种工种施工的基本方法和基本知识;
2. 掌握现行施工规范的技术要求</td></tr>
<tr><td>学习内容</td><td colspan="3">1. 木工工种施工的基本方法和基本知识;
2. 钢筋工工种施工的基本方法和基本知识;
3. 泥工工种施工的基本方法和基本知识;
4. 架子工工种施工的基本方法和基本知识</td></tr>
</table>

续上表

环节6	建筑工程测量实训		
学期	第3学期	学时	90学时
职业能力要求	1. 能够正确规范地使用和操作不同精度测量仪器； 2. 能够准确地使用水准仪进行不同水准路线的高程测量； 3. 能够准确地使用全站仪、测距仪和丈量工具进行距离测量； 4. 能够准确地进行直线方向的定向； 5. 能够进行局部地形图的控制测量与地形图的测绘		
学习目标	1. 掌握水准仪器结构； 2. 掌握全站仪器结构与使用方法； 3. 掌握建筑测量的坐标计算		
学习内容	1. 水准点的高程测量； 2. 导线测量； 3. 地形图测绘与应用		
环节7	建筑工程概预算大作业		
学期	第4学期	学时	30学时
职业能力要求	1. 掌握计算建筑面积的能力； 2. 掌握工程量计算的能力； 3. 掌握的基础工程的识图能力； 4. 掌握的建筑工程项目施工工艺过程的总结能力； 5. 掌握的使用定额的能力		
学习目标	1. 掌握建筑工程定额的分类、定额基价的内容； 2. 掌握建筑面积计算内容、计算方法； 3. 掌握建筑工程项目分项工程定额及清单计价的计算规则； 4. 掌握建筑工程项目如何直接套用定额单价； 5. 掌握建筑工程项目如何进行定额单价换算及清单综合单价的确定； 6. 掌握建筑工程项目施工组织措施费的计价方法； 7. 掌握建筑工程项目施工图预算及清单计价的各项费用如何计算		
学习内容	1. 建筑工程定额使用； 2. 建筑面积计算； 3. 建筑及装饰工程工程量计算； 4. 措施项目工程量计算， 5. 定额计价其他项目、规费、税金计算能力		
环节8	毕业顶岗实习		
学期	第六学期	学时	690学时
职业能力要求	通过毕业顶岗实习使学生加深对专业理论知识的理解，培养和提高学生实际操作和分析问题、解决问题的能力，使学生综合运用所学理论知识与建筑工程施工管理实践紧密结合，为毕业后从事施工技术管理等工作打下良好的基础		
学习目标	1. 在实习过程中认知设计或施工等企业的工作流程和各岗位的职责任务，提高岗位的适应能力，学会以各种方式学习，综合素质要有明显进步； 2. 将施工等专业知识和相关政策法规结合，运用到相应的实践岗位，提高观察问题、发现问题、分析问题、解决问题的能力，提高专业水平； 3. 在规范有序的实际工作中养成努力钻研、吃苦耐劳的精神		

续上表

环节 6	毕业顶岗实习		
学期	第六学期	学时	690 学时
学习内容	1. 掌握建筑工程的施工方法、施工测量、施工组织、场地布置、安全生产、施工设备、材料实验及施工管理，并能编制相关方案或作业指导书等文件； 2. 熟悉新技术、新工艺、新方法，特别是技术管理、技术员的工作职责、技术文件的分类及整理等		

(二)教学组织

积极与校外实训基地和行业内的大型企业合作，以产教实体为依托，以提高学生的职业素质和职业技能为目的，以建筑工程建设项目的招投标、设计、施工、监理等项目单元为导向组织教学，让学生参与真实工程项目建设的每一个环节。在项目实施过程中采取边学习、边工作的形式，将理论教学与实践教学有机融为一体，将课堂教学与提高现场实践操作技能结合起来，将专业能力培养与社会生产实践结合起来，使学生在做中学，在学中做，实现教学做合一。

在项目导向教学模式实施过程中，根据教学需求设计学习性项目，建立项目部，在项目实施中采用弹性的学习时间、开放的学习环境，提升学生自我学习、自我管理能力。

(三)考核评价

吸纳用人单位专家参与教学质量评价，建立以能力为核心、以过程为重点的学习绩效考核评价体系，针对不同类型的课程采用不同的考核方法。对公共基础课程，建议采取理论考核的方法；对于专业学习领域，建议采取过程考核与综合考核相结合的方式；对于实践学习领域，尽量采用实操考核、过程考核的方法。具体原则如下：

1. 公共基础学习领域

总评成绩 = 平时成绩(考勤、提问、作业等) ×40% + 期终考核 ×60%。

2. 专业学习领域

采取过程考核与综合考核相结合的评价方式，同时根据学生取得相应工种的职业资格证书的情况，综合评价学生成绩。其中过程考核包括学习态度、课程作业等，占课程总成绩的 40%；综合考核包括期末考试、实践考核等，占课程总成绩的 60%。如学生取得相应工种的职业资格证书，则该门课程考核合格。

3. 实践学习领域

以工作态度、实际操作和实习报告等情况综合评定学生成绩，其中工作态度、实际操作等占 80%(在企业完成的项目由企业指导教师评定)，实习报告占 20%。

(执笔人：胡云卿)

IX：港口航道与治河工程专业人才培养方案

第一部分　主体部分

一、专业名称(专业代码)

港口航道与治河工程(570205)

二、招生对象

普通高中毕业生或具有同等学力者

三、学制

全日制三年

四、培养目标

本专业培养拥护党的基本路线,具有航道工程技术行业相应岗位必备的基本理论和专业知识,具有较强的港口航道工程施工及管理的高等技术应用技能(能力),具有良好的职业道德、创业精神和健全的体魄,能从事港口航道与河流整治工程的设计、施工、监理、造价等工作,能适应生产、建设、服务和管理第一线需要的技术技能人才。

五、就业面向

本专业毕业生就业岗位主要是面向生产(管理)一线的设计、施工、监理等职业岗位人员。

六、培养规格

(一)素质目标

(1)具有强烈的责任意识、质量意识、安全意识及环保意识。

(2)具有良好的文化、身体和心理素质。

(3)爱岗敬业,团结协作,讲求效率,遵纪守法,明礼诚信。

(二)知识目标

(1)具有本专业所必需的数学计算、英语交流、计算机应用等科学文化基础知识。

(2)熟悉工程绘图识图、工程结构辨识、力学分析、工程测量、工程材料、工程管理等专业基础知识。

(3)掌握港口航道与治河工程施工图识读和施工现场勘查、施工管理、试验检测、施工放样等专业知识。

(4)了解港口航道与治河工程建设的新技术、新材料、新工艺和新设备的相关信息。

(三)能力目标

(1)具有一定的英语应用能力,能阅读和翻译本专业外文资料的能力。

(2)具有识读和绘制工程结构设计图的能力(包括 AUTOCAD 操作技术能力)。

(3)具有航道专业工程勘测、施工放样和竣工测量的能力。

(4)具有航道专业工程试验检测的能力。

(5)具有在现场从事航道专业工程施工技术工作及施工管理的能力。

(6)具有现场工程计量和工程结算、编制工程施工决算、使用概算、预算软件编制工程造价的能力。

(7)具有计算机安装和操作使用常用专业软件的能力。

(8)具有较强自学和获取新知识的能力,较强的可持续发展能力和一定的创新创业能力。

七、教学环节进程安排表

(一)培养时间分配表

在人才培养的实施过程中,教学环节周数分配如表 9-1 所示。

港口航道与治河工程专业培养时间分配表 表 9-1

学年		一		二		三		合计
学期		一	二	三	四	五	六	
1	入学教育	1 周						1 周
2	国防教育	2 周						2 周
3	课内教学	16 周	19 周	14 周	16 周	11 周		76 周
4	实践教学			5 周	3 周	4 周		12 周
5	生产实习					4 周	19 周	23 周
累计		19 周	19 周	19 周	19 周	19 周	19 周	114 周

注:课内教学指按课程(学习领域)组织的各种教学活动,包括理论课程、理实一体化课程等;实践教学是指计划单列的非生产性实践教学活动,包括专业认识实践、专项单列实训、课程设计、综合设计、社会实践等。

(二)教学进程表

本专业的人才培养进程如表 9-2 所示。

(三)课程设置及学时比例

在人才培养的实施过程中,各教学环节学时比例如表 9-3 所示。

港口航道与治河工程专业教学进程表 表 9-2

序号	类别	课程名称	教学时数与学分				考核方式		课内教学时数及实践周数					
									第一学年		第二学年		第三学年	
			总学时	学分	理论学时	实践学时	考试学期	考查学期	一	二	三	四	五	六
									16 周	19 周	14 周	16 周	11 周	0 周
1	公共基础课程	“两课”基础	64	4	64			1	4					
2		“两课”概论	76	4	76			2		4				
3		体育	70	4	70			1,2	2	2				
4		计算机基础	96	4	68	28	1		6					
5		大学英语Ⅰ	64	4	64		1		4					
6		大学英语Ⅱ	76	4	76		2			4				
7		高等数学	64	4	64			1	4					
8		工程数学	76	4	76			2		4				
9		任选课 1	28	4	28			3			2			
10		任选课 2	32	4	32			4				2		
11		就业指导	11	4	11			5					1	
公共基础课程小计			657	44	629	28	课内占比		38.47%					
1	专业基础学习领域	工程制图	64	4	30	34	1		4					
2		工程力学	76	4	40	36	2			4				
3		工程 CAD	28	3	0	28		3			2			
4		结构力学	56	4	40	16		3			4			
5		土力学与基础	84	4	60	24	3				6			
6		水工钢筋混凝土结构	44	3	20	24	5						4	
专业基础学习领域小计			352	22	190	162	课内占比		20.61%					
1	专业核心学习领域	工程测量	76	4	30	46	2			4				
2		建筑材料	84	4	40	44	3				6			
3		港口水工建筑物	64	4	34	30		4				4		
4		港口规划与布置	64	4	34	30	4					4		
5		渠化工程	64	4	34	30	4					4		
6		水运工程施工技术	44	4	22	22	5						4	
7		水运工程招投标	44	4	22	22	5						4	
专业核心学习领域小计			440	28	216	224	课内占比		25.76%					
1	专业拓展学习领域	河流与海岸动力学	56	2	36	20		3			4			
2		水工钢结构	64	4	34	30		4				4		
3		水运工程概述	64	4	34	30		4				4		
4		航道工程	64	2	34	30		4				4		
5		船舶与航运文化	44	2	22	22		5					4	
6		工程软件	44	2	22	22		5					4	
专业拓展学习领域小计			336	16	182	154	课内占比		19.67%					
课内教学环节合计			1785	110	1217	568	总百分比		61.03%					

续上表

序号	类别	课程名称	教学时数与学分				考核方式		课内教学时数及实践周数					
			总学时	学分	理论学时	实践学时	考试学期	考查学期	第一学年		第二学年		第三学年	
									一	二	三	四	五	六
									16 周	19 周	14 周	16 周	11 周	0 周
1	独立实践环节	入学教育	1 周	1		30		1	1 周					
2		国防教育	2 周	2		60		1	2 周					
3		工程测量实训	4 周	8		120		3			4 周			
4		概预算实训	1 周	2		30		4				1 周		
5		CAD 实训	1 周	2		30		3			1 周			
6		港口工程实训	2 周	4		60		4				2 周		
7		航道工程实训	3 周	6		90		5					3 周	
8		毕业教育	1 周	2		30		5					1 周	
9		顶岗实习	23 周	10		690		5					4 周	19 周
独立实践环节合计			1140	37		1140	总百分比		66.74%					
课时(学分)总计			2925	147	1217	1708	周时数		24	22	24	26	21	0
周数总计									19	19	19	19	19	19
理论教学时数			1217				总百分比		41.61%					
实践教学时数			1708				总百分比		58.39%					

港口航道与治河工程专业课程设置及学时比例表 表 9-3

项目	理论教学	实 践 教 学			
		课内实训	专项实训	顶岗实习	合计
学时	1217	568	450	690	1708
所占比例	41.61%	58.39%			

八、毕业标准

(一)基本要求

(1)德、智、体、美等方面均通过学生管理部门考核达标。

(2)按规定完成课程(学习领域)的学习,成绩合格。

(3)完成各项独立实践环节(单列科目:如实践课、课程设计、实习、毕业实践、毕业设计等)的学习,成绩合格。

(二)考证要求

(1)必须取得全国计算机等级证(一级及以上)和英语应用能力证书(三级 B)。

(2)获得至少一个本专业职业资格证书方可毕业。本专业职业资格证书如表 9-4 所示。

港口航道与治河工程专业岗位与能力要求对应表 表9-4

序号	考 核 项 目	考核发证部门	等 级 要 求
1	测量工	人力资源和社会保障部	四级
2	施工员	住房和城乡建设厅	员级
3	安全员	住房和城乡建设厅	员级
4	资料员	住房和城乡建设厅	员级
5	材料员	住房和城乡建设厅	员级
6	质检员	住房和城乡建设厅	员级

(三)其他要求

完成任选课的学习,并取得5学分。

第二部分　支撑材料

一、专业人才培养实施条件

（一）专业教学团队

1. 师资数量与结构

（1）教师队伍数量应与学生规模相适应，生师比控制在16:1左右。

（2）教师队伍结构优化，梯队合理，45岁以下青年教师中研究生学历或硕士以上学位比例达到30%，专任教师中高级职称的比例≥30%，专任教师中具备双师素质教师的比例应达到80%以上。

（3）每个学习领域（课程）的教师应不少于2人，其中专业核心学习领域应配备相关专业中级技术职称以上的双师素质教师2人。

（4）各专业学习领域及独立实践环节，均应配备行业企业工程技术人员担任兼职教师，兼职教师折算比例应达到50%左右。

（5）专业实习（训）指导教师均为大专以上学历或中级以上职称。实习（训）指导教师具有中高级职称比例≥20%。

2. 业务水平

教师应具备良好的职业道德和一定的教学科研能力，达到高等教育教师任职资格的要求且具备高等教育教师任职资格。其中主讲教师应由具备讲师以上职称的专任教师或工程师以上职称的兼职教师担任，参加科学研究或技术服务的专任教师人数不少于专任教师总数的30%。

3. 教学团队现状

港口航道与治河工程专业现有专业教师40人，其中专任教师22人，从施工、检测、监理、设计等相关单位聘请了具有丰富实践经验的兼职教师18名。专任教师中省高等学校教学名师1人、省高等学校中青年学科带头人1人、省高等学校中青年骨干教师3人，双师素质教师达19人。

（二）专业教学资源

1. 选用优秀的高职高专规划教材

在选择教材时，必须力争选用高水平的教材，杜绝质量低劣的教材进入课堂，不断提高教学质量，满足新形势发展的要求。鼓励优先选用教育部“面向21世纪课程教材”、国家级和省部级规划教材、教育主管部门或教学指导委员会推荐的教材；优先选用近三年出版的新教材或修订版教材；优先选用具有鲜明行业特征的高职高专规划教材、特色教材和精品教材。

本专业核心学习领域推荐使用的教材如表9-5所示。

港口航道与治河工程技术专业核心学习领域推荐使用教材表　　表 9-5

课程名称	推荐使用教材	主编	ISBN
港口水工建筑物	《港口水工建筑物》	徐炬平	978-7-114-09144-5
港口规划与布置	《港口规划与布置》	郭子坚	978-7-114-09054-7
水运工程施工技术	《水运工程施工技术》	刘家豪	978-7-114-02988-8

2. 开发基于工作过程的校本教材

与合作企业共同开发基于工作过程的校本教材，以弥补国家及地方统编教材的不足，体现本校本专业专业特色。在基于工作过程的校本教材开发过程中，校方与企业用人单位进行紧密联系，从实际工作岗位的典型工作任务出发，以完成实际工作任务所需要的知识为学习内容，以培养企业所需的职业能力为目标，以实践过程的学习为主要过程，融入企业标准和行业规范，使之成为理实一体化教学的适用教材。专业核心学习领域教材一般要求为特色鲜明的校本教材，或国家和地区职业教育优质教材。

3. 选用精品资源共享课程

充分利用现有国家和地方的精品资源共享课程开展教学，加强网络学习平台建设，通过慕课、个人空间、网络课程等网络技术构建日常教学课程网站，整合各种优质教学资源进行专业教学。

4. 专业网络教学资源

以数字化校园为运行载体，以学习领域(课程)为组织形式，利用网络学习平台建设共享性网络教学资源库，主要包括试题库、课件库、专业教学素材库、教学录像库等。

网络教学资源库的建议配置如表 9-6 所示。

港口航道与治河工程技术专业网络教学资源库的建议配置　　表 9-6

类别	资源	主要内容与要求	备注
专业基本资源	专业简介	专业代码、招生对象、学制、就业面向、专业特点、主要课程等	专业介绍
	人才培养方案	主要包括培养目标、专业面向的职业岗位分析、专业定位、课程体系、核心课程描述、教学进程、毕业标准、实施条件、实施规范、实施流程、实施保障等	
	课程标准	专业核心课程的课程标准	
	教学文件	教学管理相关文件	
课程教学资源	教学指南	本课程的作用、目标和要求，本课程与职业岗位的关系，本课程与其他课程的关系，本课程的主要特点、课程结构、课程内容、课时分配、课程的重点与难点、实践教学体系、课程教学方法、课程教学资源、课程考核、课程授课方案设计、课程建设与工学结合效果评价等	专业基本配置
	教学设计	主要包括学时安排、学习任务设计、学习内容确定、教学目标设定、教学重难点分析及处理、任务工单提供、教学方法建议、教学手段选用、教学设施和教学场地安排、教学实施要求、课程考核方法，以及课后总结等	

续上表

类别	资　源	主要内容与要求	备注
课程教学资源	多媒体课件	优质核心课程课件	专业基本配置
	教学视频库	课程设计录像、课堂教学录像、实训操作演示录像等	
	案例库	以一个完整的企业项目为案例单元，通过观看、阅读、学习、分析案例，实现知识内容的传授、知识技能的综合应用展示、知识迁移、技能掌握等	
	FALSH 资源	教学难点的动漫演示	
	实训项目	实训目标、实训设备、实训要求、实训内容与步骤、实训项目考核和评价标准、实训报告或总结、技术手册、操作规程与安全注意事项	
	学生作品	学生学习成果、实训作品和生产产品	
自主学习资源	学习指南	课程学习目标与要求，重点、难点提示及释疑，学习方法，典型任务解析，自我测试题及答案，参考资料和网站	专业特色配置
	测试题库	知识和技能测试	
	视频库	学习任务实施操作视频资料	
	网络课程	基于互联网的处方自主学习平台	
	课程链接	与本专业相关的网站	
拓展学习资源	拓展视频资源	其内容可以在教学标准的基础上适当拓展	专业拓展选配
	文献库	与本课程或本专业相关的行业标准、企业规范、专利资料、法律法规、技术资料、成功案例等	
	仪器设备操作手册	常用仪器设备的操作手册	
	仿真教学	按教学内容列出仿真软件，并提供应用入口	
	课程 BBS	建立由专人管理的网上论坛	
	网上答疑	按主讲教师开设答疑室	
	其他资源	素质教育模块、课外活动园地	

5. 其他教学资源

学院图书馆或资料室应当配置数量适当、结构合理、技术新颖的本专业纸质和电子图书，为专业学习、教学、科研和社会服务提供良好的信息服务；学院配置的电子图书，具有良好服务功能，能为专业教学资源库建设提供大数据服务。

（三）实验实训条件

1. 校内实训条件

根据港口航道与治河工程专业人才培养的需要，校内实训条件建议如表 9-7 所示。

港口航道与治河工程专业校内实训室表　　表 9-7

序号	名　称	主要设备	主要功能	对应课程	容纳人数
1	工程测量实训室	全站仪，GPS，经纬仪，水准仪	高程测量，角度测量，距离测量等	工程测量	60 人
2	力学实训室	微机控制电液伺服压剪试验机，微机控制应力松弛试验机，微机控制电液伺服万能试验机等	材料的抗压、抗剪试验，材料的应力，应变试验材料的抗拉，抗压、抗剪等试验	工程力学 结构力学 土力学与基础	60 人
3	土工实训室	击实仪，液塑限仪，固结仪，直接剪切仪	击实试验，界限含水率试验，固结试验，直接剪切试验	土力学与基础水工钢筋混凝土结构	60 人
4	建筑材料实训室	水泥负压筛析仪，水泥净浆搅拌机，水泥电动抗折机，振筛机，筛析仪，混凝土试验用搅拌机，混凝土试验用振动台，坍落度筒，200T 微机控制全自动压力试验机	水泥安定性、稠度、抗折、抗压等试验，集料性质试验，水泥混凝土坍落度，抗压强度等试验	建筑材料	60 人
5	水力学实训室	静水力学试验仪，自循环仪，雷诺试验仪，沿程，局部水头损失仪，人工渠等	能量方程，水面曲线，雷诺数，水头损失试验等	工程力学 结构力学 河流与海岸动力学	60 人

2. 校外实训条件

依托学院合作发展理事会，选择技术较为先进、管理水平较高、生产规模大、效益好的企业作为紧密合作对象，紧密合作的校外实训基地数量应稳定在 5 家以上。

校外实训基地的基本要求是：

(1) 固定校外实训基地应选择资质高、管理规范，在行业内具有一定影响力的大、中型施工企业和交通建设行业职能机构。

(2) 动态校外实训基地应选择具有代表性和典型意义的重点工程建设项目，具备学生实训实习期间的安全和劳动保护等措施。

(3) 具备相应的教学场地，有水平较高、实践经验丰富的科研、管理和生产人员担任实习实训指导教师实习实训项目、内容与学生所学专业相符，能满足实训环节各项教学任务要求。

(4) 每年接受实习实训学生能达到一定规模。

二、专业人才培养实施规范

(一) 课程教学标准

1. 公共基础课程教学标准

本部分内容请参阅本书的附录部分。

2. 专业基础学习领域教学标准(表 9-8)

专业基础学习领域教学标准 表 9-8

<table>
<tr><td>学习领域 1</td><td colspan="3">工程制图</td></tr>
<tr><td>学期</td><td>第 1 学期</td><td>参考学时</td><td>64 学时</td></tr>
<tr><td>职业能力要求</td><td colspan="3">1. 熟悉港口与航道工程制图国家标准;
2. 能运用绘图和读图的基本理论和方法,解决空间度量问题和定位问题,并根据需要画出相应图样,具备空间想象与空间思维能力;
3. 能绘制与识读简单的工程图样;
4. 掌握绘制和识读工程图样的相关理论知识和技能;
5. 掌握绘制和识读简单工程图样的技能</td></tr>
<tr><td>学习目标</td><td colspan="3">通过本学习领域的学习,引导学生掌握工程制图的基本知识、基本理论和基本方法的基础上,培养学生运用国家现行道路工程制图标准,识读与绘制工程图样的能力,并培养学生科学的思维方法和创新意识,从而为识绘后续专业课程学习中所涉及的专业工程图样,做好前期准备</td></tr>
<tr><td>学习内容</td><td colspan="3">学习情境 1:制图的基本知识和基本技能
学习情境 2:点、直线、平面的投影
学习情境 3:立体的投影
学习情境 4:组合体的视图及尺寸注法
学习情境 5:轴测图
学习情境 6:工程常用的表达方法
学习情境 7:构造图
学习情境 8:施工图
学习情境 9:配筋图</td></tr>
<tr><td>学习领域 2</td><td colspan="3">工程力学</td></tr>
<tr><td>学期</td><td>第 2 学期</td><td>参考学时</td><td>76 学时</td></tr>
<tr><td>职业能力要求</td><td colspan="3">1. 会对结构的计算简图进行受力分析;
2. 会对轴向拉压构件进行强度、刚度分析;
3. 会对剪切构件进行强度、刚度分析;
4. 会对扭转构件进行强度、刚度分析;
5. 会对弯曲构件进行强度、刚度分析;
6. 会对组合构件进行强度和稳定性分析</td></tr>
<tr><td>学习目标</td><td colspan="3">通过本学习领域的学习,使学生对工程设计中有关构件的强度、刚度、稳定性等问题具有明确的基本概念,掌握必要的基础理论同时具有一定的计算能力。培养学生应用工程力学的理论和方法,分析、解决工程实际中的力学问题的能力,从而为学习后继课程和工程设计打下坚实的基础</td></tr>
<tr><td>学习内容</td><td colspan="3">学习情境 1:工程力学认知;
学习情境 2:静力学的基本知识;
学习情境 3:平面力系的合成与平衡;
学习情境 4:轴向拉伸与压缩;
学习情境 5:梁的内力、应力计算</td></tr>
</table>

续上表

学习领域3	工程CAD		
学期	第3学期	参考学时	38学时
职业能力要求	1. 熟悉港口与航道工程制图国家标准； 2. 能运用绘图和读图的基本理论和方法，解决空间度量问题和定位问题，并根据需要画出相应图样，具备空间想象与空间思维能力； 3. 能绘制与识读简单的工程图样； 4. 能应用CAD软件绘制简单的工程图样		
学习目标	本学习领域的目标是要求学生掌握计算机绘图的基本概念和基本知识，学习Auto CAD软件的基本操作和绘图技能。提高计算机绘图的技能。通过实训，掌握工程类施工图的计算机绘制方法和图纸要求，提高工程类施工图的计算机绘图能力。达到中等设计院的计算机绘图水平。掌握计算机绘图的基本概念和基本知识，掌握Auto CAD软件的各种绘图命令知识和操作命令知识。掌握计算机绘图的基本技能和综合技能，通过课内实训和集中实训，掌握工程类施工图的绘制技能，达到设计院工程类施工图的绘图职业能力		
学习内容	学习情境1：工程施工图的组成 学习情境2：工程图案的绘制 学习情境3：工程配景的绘制 学习情境4：工程平面施工图的绘制 学习情境5：工程立面施工图的绘制 学习情境6：工程剖面施工图的绘制		
学习领域4	结构力学		
学期	第3学期	参考学时	56学时
职业能力要求	1. 熟悉工程结构中常见约束及其简化表达方法；掌握简单结构的计算简图的画法；了解平面杆系结构的分类； 2. 熟练掌握杆系结构的几何组成规律，快速判别平面杆系的几何性质，了解静定结构与超静定结构的构造差别与求解差别； 3. 熟练掌握各种静定结构的内力计算特点与方法；熟练绘制梁与刚架的内力图； 4. 熟悉位移计算的一般公式；熟练掌握用图乘法求解梁和刚架在荷载作用下的位移； 5. 熟练掌握用力法求解各种超静定结构；会利用结构的对称性对结构进行简化计算； 6. 了解位移法的解题思路；掌握力矩分配法计算连续梁的方法； 7. 了解影响线及其应用；了解梁的内力包络图的概念		
学习目标	本学习领域的目标是掌握结构的几何组成规律，分段叠加法作弯矩图；学习静定多跨梁与静定刚架的内力图；掌握计算桁架内力的结点法及截面法；了解结构位移计算的一般公式，掌握荷载作用下的位移计算及举例，图乘法；超静定结构的组成及超静定次数。力法的基本概念；学习位移法的基本概念；了解用力矩分配法计算连续梁和无结点线位移的刚架和移动荷载和影响线的概念		
学习内容	学习情境1：三铰拱的反力与内力，合理拱轴曲线 学习情境2：结构位移计算的一般公式，互等定理 学习情境3：称结构的简化计算 学习情境4：位移法的基本未知量数目 学习情境5：连续梁的内力包络图		

续上表

<table>
<tr><td>学习领域5</td><td colspan="3">土力学与基础工程</td></tr>
<tr><td>学期</td><td>第3学期</td><td>参考学时</td><td>84学时</td></tr>
<tr><td>职业能力要求</td><td colspan="3">1. 能说明土中应力的种类及其分布规律，进行计算土中应力；
2. 能说明地基沉降量计算原理，应用分层总和法计算基础总沉降量，描述沉降与时间关系；
3. 学会一定埋置深度的基础下的地基应力计算及桥台后填土引起的基底附加应力计算；
4. 会操作土的固结试验和直接剪切试验、地基承载力检测等仪器设备，并能整理试验结果和编写试验报告；
5. 能说明地基承载力确定方法及其适用条件；
6. 能进行受力分析和计算作用于挡土墙上的土压力；
7. 描述软弱地基的特点、地基加固方法的分类，说明公路桥涵及人工构造物基础工程较为常用的地基加固方法；
8. 能初步根据技术规范和设计要求对挡土墙和桥涵地基设计方案进行技术和经济性评价；
9. 能说明常用基础的一般特点、主要类型和适用情况；
10. 能说明常用基础的构造；
11. 会操作基础技术性质检验的仪器；
12. 能进行基础的设计与计算；
13. 能说明基础的施工程序和要点；
14. 能根据施工技术规范对常用基础的质量进行检查和控制</td></tr>
<tr><td>学习目标</td><td colspan="3">本学习领域是让使学生具备基础工程的试验与检测、基础的施工方法、施工工艺和施工技术等工作任务的技能和相关理论知识</td></tr>
<tr><td>学习内容</td><td colspan="3">学习情境1：认知自然界的土、石，地基与基础
学习情境2：土的物理性质及工程分类
学习情境3：土中应力
学习情境4：土体强度及地基承载力
学习情境5：土压力与土坡稳定
学习情境6：人工地基
学习情境7：基础计算
学习情境8：基础施工</td></tr>
<tr><td>学习领域6</td><td colspan="3">水工钢筋混凝土结构</td></tr>
<tr><td>学期</td><td>第5学期</td><td>参考学时</td><td>44课时</td></tr>
<tr><td>职业能力要求</td><td colspan="3">掌握一定的钢筋混凝土结构基本理论知识；
具备钢筋混凝土结构构件设计的初步能力；
具有数字计算、整理编写计算书、绘制施工图纸等基本技能；
具有用力学和结构设计知识分析问题的初步能力</td></tr>
<tr><td>学习目标</td><td colspan="3">通过本课程的学习，使得学生掌握水工钢筋混凝土结构构件设计计算的基本理论、构造知识和施工图绘制技能，为学习有关专业课程和顺利从事钢筋混凝土建筑物的结构设计打下基础</td></tr>
<tr><td>学习内容</td><td colspan="3">学习情境1：钢筋混凝土梁板设计
学习情境2：钢筋混凝土柱设计
学习情境3：钢筋混凝土肋形结构设计
学习情境4：渡槽设计
学习情境5：了解预应力混凝土结构与钢混凝土组合结构</td></tr>
</table>

3. 专业核心学习领域教学标准(表 9-9)

专业核心学习领域教学标准 表 9-9

学习领域 1	工程测量		
学期	第 2 学期	参考学时	76 学时
职业能力要求	1. 能够正确规范地使用和操作不同精度测量仪器(包括水准仪、经纬仪、全站仪、测距、GPSRTK 等); 2. 能够准确地使用水准仪进行不同水准路线的高程测量(闭合、附合、支水准路线); 3. 能够准确地使用经纬仪进行方向观测法和全圆测回法观测水平角和竖直角; 4. 能够准确地使用全站仪、测距仪和丈量工具进行距离测量; 5. 能够准确地进行直线方向的定向; 6. 能够进行港口与航道带状和局部地形图的控制测量与地形图的测绘		
学习目标	通过本课程的学习,让学生充分掌握工程测量的理论基础和基本技能,并且能通过职业技能考试,获取测量工证书。在后续的工作中,能灵活运用各项测量技术,胜任工程测量工作		
学习内容	学习情境 1:水准点的高程测量 学习情境 2:导线测量 学习情境 3:地形图测绘与应用 学习情境 4:港口与航道测量		
学习领域 2	建筑材料		
学期	第 3 学期	参考学时	84 学时
职业能力要求	1. 能正确描述常用土木工程材料的技术性能与技术要求; 2. 会进行土木工程常用材料的试验操作; 3. 会进行普通水泥混凝土的配合比设计; 4. 会进行水工混凝土的配合比设计; 5. 能够依照现行规范、标准及规程完成试验报告		
学习目标	通过本课程的学习,使学生基本掌握常用建筑材料的技术性质、工程应用及相关的检验检测技能,以便在工程实践中有正确合理地选用建筑材料。学生学习本课程后,通过职业技能考试,能获取材料员职业资格证书		
学习内容	学习情境 1:钢筋混凝土材料 学习情境 2:砌体工程材料 学习情境 3:水工混凝土材料 学习情境 4:防水材料		
学习领域 3	港口水工建筑物		
学期	第 4 学期	参考学时	64 学时
职业能力要求	1. 掌握港口码头建设所需要的基本理论知识; 2. 会初步运用基础课、专业基础课和专业技术课知识进行港口及有关水工建筑物设计; 3. 熟悉港口码头及修造船水工建筑物的总平面布置的基本原则、基本理论; 4. 掌握各种码头结构、防波堤和修造船水工建筑物以及江河、海岸护岸支挡水工建筑物等的设计原理、计算方法及计算理论		

续上表

学习领域3	港口水工建筑物		
学期	第4学期	参考学时	64学时
学习目标	通过本课程的学习，使学生掌握港口水工建筑物设计计算的基本理论、构造知识和设计方法，并通过实践性教学环节训练，使学生能初步掌握如何收集、整理和分析港口水工建筑物设计所要的各种原始数据和基本资料，学会初步运用基础课、专业技术课和专业课知识进行港口及有关水工建筑物设计，依据相关规范或标准等进行相关结构的设计计算，并能进行技术、经济等综合分析比较，能进行各种水工及相关结构物的施工图设计，为今后能顺利地从事港口工程等项目的规划、设计、施工等工作打下牢固的基础		
学习内容	学习情境1:认知码头组成、分类及地面使用荷载 学习情境2:重力式码头 学习情境3:板桩码头 学习情境4:高桩码头 学习情境5:斜坡码头和浮码头 学习情境6:码头附属设施、防波堤		
学习领域4	港口规划与布置		
学期	第4学期	参考学时	64学时
职业能力要求	1. 了解港口与港口营运在国际贸易中的作用; 2. 了解港口规划与布置的基础条件; 3. 掌握港口水域平面布置的基本要求; 4. 掌握港口水深设计的基本要求; 5. 了解港口水工建筑物配套设施的配置情况; 6. 了解新建港口在港口发展及环保方面的要求		
学习目标	通过本课程的学习，使学生了解港口生产营运的一般知识，对港口及其功能有一全貌了解，应初步掌握港口规划与布置的基本原理、原则，为毕业后从事港口规划与总图布置打下初步基础		
学习内容	学习情境1:认知港口组成、功能 学习情境2:港口腹地及港口吞吐量计算 学习情境3:港口装卸工艺 学习情境4:泊位优化、泊位组、泊位利用率、如何提高装卸效率 学习情境5:码头平面布置 学习情境6:航道、锚地、尺度及布置 学习情境7:港址选择与港口布置形式、规划		
学习领域5	渠化工程		
学期	第4学期	参考学时	64学时
职业能力要求	1. 了解河流渠化在现代航道建设中的作用及泥沙渠化类型; 2. 掌握渠化规划的内容与原则及方法; 3. 具备一定的船闸水力计算技能; 4. 了解和掌握船闸结构及其一般工作条件		
学习目标	通过本课程的学习，使得学生了解渠化工程，特别是船闸的设计原则，培养和提高计算、绘图能力，为今后从事航道及通航建筑物的勘测、施工、设计打下坚实基础		
学习内容	学习情境1:船闸总体规划及平面布置 学习情境2:闸首、闸阀门、输水系统选择及水力计算 学习情境3:闸室结构设计		

续上表

学习领域6	水运工程施工技术		
学期	第5学期	参考学时	44学时
职业能力要求	1.掌握水运工程施工的基本知识与基本概念; 2.掌握水运工程施工的基本规律与主要建筑物的施工技术、编制施工组织设计和概预算		
学习目标	通过本课程的学习,使学生掌握水运工程施工的基本知识,并为从事水运工程施工和设计工作打下初步的基础		
学习内容	学习情境1:主要工种施工的施工技术 学习情境2:主要建筑物的施工顺序、施工方案、施工方法和施工组织 学习情境3:施工组织设计的编制方法与施工管理的基本知识 学习情境4:钢筋混凝土结构的检测和维护		
学习领域7	水运工程招投标		
学期	第5学期	参考学时	44学时
职业能力要求	1.了解招投标的意义、分类; 2.了解投标预备会的内容; 3.熟悉现场勘察的内容; 4.熟悉工程招标投标的基本条件; 5.掌握招标的范围、方式、程序; 6.掌握资格预审的主要内容,掌握招标文件的主要内容、招标文件编制的要求		
学习目标	通过本课程的学习,使学生了解工程招投标的基本程序,熟悉和掌握招投标、合同管理的内容与方法		
学习内容	学习境况1:编制招、投标文件; 学习境况2:编制工程标底; 学习境况3:组织招投标、组织合同文件; 学习境况4:工程索赔		

4.专业拓展学习领域教学标准(表9-10)

专业拓展学习领域教学标准　　表9-10

学习领域1	河流与海岸动力学		
学期	第3学期	参考学时	56学时
职业能力要求	1.了解冲积河流在自然状态下以及受人工建筑物影响以后所发生变化的基本特性; 2.初步掌握河流泥沙运动的基本规律,分析水流泥沙运动与河道演变对环境的影响; 3.了解波浪的基本知识及种类; 4.了解在不同海岸情况下的泥沙运动特性; 5.了解海岸建筑物对岸滩演变的影响		
学习目标	通过本门课程的学习,使学生掌握河床演变与水流泥沙运动的关系		
学习内容	学习情境1:河流与河道水流 学习情境2:泥水和浑水的性质 学习情境3:床面形态与动床水流阻力 学习情境4:河流泥沙的运动和输移 学习情境5:河流的河床演变 学习情境6:海岸泥沙运动与岸滩演变		

续上表

学习领域 2	水工钢结构		
学期	第 4 学期	参考学时	64 学时
职业能力要求	1. 熟悉结构用钢材的力学性能和计算方法； 2. 掌握钢结构几种连接方法的原理和设计、验算方法； 3. 掌握受弯构件、轴心受拉压构件和偏心受拉压构件的计算原理和设计、验算方法； 4. 掌握钢桁架、平面钢闸门的工作原理、设计和计算方法； 5. 会运用所学知识，进行小型钢结构设计或验算； 6. 了解新建港口在港口发展及环保方面的要求		
学习目标	通过本课程的学习，不仅使学生领会和掌握钢结构这种特定结构的理论体系和应用方法，而且要使学生学会如何将基础力学理论应用于具体的工程结构设计的思路和研究方法		
学习内容	学习情境 1：钢结构的材料及设计方法 学习情境 2：钢结构的连接 学习情境 3：钢梁的种类、整体稳定分析 学习情境 4：轴心受力构件 学习情境 5：拉弯和压弯构件 学习情境 6：平面钢闸门		
学习领域 3	水运工程概述		
学期	第 4 学期	参考学时	64 学时
职业能力要求	1. 熟悉交通运输的产生和发展； 2. 熟悉水路运输货物种类； 3. 掌握水上运输的最基本物质条件； 4. 熟悉水运业务、生产经营的基本知识		
学习目标	通过本课程的学习，使得学生对港航专业的有关基础知识有所了解，培养和引导学生对有关知识产生兴趣，为进一步深入学习打下基础		
学习内容	学习情境 1：船舶基础知识 学习情境 2：船舶运输与组织方式 学习情境 3：港口分类与布置 学习情境 4：各类货物装卸工艺 学习情境 5：水运经营组织管理		
学习领域 4	航道工程		
学期	第 4 学期	参考学时	64 学时
职业能力要求	1. 掌握航道工程的类型、规划及设计方法； 2. 了解河流航道的主要功能及完成该功能的工程手段； 3. 掌握河流航道整治的规划、丁坝布置、船闸设计、护岸等		
学习目标	通过学习，使得学生掌握航道工程的基本内容、步骤和方法；对所学的相关课程进行综合运用；为以后的学习和工作打下坚实基础		
学习内容	学习情境 1：河流与航道 学习情境 2：航道整治及疏浚工程 学习情境 3：河流渠化工程 学习情境 4：通航建筑物 学习情境 5：运河		

续上表

学习领域5	船舶与航运文化		
学期	第5学期	参考学时	44学时
职业能力要求	1. 了解海船的运用、船舶技术发展史、著名港口与水道、航运简史； 2. 了解船舶与航运制度文化； 3. 学习船舶与航运精神文化		
学习目标	通过本课程的学习，学生将了解船舶发展、熟悉航运行业基本常识，培养学习兴趣，进而热爱航运行业，为学习其他相关课程打下基础，为投身于航运行业做好心理准备		
学习内容	学习情境1：船舶与航运物质文化 学习情境2：国际组织与重要公约 学习情境3：航运与海盗 学习情境4：船舶与航运趣话 学习情境5：名船名人与名篇 学习情境6：著名的船舶与航运企业 学习情境7：蓝色海洋与绿色航运		
学习领域6	工程软件		
学期	第5学期	参考学时	44学时
职业能力要求	1. 掌握同望概预算软件使用方法； 2. 掌握纵横概预算软件使用方法； 3. 学生能够合理地选择工程单价、各类费用等； 4. 掌握同望和纵横两个概预算软件，能够正确快速的使用这两个概预算软件		
学习目标	通过学习培养学生系统地学习水运程预算软件的基本知识，了解水运算软件的现状和发展趋势，掌握同望概预算软件和纵横概预算软件的计算原理与操作方法，为隧道工程培养高素质的预算人才		
学习内容	学习情境1：同望概预算软件 学习情境2：纵横概预算软件		

5. 独立实践环节教学标准（表9-11）

独立实践环节教学标准　　表9-11

环节9	顶岗实习		
学期	第6学期	学时	690学时
职业能力要求	通过毕业顶岗实习使学生加深对专业理论知识的理解，培养和提高学生实际操作和分析问题、解决问题的能力，使学生综合运用所学理论知识与港口航道与治河工程施工管理实践紧密结合，为毕业后从事施工技术管理等工作打下良好的基础		
学习目标	1. 在实习过程中认知设计或施工等企业的工作流程和各岗位的职责任务，提高岗位的适应能力，学会以各种方式学习，综合素质要有明显进步； 2. 将施工等专业知识和相关政策法规结合，运用到相应的实践岗位，提高观察问题、发现问题、分析问题、解决问题的能力，提高专业水平； 3. 在规范有序的实际工作中养成努力钻研、吃苦耐劳的精神		
学习内容	1. 掌握各种港口航道与治河工程构造物的种类、功能、构造及组成等，能进行现场读图和勘误； 2. 掌握各种港口航道与治河工程构造物的施工方法、施工测量、施工组织、场地布置、安全生产、施工设备、材料实验及施工管理，并能编制相关方案或作业指导书等文件； 3. 熟悉新技术、新工艺、新方法，特别是技术管理、技术员的工作职责、技术文件的分类及整理等		

（二）教学组织

贯彻“合作办学、合作育人、合作发展”的理念，按照“依托行业、对接产业、定位职业、服务社会”的专业建设思路，以行动导向实施课程教学，形成以教师为主导、学生为主体、学做合一、理实一体、工学结合的教学模式。始终要重视学生在校学习与实际工作的一致性，采取工学交替、任务驱动、项目导向的一体化教学模式，运用任务驱动法、项目导向法、情境教学法、案例分析法、现场教学法、课堂讨论法等教学方法进行教学，立足于加强学生实际操作能力的培养。

核心课程建议采用“任务驱动、项目导向”教学法，通过典型的工作任务或项目，由教师提出要求或示范，组织学生进行活动，注重“教”与“学”的互动，让学生在活动中增强爱岗敬业、团结协作的意识，实现技能与素质的同步提高。实施“教、学、做”一体化教学，提高学生的学习兴趣，有效培养学生的职业能力；教师可着重进行引导并实施监督和评价。实践课程要加强引导、示范，创设工作情境，让学生亲自动手，提高学生岗位适应能力和分析处理问题的能力。

在教学过程中，要充分借鉴多媒体、教学资源库、网络资源等教学资源辅助教学，帮助学生理解所学知识，并重视本专业领域新技术、新工艺、新设备的发展趋势，也要充分利用校外实训基地，校企合作，工学结合，积极引导学生提升职业素养、提高职业道德，紧密结合职业技能证书的考核、加强取证项目的训练。

（三）考核评价

吸纳用人单位专家参与教学质量评价，建立以能力为核心、以过程为重点的学习绩效考核评价体系。针对不同类型的课程采用不同的考核方法。对公共基础课程，建议采取理论考核的方法；对于专业学习领域，建议采取过程考核与综合考核相结合的方式；对于独立实践环节，尽量采用实操考核、过程考核的方法。具体原则如下：

1. 公共基础课程

总评成绩 = 平时成绩（考勤、提问、作业等）×40% + 期终考核 ×60%。

2. 专业学习领域

采取过程考核与综合考核相结合的评价方式，同时根据学生取得相应工种的职业资格证书的情况，综合评价学生成绩。

其中，过程考核包括学习态度、课程作业等，占课程总成绩的40%；综合考核包括期末考试、实践考核等，占课程总成绩的60%。

如学生取得相应工种的职业资格证书，则该门课程考核合格。

3. 独立实践环节

以工作态度、实际操作和实习报告等情况综合评定学生成绩，其中工作态度、实际操作等占80%（在企业完成的项目由企业指导教师评定），实习报告占20%。

（执笔人：周园）

X：数控技术专业人才培养方案

第一部分　主体部分

一、专业名称（专业代码）

数控技术（580103）

二、招生对象

普通高中毕业生或具有同等学力者

三、学制

全日制三年

四、培养目标

本专业培养热爱社会主义祖国，拥护党的基本路线和各项基本政策，德、智、体全面发展，具备数控技术专业方面岗位群所需要的理论知识和应用能力，适应从事数控设备的操作和数控机床的日常维护（以数控车床、数控铣床为主）、数控加工工艺及程序编制、计算机绘图及技术档案管理、数控机床调试及维修、产品检验和质量管理、加工质量检测与管理、数控设备的销售与技术服务、CAD/CAM 软件的应用、数控设备的安装调试、维护等工作，具有良好的职业道德、爱岗敬业精神的技术技能人才。经过企业的再培养，还可从事生产一线主管、工段长、车间主任、机电产品营销与技术服务等工作。

五、就业面向

本专业毕业生主要面向企业、事业单位，从事数控机床操作，数控机床加工工艺编程，数控机床维修与管理、数控设备的销售及技术服务，常用 CAD/CAM 软件应用，生产现场的技术管理工作。

主要岗位：数控操作员、数控工艺员、绘图员、数控编程员、质检员、数控维修工。

拓展岗位：数控设备销售与技术服务员。

发展岗位：数控编程师、数控工艺师、生产主管、车间主任等。

六、培养规格

（一）素质目标

（1）具有勤奋、求实的工作态度和敬业精神以及良好的职业道德。

（2）具有认真、严谨的工作作风。

（3）具有健康的心态、良好的人际交流能力、团队合作精神和客户服务意识。

（4）具有善良的心灵和高雅的审美情趣。

（二）知识目标

（1）具备从事本专业相关工作所必需的文化基础知识，具备正确的语言文字表达和继续学习能力。

（2）掌握机械制图的基本知识，具有较强的识图能力。

（3）掌握机械加工基本知识，掌握机械加工及装配的常规工艺，具有机械图纸进行工艺性审查的初步能力，具备测绘并设计机械零件及简单部件的能力。

（4）掌握主要机械加工设备结构、调整及金属切削加工的基本知识。

（5）了解电工、电子、液压传动、数控等技术在机械加工中应用的基本知识。

（6）掌握数控设备加工工艺基本知识。

（7）掌握数控设备维修与管理的相关知识。

（8）掌握典型数控系统编程的基础知识。

（三）能力目标

（1）具有工程材料及其加工的基本知识，并具有车工、铣工、机修钳工等基本操作技能；能并能较熟练地操作 1 ~2 种机械加工设备。

（2）具有计算机的基本操作技能。

（3）具有维修电工必需的基本操作技能。

（4）掌握机电设备安装、维修、保养的基本知识，并具备常用机电设备安装、调试、验收、维修、保养的能力。

（5）具有一定的自学能力和获得信息的能力。

（6）具有一定的语言、文学表达能力。

（7）具有编制中等复杂程度零件的机械加工工艺和加工一般机械零件的能力，数控机床的编程、操作、调试、维护的能力，具有对机械零件工艺特征分析的基本能力。

七、教学环节进程安排表

（一）培养时间分配表

在人才培养的实施过程中，教学环节周数分配如表 10-1 所示。

数控技术专业培养时间分配表　　表 10-1

学年		一		二		三		合计
学期		一	二	三	四	五	六	
1	入学教育	1 周						1 周
2	国防教育	2 周						2 周
3	课内教学	15 周	17 周	17 周	17 周	14 周		80 周
4	实践教学	1 周	2 周	2 周	2 周	1 周		8 周
5	生产实习					4 周	19 周	23 周
累计		19 周	19 周	19 周	19 周	19 周	19 周	114 周

注：课内教学指按课程（学习领域）组织的各种教学活动，包括理论课程、理实一体化课程等；实践教学是指计划单列的非生产性实践教学活动，包括专业认识实践、专项单列实训、课程设计、综合设计、社会实践等。

(二)教学进程表

本专业的人才培养进程如表 10-2 所示。

数控技术专业进程表 表 10-2

序号	类别	课程名称	教学时数与学分				考核方式		课内教学时数及实践周数					
			总学时	学分	理论学时	实践学时	考试学期	考查学期	第一学年		第二学年		第三学年	
									一	二	三	四	五	六
									15 周	17 周	17 周	17 周	14 周	0 周
1	公共基础课程	“两课”基础	60	4	60			1	4					
2		体育	64	2	64			1,2	2	2				
3		高等数学	60	4	60			1	4					
4		计算机应用基础	90	6	40	50	1		6					
5		大学英语Ⅰ	60	4	60		1		4					
6		大学英语Ⅱ	68	4	68		2			4				
7		“两课”概论	68	4	68			2		4				
8		任选课 1	34	2	34			3			2			
9		任选课 2	34	3	34			4				2		
10		就业指导	14	1	14			5					1	
公共基础课程小计			552	34	502	50	课内占比		36.68%					
1	专业基础学习领域	机械制图与识图	60	4	50	10	1		4					
2		机械设计基础	102	6	88	14	2			6				
3		AutoCAD 图样绘制与输出	102	6	48	54	2			6				
4		电工电子产品制作与调试	102	6	82	20		3			6			
5		工程材料及成型	68	4	58	10	3				4			
6		机械制造工艺与夹具设计	68	4	58	10	3				4			
7		公差配合与测量	68	4	58	10	3				4			
8		Creo 三维建模与装配	102	6	51	51	4					6		
9		液压与气压传动	68	4	58	10		4				4		
10		机床电气控制	68	4	36	32		4				4		
专业基础学习领域小计			808	48	587	221	课内占比		53.69%					
1	专业核心学习领域	机械加工刀具选择及应用	68	4	58	10		3			4			
2		数控车削编程与仿真加工	68	4	36	32	4					4		
3		数控铣削编程与仿真加工	68	4	36	32	4					4		
4		Mastercam 自动编程	84	6	42	42	5						6	
5		数控机床故障诊断与维修	84	6	42	42	5						6	
专业核心学习领域小计			372	24	214	158	课内占比		24.72%					
1	专业拓展学习领域	SolidWorks 三维建模与装配	56	4	28	28	5						4	
2		模具设计与制造	56	4	28	28		5					4	
专业拓展学习领域小计			112	8	56	56	课内占比		7.44%					
课内教学环节合计			1844	114	1359	485	总百分比		64.39%					

续上表

序号	类别	课程名称	教学时数与学分				考核方式		课内教学时数及实践周数					
			总学时	学分	理论学时	实践学时	考试学期	考查学期	第一学年		第二学年		第三学年	
									一	二	三	四	五	六
									15 周	17 周	17 周	17 周	14 周	0 周
1	独立实践环节	入学教育	1 周	1		30		1	1 周					
2		国防教育	2 周	2		60		1	2 周					
3		机械制图测绘实训	1 周	2		30		1	1 周					
4		钳工实训	2 周	2		60		2		2 周				
5		金工实训	2 周	4		60		3			2 周			
6		数控编程与加工实训	2 周	4		60		4				2 周		
7		数控机床维修实训	1 周	2		30		5					1 周	
8		毕业顶岗实习	23 周	10		690		5,6					4 周	19 周
独立实践环节合计			1020	27		1020	总百分比		67.77%					
课时(学分)总计			2864	141	1359	1505	周时数		24	22	24	24	21	0
周数总计									19	19	19	19	19	19
理论教学时数			1359				总百分比		47.45%					
实践教学时数			1505				总百分比		52.55%					

(三)课程设置及学时比例

在人才培养的实施过程中,各教学环节学时比例如表 10-3 所示。

数控技术专业课程设置及学时比例表 表 10-3

项目	理论教学	实践教学			
		课内实训	专项实训	顶岗实习	合计
学时	1359	485	330	690	1505
所占比例	47.45%	52.55%			

八、毕业标准

(一)基本要求

(1)德、智、体、美等方面均通过学生管理部门考核达标。

(2)按规定完成课程(学习领域)的学习,成绩合格。

(3)完成各项独立实践环节(单列科目:如实践课、课程设计、实习、毕业实践、毕业设计等)的学习,成绩合格。

(二)考证要求

(1)必须取得全国计算机等级证(一级及以上)和英语应用能力证书(三级 B)。

(2)获得至少一个本专业职业资格证书方可毕业。本专业职业资格证书如表 10-4 所示。

数控技术专业职业资格证书表　　表 10-4

序　号	考 核 项 目	考核发证部门	等 级 要 求
1	CAD/CAM 认证考试	人力资源和社会保障部	中级
2	装配钳工职业资格考试	人力资源和社会保障部	中级
3	数控车工职业资格考试	人力资源和社会保障部	中级
4	数控铣工职业资格考试	人力资源和社会保障部	中级
5	加工中心职业资格考试	人力资源和社会保障部	中级
6	数控线切割职业资格考试	人力资源和社会保障部	中级
7	数控机床装调工考试	人力资源和社会保障部	中级
8	数控工艺员资格考试	人力资源和社会保障部	中级

(三)其他要求

完成任选课的学习,并取得5学分。

第二部分　支撑材料

一、专业人才培养实施条件

（一）专业教学团队

1. 师资数量与结构

（1）教师队伍数量应与学生规模相适应，生师比控制在16∶1左右。

（2）教师队伍结构优化，梯队合理，45岁以下青年教师中研究生学历或硕士以上学位比例达到30%，专任教师中高级职称的比例≥30%，专任教师中具备双师素质教师的比例应达到80%以上。

（3）每个学习领域（课程）的教师应不少于2人，其中专业核心学习领域应配备相关专业中级技术职称以上的双师素质教师2人。

（4）各专业学习领域及独立实践环节，均应配备行业企业工程技术人员担任兼职教师，兼职教师折算比例应达到50%左右。

（5）专业实习（训）指导教师均为大专以上学历或中级以上职称。实习（训）指导教师具有中高级职称比例≥20%。

2. 业务水平

教师应具备良好的职业道德和一定的教学科研能力，达到高等教育教师任职资格的要求且具备高等教育教师任职资格。其中主讲教师应由具备讲师以上职称的专任教师或工程师以上职称的兼职教师担任，参加科学研究或技术服务的专任教师人数不少于专任教师总数的30%。

（二）专业教学资源

1. 选用优秀的高职高专规划教材

在选择教材时，必须力争选用高水平的教材，杜绝质量低劣的教材进入课堂，不断提高教学质量，满足新形势发展的要求。鼓励优先选用教育部"面向21世纪课程教材"、国家级和省部级规划教材、教育主管部门或教学指导委员会推荐的教材；优先选用近三年出版的新教材或修订版教材；优先选用具有鲜明模具行业特征的高职高专规划教材、特色教材和精品教材。

本专业核心学习领域推荐使用的教材如表10-5所示。

数控技术专业核心学习领域推荐使用教材表　　　　表10-5

课程名称	推荐使用教材	主编	ISBN
数控车削编程与仿真加工	FANUC系统数控车床编程与加工	许云飞	978-7-121-21675-6
数控铣削编程与仿真加工	FANUC系统数控铣床编程与加工	许云飞	978-7-121-21775-3
Mastercam自动编程	Mastercam应用教程	张延	978-7-111-32295-5
Creo模具设计	Creo 2.0模具设计教程	北京兆迪科技有限公司	978-7-111-41084-3

2. 开发基于工作过程的校本教材

在基于工作过程的校本教材开发过程中，校方与企业用人单位进行紧密联系，从实际工作岗位的典型工作任务出发，以完成实际工作任务所需要的知识为学习内容，以培养企业所需的职业能力为目标，以实践过程的学习为主要过程，融入企业标准和行业规范，使之成为理实一体化教学的适用教材。专业核心学习领域教材一般要求为特色鲜明的校本教材，或国家和地区职业教育优质教材。

3. 选用精品资源共享课程

充分利用现有国家和省级精品资源共享课程开展教学，加强网络学习平台建设，通过慕课、个人空间、网络课程等网络技术构建日常教学课程网站，整合各种优质教学资源进行专业教学。

在课程教学过程中，专业核心学习领域推荐选用精品资源共享课程如表10-6所示。

数控技术专业核心学习领域推荐选用精品资源共享课程表 表10-6

课程名称	优质课程名称	主持人	课程院校	网址
机械加工刀具选择及应用	机械加工刀具选择及应用	邹贵平	江西交通职业技术学院	http://jpkc.jxjtxy.com/2011/jxjgdj/kswz_show.asp
数控车削编程与仿真加工	数控车削编程与仿真加工	李彩丽	江西交通职业技术学院	http://elearn.jxjtxy.com/eol/homepage/course/course_index.jsp?_style=style_2_03&courseId=11635
数控铣削编程与仿真加工	数控铣削编程与仿真加工	方爱红	江西交通职业技术学院	http://elearn.jxjtxy.com/eol/homepage/course/layout/page/index.jsp?courseId=11017
数控机床故障诊断与维修	数控机床故障诊断与维修	李永松	江西交通职业技术学院	http://elearn.jxjtxy.com/eol/homepage/course/course_index.jsp?_style=style_2_03&courseId=11408
机械制造工艺与夹具设计	机械制造工艺与夹具设计	何世松	江西交通职业技术学院	http://elearn.jxjtxy.com/eol/homepage/course/layout/page/index.jsp?courseId=10678
Creo三维建模与装配	Creo三维建模与装配	何世松	江西交通职业技术学院	http://elearn.jxjtxy.com/eol/homepage/course/layout/page/index.jsp?courseId=11015

4. 专业网络教学资源

以数字化校园为运行载体，以学习领域（课程）为组织形式，利用网络学习平台建设共享性网络教学资源库，主要包括试题库、课件库、专业教学素材库、教学录像库等。网络教学资源库的建议配置如表10-7所示。

模具设计与制造专业网络教学资源库的建议配置 表 10-7

类别	资源	主要内容与要求	备注
专业基本资源	专业简介	专业代码、招生对象、学制、就业面向、专业特点、主要课程等	专业介绍
	人才培养方案	主要包括培养目标、专业面向的职业岗位分析、专业定位、课程体系、核心课程描述、教学进程、毕业标准、实施条件、实施规范、实施流程、实施保障等	
	课程标准	专业核心课程的课程标准	
	教学文件	教学管理相关文件	
课程教学资源	教学指南	本课程的作用、目标和要求，本课程与职业岗位的关系，本课程与其他课程的关系，本课程的主要特点、课程结构、课程内容、课时分配、课程的重点与难点、实践教学体系、课程教学方法、课程教学资源、课程考核、课程授课方案设计、课程建设与工学结合效果评价等	专业基本配置
	教学设计	主要包括学时安排、学习任务设计、学习内容确定、教学目标设定、教学重难点分析及处理、任务工单提供、教学方法建议、教学手段选用、教学设施和教学场地安排、教学实施要求、课程考核方法，以及课后总结等	
	多媒体课件	模具设计与制造专业优质核心课程课件	
	教学视频库	课程设计录像、课堂教学录像、实训操作演示录像等	
	案例库	以一个完整的企业项目为案例单元，通过观看、阅读、学习、分析案例，实现知识内容的传授、知识技能的综合应用展示、知识迁移、技能掌握等	
	FLASH 资源	教学难点的动漫演示	
	实训项目	实训目标、实训设备、实训要求、实训内容与步骤、实训项目考核和评价标准、实训报告或总结、技术手册、操作规程与安全注意事项	
	学生作品	学生学习成果、实训作品和生产产品	
自主学习资源	学习指南	课程学习目标与要求，重点、难点提示及释疑，学习方法，典型任务解析，自我测试题及答案，参考资料和网站	专业特色配置
	测试题库	知识和技能测试	
	视频库	学习任务实施操作视频资料	
	网络课程	基于互联网的处方自主学习平台	
	课程链接	与本专业相关的网站	
拓展学习资源	拓展视频资源	其内容可以在教学标准的基础上适当拓展	专业拓展选配
	文献库	与模具专业相关的行业标准、企业规范、专利资料、法律法规、技术资料、成功案例等	
	仪器设备操作手册	常用仪器设备的操作手册	
	仿真教学	按教学内容列出数控加工、模具拆装等仿真软件，并提供应用入口	
	课程 BBS	建立由专人管理的网上论坛	
	网上答疑	按主讲教师开设答疑室	
	其他资源	素质教育模块、课外活动园地	

5. 其他教学资源

学院图书馆或资料室应当配置数量适当、结构合理、技术新颖的本专业纸质和电子图书，为专业学习、教学、科研和社会服务提供良好的信息服务；学院配置的电子图书，具有良好服务功能，能为专业教学资源库建设提供大数据服务。

（三）实验实训条件

1. 校内实训条件

专业实验实训室的建设要模拟生产一线或就业岗位环境，尽量把单一性、验证型实验实训室建设成为综合性、创新型实验实训室，形成真实或仿真的职业环境，使学生在实践过程中，能体会企业真实生产氛围，了解企业生产状况，增强其自主性和独立完成工作的能力。

本专业实践教学条件的建设按照完成专业学习情境教学、每个场地一次容纳 40 名学生、进行基于行动导向的理论实践一体化教学的需要进行配置。

数控技术专业的实践条件配置与要求如表 10-8 所示。

数控技术专业校内实训条件建设建议表 表 10-8

序号	名 称	主要设备	主要功能	对应课程	容纳学生
1	数控加工实训室	数控加工中心，数控车床，数控铣床，工具箱，量刃具，虎钳，扳手	数控车、铣床基本操作；编程与模拟加工；零件的装夹；对刀；典型零件编程加工实训；熟悉操作规程；安全文明生产	数控车削编程与仿真加工 数控铣削编程与仿真加工	40 人
2	线切割加工实训室	电火花快走丝线切割机床，电火花慢走丝线切割机床，电火花机床，工具箱	线切割、电火花机床编程与基本操作实训	模具设计与制造	40 人
3	金工实训室	普通车床，普通铣床，刨床，钻床，磨床，锯床	使用普通机床的零件制作； 零件的热处理	机械制造工艺与夹具设计机械加工刀具选择及应用	40 人
4	材料成型实训室	冲压机，五种典型冲压，模具各一套，注塑机，安装工具，烘干机，温控器，机房	用于模具安装调试实训、成型工艺分析、模具安装调试、冲压制品及注塑成型分析，注塑机操作实训	模具设计与制造	40 人
5	模具拆装与测绘实训室	拆装用模具，透明模具，拆装工具箱，绘图板和绘图桌，钳工台	模具拆装、结构认知，模具结构认知，模具的拆装，绘制模具图，拆装模具	模具设计与制造	40 人
6	钳工实训室	钳工台，台虎钳，摇臂钻，台钻，平板	锉、锯、钻孔和螺纹加工；画线实训；零件去毛刺；零件研磨、相配	钳工实训	40 人
7	教学模型室	教学模型，教学挂图	测绘实训及教学	所有课程	40 人

续上表

序号	名 称	主要设备	主要功能	对应课程	容纳学生
8	电子实训室	电烙铁,电子元器件,课桌椅	用于电子设备组装实训	电工电子产品制作与调试	40 人
9	数控维修实训室	数控维修综合实训台,课桌椅	数控维修实验及实训	数控机床故障诊断与维修	40 人
10	电工实训室	三相异步电机,电烙铁,课桌椅	电机实训及实验	机床电气控制	40 人
11	电工电子实验室	电工电子综合实验台	电工电子实验及实训	电工电子产品制作与调试	40 人

2. 校外实训条件

按照"签协议、挂牌子、间组织、聘教师、共管理"的思路,选择技术较为先进、管理水平较高、生产规模大、效益好的企业作为紧密合作对象,与这些合作企业建立长期、良好、稳定的教学合作关系,力争建成紧密合作的校外实训基地的数量稳定在 10 家以上。

第一,基地建设要有实用功能,要满足学生实训和双师培训的需要,培养高素质技术技能人才,用科学的方法、先进的技术装备培养与企业员工一样规范的学生,缩短学生从单项技能到多项技能、从技术能力到职业综合能力的成才过程。

第二,基地的建设要有创新功能,要满足教学方法的改革,从发达国家的实际看,新的教学方法、一体化课程等大都是较高水平的、校企合作的基地创造出来的。随着我国职业教育教学改革的不断深入,教学方法亟待提高,比如能够培养学生系统完整地解决生产问题的项目教学,要求我系必须改变传统的课程设置,加快方法创新,利用基地不断开展教学实验,不断开发推广新的教学改革成果。

第三,基地的建设要有开拓功能。要利用基地有意识地提高教师能力,要建立高起点的技术基础,开发与企业需要一致的教学过程,创造与劳动组织更接近的培养模式,优化人才培养过程。

二、专业人才培养实施规范

(一)课程教学标准

1. 公共基础课程教学标准

本部分内容请参阅本书的附录部分。

2. 专业基础学习领域教学标准(表 10-9)

专业基础学习领域教学标准 表 10-9

学习领域 1	机械制图与识图		
学期	第 1 学期	参考学时	60 学时
职业能力要求	通过这门课程的学习,要培养学生具有一定的图示能力、空间想象能力、看图读图能力及绘图的实际技能,掌握计算机的基本操作方法,并初步学会运用计算机辅助完成零件图、装配图的测绘,为后续专业课程的学习打下良好的基础		

续上表

<table>
<tr><td>学习领域1</td><td colspan="3">机械制图与识图</td></tr>
<tr><td>学期</td><td>第1学期</td><td>参考学时</td><td>60学时</td></tr>
<tr><td>学习目标</td><td colspan="3">1. 具有绘图和阅读机械图样的基本能力；
2. 有一定的空间想象能力和空间分析能力；
3. 具有一定认真负责的工作态度和严谨的工作作风；
4. 能够绘制简单零件图和装配图；
5. 了解制图国家标准的基本规定；
6. 掌握正投影法和三视图的投影规律；
7. 掌握组合体的形体分析和绘制方法；
8. 掌握图样的表示方法</td></tr>
<tr><td>学习内容</td><td colspan="3">1. 绘制平面图形（手柄、吊钩、耳板、压盖等）；
2. 基本形体模型测绘；
3. 摆积木造型或做模型；
4. 机件或模型测绘；
5. 测绘轴、轴承端盖及相关联接件；
6. 螺纹连接图和齿轮测绘图；
7. 根据装配示意图和零件图拼画装配图</td></tr>
<tr><td>学习领域2</td><td colspan="3">机械设计基础</td></tr>
<tr><td>学期</td><td>第2学期</td><td>参考学时</td><td>102学时</td></tr>
<tr><td>职业能力要求</td><td colspan="3">过本课程的学习，使学生掌握基本的工程计算与简单机械零部件的设计，并初步具有分析、解决实际工程问题的能力，为后续专业课的学习打下了良好的基础，使学生具有机械设计的初步能力和为专业学习起到承前启后的作用</td></tr>
<tr><td>学习目标</td><td colspan="3">1. 了解本课程的应用领域；
2. 掌握常用机构的工作原理、特性及应用，掌握通用机械零部件设计创新基础知识；
3. 掌握常用联接机构的工作特性，掌握机械安装、维护工艺技术规程；
4. 掌握各种传动的工作原理和机构工作特点；
5. 了解现代创新理念和设计创新思想；
6. 具有在设计过程中，运用所学理论知识分析解决机械工程力学与材料力学相关问题的能力；
7. 具有机械传动系统的机构分析、设计创新和排除故障能力；
8. 具有生产机械的安装、调试、运行管理与维护能力；
9. 能对常用机构、通用部件进行改进和优化设计</td></tr>
<tr><td>学习内容</td><td colspan="3">1. 常用机构设计；
2. 联接件设计；
3. 传动件设计；
4. 轴系零部件设计</td></tr>
<tr><td>学习领域3</td><td colspan="3">AutoCAD图样绘制与输出</td></tr>
<tr><td>学期</td><td>第2学期</td><td>参考学时</td><td>102学时</td></tr>
<tr><td>职业能力要求</td><td colspan="3">过该课程的教学，使学生掌握AutoCAD的基本操作，相关命令。熟识各种图形绘制的基本流程，为从事相关设计工作打下基础</td></tr>
</table>

续上表

<table>
<tr><td>学习领域 3</td><td colspan="3">AutoCAD 图样绘制与输出</td></tr>
<tr><td>学期</td><td>第 2 学期</td><td>参考学时</td><td>102 学时</td></tr>
<tr><td>学习目标</td><td colspan="3">1. 知道命令执行过程中的常用技巧、控制视图显示；
2. 会使用直线命令绘制机械零件图形、使用直线命令绘制中心线，绘制由多段线、矩形、多边形、圆组成的图形；
3. 知道图层概念和创建图层；创建、插入、输出、重命名和删除图块，插入带属性的图块及修改图块属性值；
4. 能运用 AutoCAD 软件绘制机械工程图；
5. 具有把专业设计需求与 AutoCAD 软件功能有机结合的能力</td></tr>
<tr><td>学习内容</td><td colspan="3">1. AutoCAD 基础知识；
2. 简单图形绘制；
3. 图形编辑；
4. 精确绘图；
5. 图形属性；
6. 创建建筑尺寸标注样式、文字标注，为建筑图形标注尺寸；
7. 三维绘图；
8. 综合绘图</td></tr>
<tr><td>学习领域 4</td><td colspan="3">电工电子产品制作与调试</td></tr>
<tr><td>学期</td><td>第 3 学期</td><td>参考学时</td><td>102 学时</td></tr>
<tr><td>职业能力要求</td><td colspan="3">通过本课程的学习使学生获得电工电子学必要的基本理论、基本知识和基本技能，了解电工电子事业发展的概况，为学习后续其他相关类课程和专业知识以及毕业后从事工程技术工作打下理论与实践基础。同时，使学生在学习完本课程后，初步具有读懂电子设备的电气原理图，并对主要环节进行定性和定量的分析和估算的能力。同时也了解和熟练使用一些常用的电工电子设备</td></tr>
<tr><td>学习目标</td><td colspan="3">1. 掌握直流电路和交流电路的基本概念、基本原理；
2. 学会直流电路和交流电路的基本分析和计算方法；
3. 掌握变压器的基本结构、工作原理和简单计算方法；
4. 掌握电动机的基本结构和工作原理；
5. 掌握低压电器的基本结构、基本性能和主要工作原理；
6. 掌握电动机基本控制电路的组成和工作原理</td></tr>
<tr><td>学习内容</td><td colspan="3">1. 照明电路的安装与调试；
2. 低压配电柜的装配与调试；
3. 分立式功率放大器的制作与调试；
4. 直流稳压电源的制作与调试；
5. 数字钟的制作与调试</td></tr>
<tr><td>学习领域 5</td><td colspan="3">工程材料及成型</td></tr>
<tr><td>学期</td><td>第 3 学期</td><td>参考学时</td><td>68 学时</td></tr>
<tr><td>职业能力要求</td><td colspan="3">使学生具有选用工程材料、选择毛坯加工方法和切削成形方法以及工艺分析、分析零件结构工艺性和选择加工方法的初步能力；具备解决制造过程中出现的各种工艺问题的能力</td></tr>
</table>

续上表

学习领域5	工程材料及成型		
学期	第3学期	参考学时	68学时
学习目标	1. 掌握有关工程材料的基本理论、基础知识和基本技能，了解各种先进工程材料和先进工艺的新进展； 2. 掌握常用工程材料的分类、基本性能及用途，掌握常用工程材料成分—组织结构—性能—工艺—应用间的内在关系和规律，熟悉工程材料分析的常用方法； 3. 掌握塑性、热加工工艺对材料组织性能的影响规律和相关机理； 4. 掌握工程材料的选材和用材原则，并具有根据零部件的服役条件和性能要求，会合理地选择热处理工艺和材料加工的工艺路线，进行初步的质量分析和失效分析的能力		
学习内容	学习情境1：金属材料基本知识 学习情境2：钢的热处理 学习情境3：金属材料 学习情境4：铸造 学习情境5：锻压 学习情境6：焊接		
学习领域6	机械制造工艺与夹具设计		
学期	第3学期	参考学时	68学时
职业能力要求	通过本课程学习，让学生更深刻理解机械制造工艺系统，把刀具、夹具、机床对加工精度的影响有机结合，综合专业能力有明显提高；能充分应用机床夹具设计基本知识，能对一般零件进行定位、夹紧方案的对比、优化分析，具备夹具设计初步能力，学生的空间想象力进一步提升。为学生毕业设计和未来从事专业工作奠定基础		
学习目标	1. 掌握工艺规程的制订的基本原则、步骤； 2. 理解影响机械加工精度的因素； 3. 基本掌握典型零件的加工工艺； 4. 掌握工件的定位原则和夹具设计方法、步骤； 5. 能对常规零件进行工艺分析，选择毛坯、加工余量和切削用量，拟定工艺路线； 6. 应用六点定位原理及工件的夹紧原则，分析被加工零件某道工序的定位、夹紧方案，具备夹具设计的初步能力		
学习内容	1. 机械加工工艺规程的制订； 2. 机械加工精度及质量； 3. 工件的定位和夹紧； 4. 工件的定位和夹紧； 5. 专用夹具设计方法		
学习领域7	公差配合与测量		
学期	第3学期	参考学时	68学时
职业能力要求	通过本课程的学习，培养学生具有扎实的公差与测量基本理论知识，熟悉最新的国家标准，能够熟练选择和使用测量器具，具有对典型零件实施检测的能力，掌握光滑极限量规的设计原则和基本方法，养成“一丝不苟、精益求精”的职业素养，使学生获得机械制造业技术人员必须具备的公差与检测的知识和技能，直接为学生胜任该专业核心就业岗位服务		

续上表

学习领域7	公差配合与测量		
学期	第3学期	参考学时	68学时
学习目标	1. 熟练掌握机械零件图纸的识图、分析和加工信息提取； 2. 熟悉机械零件加工误差产生的原因,并对原因进行分析； 3. 根据零件图纸要求,使用一般仪器对零件进行检测； 4. 熟练尺寸误差的基本操作方法和检测仪器的选择； 5. 熟悉形位误差的基本操作方法和检测仪器的选择； 6. 熟练表面粗糙度误差的基本操作方法和检测仪器的选择； 7. 熟练圆锥零件误差的基本操作方法和检测仪器的选择； 8. 熟练螺纹误差的基本操作方法和检测仪器的选择； 9. 熟练齿轮误差的基本操作方法和检测仪器的选择； 10. 熟练量规的设计方法和原理； 11. 熟练综合零件误差的基本操作方法和检测仪器的选择； 12. 掌握各类零件的检验,能对误差进行分析、优化、评价和总结			
学习内容	1. 尺寸测量； 2. 形位测量； 3. 表面粗糙度测量； 4. 锥度测量； 5. 螺纹测量； 6. 齿轮测量； 7. 量规设计			
学习领域8	Creo 三维建模与装配		
学期	第4学期	参考学时	102学时
职业能力要求	通过本课程的学习,掌握 Creo 基本命令和灵活运用能力;培养空间想象能力和设计能力;使学生掌握三维实体造型、建模、曲面设计、零件装配及工程图设计的能力,为将来的实际应用提供必要的基础			
学习目标	1. 掌握 Pro/E 的基于特征的零件建模方法； 2. 掌握三维实体造型、建模、曲面设计、零件装配及工程图创建			
学习内容	1. Pro/E 基础知识； 2. 二维草图绘制； 3. 基本特征创建(拉伸、旋转)； 4. 基准特征的创建； 5. 放置特征的创建； 6. 特征的操作； 7. 特征创建(混合、扫描)； 8. 高级特征创建； 9. 零件装配； 10. 曲面特征创建； 11. 工程图创建； 12. 模具设计简介； 13. 数控加工简介			

续上表

学习领域 9	液压与气压传动		
学期	第 4 学期	参考学时	68 学时
职业能力要求	使学生掌握液压传动的工作原理，并在此基础上，学生能进行液压元件和气压元件的装拆、基本回路的设计、安装调试，为今后工作中对机电一体化设备的液压系统的故障诊断和维修打下基础		
学习目标	1. 掌握液压传动中常用液压元件与液压系统的原理与结构； 2. 掌握液压系统常见回路的分析方法； 3. 能读懂常见工业设备的液压传动系统原理图； 4. 能进行简单的液压传动系统回路设计		
学习内容	学习情境 1:液压传动工作原理 学习情境 2:液压流体力学基础 学习情境 3:液压动力元件(液压泵) 学习情境 4:液压执行元件 学习情境 5:液压控制阀 学习情境 6:液压辅助元件 学习情境 7:液压基本回路		
学习领域 10	机床电气控制		
学期	第 4 学期	参考学时	68 学时
职业能力要求	1. 熟悉常用控制电气设备的结构、工作原理、用途、型号、并能正确选用； 2. 熟悉电气控制线路的基本环节，对一般电气控制线路具有独立分析能力； 3. 初步具有对电气控制系统进行改造和设计的能力； 4. 初步具有对一般继电器 - 接触器控制线路的故障分析与检查能力； 5. 电气控制线板安装的工艺要求		
学习目标	1. 掌握电机的应用、了解电机控制的基本知识与发展，从而使学生在未来的工作实践中能够把握该项技术的发展和应用趋势，更好地服务其专业工作； 2. 掌握常用低压电器的功能、结构、原理、选用与维修方法； 3. 掌握三相交流异步电动机控制电路的工作原理，并熟练进行安装、调试与维修； 4. 掌握机床电气控制电路的设计方法； 5. 掌握典型机床的电气控制系统的工作原理，并熟练进行安装、调试与维修； 6. 掌握数控车床的电气控制系统的工作原理，并熟练进行安装、调试与维修； 7. 具有自我学习和自我发展的能力		
学习内容	1. 工厂低压电器的拆装； 2. 电动机的基本控制与电气识图； 3. CA6140 车床电气系统的检测与维护； 4. Z3040 型摇臂钻床电气系统的检测与维护； 5. T68 卧式镗床的电气系统的检测与维护		

3. 专业核心学习领域教学标准(表 10-10)

专业核心领地教学标准　　表 10-10

学习领域 1	机械加工刀具选择及应用		
学期	第 3 学期	参考学时	68 学时
职业能力要求	使学生掌握切削过程的基本规律及其应用,常用标准刀具的选择和改进,常用非标准刀具的设计等基本知识和基本能力		
学习目标	1. 具备设计常用刀具几何参数的能力; 2. 具有较好刀具材料选择的能力; 3. 具备金属切削过程的分析及工艺参数选择的能力; 4. 具有车刀的结构分析与应用能力; 5. 具有孔加工过程分析、刀具的结构分析与应用的能力; 6. 具有铣削过程分析与铣刀的选择能力		
学习内容	学习情境 1:刀具的结构分析和几何参数的拟定 学习情境 2:金属切削过程的分析及工艺参数选择 学习情境 3:刀具材料的分析及选择 学习情境 4:车刀的结构分析与应用 学习情境 5:孔加工过程分析、刀具的结构分析与应用 学习情境 6:拉刀的结构特点与使用 学习情境 7:铣削过程分析与铣刀的选择 学习情境 8:其他刀具的结构与应用		
学习领域 2	数控车削编程与仿真加工		
学期	第 4 学期	参考学时	68 学时
职业能力要求	1. 会根据零件图编制数控加工工艺文件; 2. 会查阅相关技术标准及技术资料,能进行切削用量的选择及优化; 3. 会合理选用工艺装备并进行加工调整; 4. 能熟练编制零件数控车削加工程序; 5. 能熟练操作数控车床对零件进行生产加工,并能对工件进行检测,获得符合技术要求的产品		
学习目标	1. 能熟练地操作数控车床及并对机床进行安全检查; 2. 能刃磨与使用数控车床常用各类刀具、掌握机床的对刀操作,合理选择数控车削刀具与切削用量; 3. 能够运用相关工艺知识解决零件数控车削加工的工艺问题; 4. 能够安装工装夹具,并正确使用; 5. 能熟练应用数控车床编程指令编制各种零件车削加工程序; 6. 能按图样要求完成相当中级到高级工复杂程度零件的数控车削加工; 7. 能正确选用相应量具对零件进行检测,并根据检测结果修改加工程序; 8. 能设计并加工外形别致的工艺品或具有一定功能的组合零件; 9. 能对数控车床进行日常维护保养以及工作环境保护、设备点检; 10. 能够根据零件图纸要求对工件进行数控仿真加工		

续上表

<table>
<tr><td>学习领域 2</td><td colspan="3">数控车削编程与仿真加工</td></tr>
<tr><td>学期</td><td>第 4 学期</td><td>参考学时</td><td>68 学时</td></tr>
<tr><td>学习内容</td><td colspan="3">学习情境 1:数控车削加工基础知识
学习情境 2:外圆与端面的车削加工
学习情境 3:锥面与圆弧表面的车削加工
学习情境 4:孔的车削加工
学习情境 5:槽的车削加工
学习情境 6:螺纹的车削加工
学习情境 7:非圆曲线的车削加工
学习情境 8:典型零件的车削加工合综合</td></tr>
<tr><td>学习领域 3</td><td colspan="3">数控铣削编程与仿真加工</td></tr>
<tr><td>学期</td><td>第 4 学期</td><td>参考学时</td><td>68 学时</td></tr>
<tr><td>职业能力要求</td><td colspan="3">在学会数控铣床基本操作和日常维护的基础上,掌握数控铣削由工艺分析到编程再到加工出符合技术要求的各类铣削产品的所有知识</td></tr>
<tr><td>学习目标</td><td colspan="3">1. 掌握分析零件图的方法,了解不同类型零件的特征知识,并掌握其基本加工思路和方法;
2. 能正确和较熟练地安排数控铣加工路线,掌握各种工装、刀具、夹具的安排的技能;
3. 能正确地应用 G 指令编制一般零件的加工程序;
4. 能查阅与本课程有关的零件手册和国家标准;
5. 具有编写中等复杂程度零件加工程序的能力;
6. 具有熟练应用机床控制面板的能力;
7. 具有熟悉铣床结构和功能、掌握多种对刀方法的能力;
8. 具有操作铣床完成中等复杂程度零件加工的能力;
9. 培养学生严肃认真的学习态度和一丝不苟的工作作风</td></tr>
<tr><td>学习内容</td><td colspan="3">1. 数控铣控制面板的操作及开关机
2. 铣床的坐标系、首件试切操作
3. 编程相关规定及编程指令
4. 数控铣削工艺分析、刀具补偿、数控铣床对刀
5. 二维凸轮零件的编程及加工
6. 槽类零件的编程及加工
7. 孔类零件的编程及加工
8. 曲线轮廓件的编程及加工</td></tr>
<tr><td>学习领域 4</td><td colspan="3">MasterCAM 自动编程</td></tr>
<tr><td>学期</td><td>第 5 学期</td><td>参考学时</td><td>84 学时</td></tr>
<tr><td>职业能力要求</td><td colspan="3">通过本课的学习,使学生理解和掌握零件数控加工的自动编程技术、数控加工工艺知识的应用,掌握数控加工中所涉及的 CAD/CAM 软件、工装、数控加工工艺等环节的理论知识及实践技能,使学生具有运用 CAD/CAM 软件进行数控编程加工的能力</td></tr>
<tr><td>学习目标</td><td colspan="3">1. 具备正确分析零件结构,能根据图纸要求,运用所学知识快速完成零件造型的能力;
2. 具备正确分析部件中各零件的装配关系,能够按照要求,运用所学知识快速完成零部件装配的能力;
3. 具备能按够按照绘图标准和要求生成工程图的能力;
4. 具备利用 CAM 软件进行车削类零件造型和数控加工自动编程的能力;
5. 具备利用 CAM 软件进行铣削类零件三维造型和数控加工自动编程的能力;
6. 具备根据设备要求合理选用加工工艺的能力</td></tr>
</table>

续上表

学习领域 4	MasterCAM 自动编程		
学期	第 5 学期	参考学时	84 学时
学习内容	学习情境 1:绘制二维草图 学习情境 2:三维实体建模应用 学习情境 3:曲面特种应用 学习情境 4:二维铣削自动编程 学习情境 5:三维曲面类零件铣削自动编程		
学习领域 5	数控机床故障诊断与维修		
学期	第 5 学期	参考学时	84 学时
职业能力要求	使学生具备数控机床故障诊断与维修相关理论知识和数控机床故障诊断与维修的技能,能够承担数控机床故障诊断、数控机床故障维修等工作任务		
学习目标	1. 掌握安装地基要求及起吊运输; 2. 掌握电缆、油管和气管的连接; 3. 掌握数控系统的连接与调试; 4. 能正确且熟悉进行数控机床的开机调试; 5. 熟悉数控机床预验收、开箱检验; 6. 掌握数控机床试运行时间及相关规定; 7. 能正确完成数控机床性能检验; 8. 掌握正确进行数控机床精度的验收; 9. 掌握使用机床几何精度检测常用工具; 10. 掌握数控机床机械结构的基本组成和特点; 11. 熟悉数控机床主传动系统的要求; 12. 熟悉液压和气动装置的结构和工作原理; 13. 掌握主轴传动的配置方式和变速方法; 14. 掌握主传动的配置方式、主轴的变速方法和主轴轴承的主要配置形式; 15. 掌握主轴刀具的夹紧、切屑排除、定向、密封与润滑; 16. 熟悉机床进给传动部件的滚珠丝杆螺母副、静压蜗杆蜗母条传动、低摩擦系数导轨、齿轮间隙消除机构和带传动; 17. 握回转工作台和工作台面自动交换装置的结构和工作原理; 18. 熟悉自动换刀装置的刀库和机械手; 19. 掌握数控系统维修常识和状态检测与故障诊断; 20. 掌握典型数控机床故障诊断与维修实例		
学习内容	1. 数控机床的安装调试及验收 2. 数控机床机械结构 3. 典型数控系统的硬件结构及硬件故障的诊断与维修 4. 典型数控系统的软件结构及数控系统故障的诊断与维修 5. 状态检测与故障诊断 6. 数控机床故障诊断与维修实例		

4. 专业拓展学习领域教学标准(表 10-11)

专业拓展学习领域教学标准 表 10-11

学习领域 1	SolidWorks 三维建模与装配		
学期	第 5 学期	学时	56 学时
职业能力要求	通过本课程的学习,使学生掌握应用三维软件(SolidWorks)进行产品设计的基本概念和方法,培养学生的三维设计能力和计算机操作能力		
学习目标	1. 了解计算机辅助三维绘图的基本原理和方法; 2. 掌握 SolidWorks 软件的基本操作流程; 3. 掌握草图绘制和编辑的一般方法; 4. 掌握拉伸、旋转等基本特征建模工具的使用,熟悉其他附加特征建模方法; 5. 理解参考几何体的含义,掌握其创建方法,了解查询的使用; 6. 了解零件特征管理、联结尺寸、方程式驱动等零件建模辅助功能; 7. 能够进行简单装配体的装配造型; 8. 熟悉工程图创建方法,能够创建简单的工程图		
学习内容	学习情境 1:SolidWorks 的基本操作 学习情境 2:曲线和曲面 学习情境 3:花盆和烧杯建模 学习情境 4:电扇风叶和卫浴把手建模 学习情境 5:音响和显示器建模 学习情境 6:足球和茶壶建模		
学习领域 2	模具设计与制造		
学期	第 5 学期	学时	56 学时
职业能力要求	通过本课程的学习,使学生掌握模具运用领域及模具产品分类,掌握不同模具的典型结构、了解模具零件的加工方法,模具装配工艺以及模具设备的选用。使学生掌握模具的结构,加工方法、装配工艺能与本专业的职业要求联系起来,并用于实际工作和生活中,实现知识与技能的统一		
学习目标	1. 掌握冲裁、弯曲和拉深工艺理论知识,会编制冲压工艺规程和设计冷冲压模具; 2. 了解胀形、翻边、冷挤压和覆盖成形的冲压工艺和模具设计理论知识; 3. 掌握塑料注射成型工艺及注射模设计的理论知识,会设计塑料注射模; 4. 了解塑料的压缩成形、压注成形、挤出成形工艺及模具设计理论知识; 5. 掌握模具成形表面的机械加工、特种加工及模具装配知识; 6. 对现代模具制造技术(如快速模具制造技术、逆向工程技术)作一般性的了解		
学习内容	学习情境 1:模具的基本知识 学习情境 2:冷冲模工艺与结构 学习情境 3:塑料模工艺与结构 学习情境 4:模具的机械运动 学习情境 5:模具材料及热处理 学习情境 6:模具设备 学习情境 7:模具零件的机械加工 学习情境 8:模具装配、调试和维护		

5. 实践学习领域教学标准(表 10-12)

实践学习领域教学标准　　表 10-12

环节 3	机械制图与测绘实训		
学期	第 1 学期	学时	30 学时
职业能力要求	让学生把已经学到的机械制图知识全面地、综合性地运用到零部件测绘实践中去,从而进一步掌握所学机械制图知识,培养学生的零部件测绘工作能力和设计制图能力,并为后续的专业技术课程开设的“课程设计”和“毕业设计”等科目的学习做好准备。通过测绘实训,使学生将所学理论和生产实践结合起来、将学与画结合起来,牢固地掌握制图知识提高绘制机械图样的基本技能		
学习目标	1. 要求学生弄清部件工作原理,懂得各零部件的作用以及各零部件间的装配联结关系; 2. 要求学生在教师指导下独立完成部件装配图一张(A1 或 A2);除标准件以外所有类型的零件图草图。并绘制 3 ~4 张中等复杂零件的零件工作图; 3. 通过对零部件测绘要求学生初步了解测绘内容、方法和步骤,正确使用工具拆卸部件,正确使用测量工具测量零件尺寸,训练学生徒手绘制零件草图和使用尺规、计算机绘制装配图以及零件工作图的技能; 4. 使学生在设计制图、查阅标准、识读机械图样、使用经验数据等方面的能力得到全面的提高; 5. 要求在机件的表达方法上有独到的见解,视图选择正确; 6. 要求通过测绘的训练进一步养成认真负责的工作态度、严谨细致的工作作风和规范的制图习惯,并且通过实训培养自主学习的能力,掌握相关分析问题和解决问题的基本方法; 7. 要用理论课堂教学的要求规范实训纪律,严格作息时间和考勤制度,将实训平时表现列入成绩考核的重要内容		
学习内容	1. 做好测绘前的准备工作; 2. 拆卸部件; 3. 绘制装配示意图; 4. 绘制零件草图; 5. 测量零件尺寸; 6. 绘制装配图; 7. 绘制零件工作图; 8. 绘制总结与答辩		
环节 4	钳工实训		
学期	第 2 学期	学时	30 学时
职业能力要求	通过中级钳工实习,要求学生在掌握中级钳工所应该具备的知识和技能的基础上,进一步掌握中级钳工加工的原理知识,能独立完成零件工艺分析和编写,完成零件的加工和机构安装。以利于提高学生的综合技能水平及分析、解决问题的能力,为学生进一步学习更高级的操作技能打的基础		
学习目标	1. 了解钳工的特点和应用; 2. 着重了解钳工的基本操作方法,掌握基本操作技能,并能正确调整和使用钳工的简单设备、常用工具、工夹量具与安全技术; 3. 树立对本专业学习的目标和信心; 4. 对专业知识、专业技能有所了解,为今后明确学习方向; 5. 通过实习培养学生良好的职业道德和个人修养; 6. 培养学生有积极心态面对今后的专业学习; 7. 树立学生刻苦学习的精神和吃苦耐劳的思想		

续上表

环节 4	钳工实训		
学期	第 2 学期	学时	30 学时
学习内容	1. 钳工的特点和应用； 2. 画线和画线方法； 3. 锯割与锯割的基本操作方法； 4. 錾削与锉削的基本操作方法； 5. 钻孔和其他加工方法； 6. 攻丝与套丝； 7. 刮削与刮削的基本操作方法； 8. 综合件工艺编制与分析		
环节 5	金工实训		
学期	第 3 学期	学时	60 学时
职业能力要求	对学生进行机械加工技术基本知识和基本技能的训练，使学生具备一定的机械加工实际操作能力，为学生进一步学习专业知识和职业技能鉴定打下基础；机械加工实习是提高实践能力、增强感性认识、为后续理论课教学提供必要的工艺基础的重要教学上的实践环节		
学习目标	1. 了解金属切削加工在国民经济中的地位。在操作中培养学生认真负责、一丝不苟的工作作风，树立正确的劳动观念和安全第一的思想。从而掌握机械加工基本操作安全知识； 2. 掌握机械加工基本操作方法及机械设备的维护保养； 3. 掌握了解加工外圆、端面、切槽、圆锥面、特型面、钻孔、车内孔、滚花、、车螺纹等基本操作技能； 4 熟悉和了解铣床、刨床、磨床、镗床等的基本知识及操作方法； 5. 较系统地掌握机械加工各工种的基本操作技能，同时结合生产实践逐步提高熟练操作程度； 6. 能够根据有关技术文件对一般要求的零件进行独立加工，并初步掌握其他工种的基本操作方法； 7. 掌握本专业的主要工种（车、铣、刨、磨）的操作技能，能使用和调整该工种的常用设备、附件、刀具和工、夹、量具； 8. 了解金属切削加工的基本知识，为学好专业理论课和今后从事技术工作奠定基础； 9. 培养学生分析问题和解决金属切削加工常见工艺技术问题的能力和在工作中树立良好的职业道德		
学习内容	1. 车床结构、组成部分及其功用，安全操作、保养； 2. 车削一件包括外圆、端面、打中心孔的作业件； 3. 车削台阶轴作业件或简单生产件（带槽）； 4. 车削带孔的机床作业件； 5. 观摩加工锥面、成形面的方法及工艺特点； 6. 观摩滚花的示范； 7. 观摩螺纹的车削工艺示范； 8. 铣平面、平行面和垂直面； 9. 刨斜面、垂直面； 10. 观摩磨平面、磨外圆与端圆		

续上表

环节 6	数控编程与加工实训		
学期	第 4 学期	学时	60 学时
职业能力要求	通过数控机床加工实习，使学生具有中级工的技术理论、工艺学知识和实际操作技能的能力。通过数控机床加工实习训练，提高学生机床工艺方面的知识，同时提高车床或铣床的操作技能。使学生能够加深数控加工的基础理论，培养学生的实操动手能力，要求学生能熟练掌握产品生产的数控 CNC 加工的实际操作技能和相关的注意事项		
学习目标	1. 强化数控编程代码的理解； 2. 掌握数控系统常用指令的编程技巧； 3. 通过对零件的加工，了解数控铣床的工作原理； 4. 了解典型零件的数控铣削加工工艺； 5. 懂得产品零件的质量检验和控制； 6. 学生自己动手编制零件程序，独立进行零件生产加工		
学习内容	1. 数控编程模拟：在计算机上进行数控编程模拟、验证； 2. 数控机床的操作：数控机床（车铣）的操作、验证； 3. 数控加工工艺设计与程序编制：典型零部件的工艺分析、设计及其程序编制； 4. 机械零件数控加工：典型零部件的工艺分析设计及其加工编程		
环节 7	数控机床维修实训		
学期	第 5 学期	学时	30 学时
职业能力要求	要求每一个学生都能独立并熟练地操作数控铣床及数控原理示教机，独立完成数控机床的结构及其接线调试和数控机床故障设置与排除		
学习目标	1. 养成安全、认真、踏实、严谨、一丝不苟的工作作风； 2. 确立数控机床故障检测与诊断的基本思路与判断原则； 3. 学会全面查阅数控机床的技术资料，掌握机床的电气控制系统的组成及其基本原理。学会在现象与背景的调查与分析基础上归纳总结出一些典型故障的故障特征、故障类型与故障大定位，制作出各种相关的系统框图与相关的动作流程图，以故障流程图来确定诊断与维修的具体步骤； 4. 学会应用数控机床自诊断。初步掌握故障检测与诊断的手段与方法。初步能进行故障定位。学会建立故障档案		
学习内容	1. 四工位刀架的拆装； 2. 滚珠丝杠的工作原理； 3. 电气线路故障维修与接法； 4. 数控机床的润滑油路不通的故障维修； 5. 数控机床坐标轴软硬限位故障维修； 6. FANUC-0i mate 数控系统参数的修改		
环节 8	毕业顶岗实习		
学期	第 5,6 学期	学时	690 学时
职业能力要求	顶岗实习是学生完成全部学习任务所必需的最后一个教学环节，是理论学习和实践锻炼相结合的重要方式，是在学完必修和选修课程后，进行过校内外实习和课程设计的基础上进行的、对学生掌握从事本专业工作所必需的基础理论、基本知识和基本技能的全面检验，也是对学生提高政治思想水平与业务素质、综合运用所学知识解决生产实际问题的一次全面培养和训练，是学生走向工作岗位的前奏，为学生就业打下坚实基础		

续上表

环节8	毕业顶岗实习		
学期	第5,6学期	学时	690学时
学习目标	1. 通过顶岗实习,可以进一步巩固和深化所学的理论知识,弥补理论教学的不足,以提高毕业生的质量,最终达到本专业的培养目标; 2. 通过顶岗实习,使学生了解工厂机械设备的类别、结构、使用、设计和生产,提高对数控技术的认识,加深数控技术在工业领域应用的感性认识,开阔视野,了解相关设备及技术资料,熟悉产品的生产工艺; 3. 通过顶岗实习,培养学生应用理论知识解决实际问题和独立工作的能力,培养实事求是、严肃认真、细致踏实的工作作风,为将来从事设备的生产、调试、安装打下必要的基础; 4. 通过顶岗实习接触认识社会,提高社会交往能力,学习工人师傅和工程技术人员的优秀品质和敬业精神,培养学生的专业素质,明确自己的社会责任; 5. 与专业有关的学习和培养		
学习内容	1. 数控机床操作; 2. 数控加工工艺及程序编制; 3. 数控机床调试及维修工; 4. 产品检验和质量管理; 5. 与专业相近的其他工作		

(二)教学组织

采用"任务驱动、项目导向"教学法,通过典型的工作任务或项目,由教师提出要求或示范,组织学生进行活动,注重"教"与"学"的互动,让学生在活动中增强爱岗敬业、团结协作的意识,实现技能与素质的同步提高。实施"教、学、做"一体化教学,提高学生的学习兴趣,有效培养学生的职业能力;教师可着重进行引导并实施监督和评价。实践课程要加强引导、示范,创设工作情境,让学生亲自动手,提高学生岗位适应能力和分析处理问题的能力。

在教学过程中,充分借鉴多媒体、教学资源库、网络资源等教学资源辅助教学,帮助学生理解所学知识,并重视本专业领域新技术、新工艺、新设备的发展趋势,也要充分利用校外实训基地,校企合作,工学结合,积极引导学生提升职业素养、提高职业道德,紧密结合职业技能证书的考核、加强取证项目的训练。

(三)考核评价

吸纳用人单位专家参与教学质量评价,建立以能力为核心、以过程为重点的学习绩效考核评价体系。针对不同类型的课程采用不同的考核方法。对公共基础课程,建议采取理论考核的方法;对于专业学习领域,建议采取过程考核与综合考核相结合的方式;对于实践学习领域,尽量采用实操考核、过程考核的方法。具体原则如下:

1. 公共基础学习领域

总评成绩=平时成绩(考勤、提问、作业等)×40%+期终考核×60%。

2. 专业学习领域

采取过程考核与综合考核相结合的评价方式,同时根据学生取得相应工种的职业资格证书的情况,综合评价学生成绩。其中过程考核包括学习态度、课程作业等,占课程总成绩的40%;综合考核包括期末考试、实践考核等,占课程总成绩的60%。如学生取得相应工种的职业资格证书,则该门课程考核合格。

3. 实践学习领域

以工作态度、实际操作和实习报告等情况综合评定学生成绩,其中工作态度、实际操作等占80%(在企业完成的项目由企业指导教师评定),实习报告占20%。

(执笔人:方爱红)

XI：模具设计与制造专业人才培养方案

第一部分　主体部分

一、专业名称(专业代码)

模具设计与制造(580106)

二、招生对象

普通高中毕业生或具有同等学力者

三、学制

全日制三年

四、培养目标

本专业培养拥护党的基本路线,适应社会主义市场经济需要,面向生产、建设、管理和服务第一线,掌握职业岗位(群)所需的基础知识及专业技能,具有较快适应模具设计、工艺设计、模具制造、模具维修和质量管理等岗位需要的实际工作能力,适应机械模具行业所需要的德、智、体、美等方面全面发展的技术技能人才。取得计算机、英语及专业相应工种的国家职业资格和 CAD/CAM 证书,部分学生能获得数控工艺员专业资格。

五、就业面向

本专业毕业生就业岗位主要是面向模具及其产品的设计、制造、工艺,冷冲压和塑料成型工艺制定及生产一线管理,冷冲压和塑料成型设备的安装、调试和维修岗位群的职业岗位人员。

六、培养规格

(一)素质目标

(1)具有强烈的责任意识、质量意识、安全意识及环保意识。
(2)具有良好的文化、身体和心理素质。
(3)爱岗敬业,团结协作,讲求效率,遵纪守法,明礼诚信。

(二)知识目标

(1)具有本专业所必需的数学计算、英语交流、计算机应用等科学文化基础知识。

(2)熟悉机械绘图识图、机械设计、工程材料、注塑成型工艺、冲压成型工艺、冲压与塑压成型设备等专业基础知识。

(3)掌握使用软件进行模具图的识读和绘制及注塑模具设计、冲压模具设计、模具数控加工等专业知识。

(4)了解模具设计与制造的新技术、新材料、新工艺和新设备的相关信息。

(三)能力目标

(1)具有识读和绘制模具图及模具结构辨识的能力。

(2)具有模具设计、工艺设计的能力。

(3)具有操作和维护各类成型设备的能力。

(4)具有模具维修与管理的能力。

(5)具有编制和调试模具数控加工程序的能力。

(6)具有编制、收集、整理和上交工程技术资料的能力。

(7)具有计算机操作和安装使用常用专业软件的能力。

(8)具有较强的自学和获取知识的能力。

七、教学环节进程安排表

(一)培养时间分配表

在人才培养的实施过程中,教学环节周数分配如表 11-1 所示。

模具设计与制造专业培养时间分配表

表 11-1

学年		一		二		三		合计
学期		一	二	三	四	五	六	
1	入学教育	1 周						1 周
2	国防教育	2 周						2 周
3	课内教学	15 周	17 周	18 周	18 周	13 周		81 周
4	实践教学	1 周	2 周	1 周	1 周	2 周		7 周
5	生产实习					4 周	19 周	23 周
累计		19 周	19 周	19 周	19 周	19 周	19 周	114 周

注:课内教学指按课程(学习领域)组织的各种教学活动,包括理论课程、理实一体化课程等;实践教学是指计划单列的非生产性实践教学活动,包括专业认识实践、专项单列实训、课程设计、综合设计、社会实践等。

(二)教学进程表

本专业的人才培养进程如表 11-2 所示。

(三)课程设置及学时比例

在人才培养的实施过程中,各教学环节时比例如表 11-3 所示。

模具设计与制造专业进程表　　表 11-2

序号	类别	课程名称	教学时数与学分				考核方式		课内教学时数及实践周数					
									第一学年		第二学年		第三学年	
			总学时	学分	理论学时	实践学时	考试学期	考查学期	一	二	三	四	五	六
									15 周	17 周	18 周	18 周	13 周	0 周
1	公共基础课程	“两课”基础	60	4	60			1	4					
2		“两课”概论	68	4	68			2		4				
3		体育	64	4	64			1,2	2	2				
4		计算机基础	90	6	40	50	1		6					
5		大学英语Ⅰ	60	4	30	30	1		4					
6		大学英语Ⅱ	68	4	34	34	2			4				
7		高等数学	60	4	42	18		1	4					
8		任选课 1	36	2	36			3			2			
9		任选课 2	36	3	36			4				2		
10		就业指导	13	1	13			5					1	
公共基础课程小计			555	36	423	132	课内占比		35.06%					
1	专业基础学习领域	机械设计基础	60	4	50	10	1		4					
2		工程材料及成型	68	4	52	16		2		4				
3		公差配合与测量	36	4	22	14	4					2		
4		液压与气压传动	72	4	36	36	4					4		
5		模具制造工艺制订	52	4	42	10	5						4	
6		冲压与塑料成型设备选用	52	3	38	14	5						4	
专业基础学习领域小计			340	23	240	100	课内占比		21.48%					
1	专业核心学习领域	机械制图与识图	68	4	34	34		2		4				
2		机械加工刀具选择及应用	68	4	34	34		2		4				
3		机械制造工艺与夹具设计	72	3	36	36		3			4			
4		Creo 三维建模与装配	108	4	72	36		3			6			
5		冲压工艺与模具设计	72	4	36	36	4					4		
6		注塑成型工艺与模具设计	72	4	36	36	4					4		
7		数控编程与仿真加工	72	4	36	36	4					4		
8		Creo 模具设计	78	6	39	39	5						6	
专业核心学习领域小计			610	33	323	287	课内占比		38.53%					
1	专业拓展学习领域	AutoCAD 图样绘制与输出	36	4	0	36	4					2		
2		电工电子产品制作与调试	36	4	24	12	4					2		
3		SolidWorks 三维建模与装配	52	4	26	26		5					4	
专业拓展学习领域小计			124	12	50	74	课内占比		7.83%					
课内教学环节合计			1629	104	1036	593	总百分比		62.20%					

续上表

序号	类别	课程名称	教学时数与学分				考核方式		课内教学时数及实践周数					
			总学时	学分	理论学时	实践学时	考试学期	考查学期	第一学年		第二学年		第三学年	
									一	二	三	四	五	六
									15周	17周	18周	18周	13周	0周
1	独立实践环节	入学教育	1周	1		30			1周					
2		国防教育	2周	2		60			2周					
3		机械制图测绘实训	1周	2		30		1	1周					
4		钳工实训	2周	4		60		2		2周				
5		金工实训	1周	2		30		3			1周			
6		数控编程与加工实训	1周	2		30		4				1周		
7		模具CAD/CAM实训	2周	4		60		5					2周	
8		毕业顶岗实习	23周	10		690							4周	19周
独立实践环节合计			990	27		990	总百分比		62.54%					
课时(学分)总计			2619	131	1036	1583	周时数		24	22	12	24	19	0
周数总计									19	19	19	19	19	19
理论教学时数			1036				总百分比		39.56%					
实践教学时数			1583				总百分比		60.44%					

模具设计与制造专业课程设置及学时比例表 表11-3

项目	理论教学	实践教学			
		课内实训	专项实训	顶岗实习	合计
学时	1036	593	420	690	1583
所占比例	39.56	60.44%			

八、毕业标准

(一)基本要求

(1)德、智、体、美等方面均通过学生管理部门考核达标。

(2)按规定完成课程(学习领域)的学习,成绩合格。

(3)完成各项独立实践环节(单列科目:如实践课、课程设计、实习、毕业实践、毕业设计等)的学习,成绩合格。

(二)考证要求

(1)必须取得全国计算机等级证(一级及以上)和英语应用能力证书(三级B)。

(2)获得至少一个本专业职业资格证书方可毕业。本专业职业资格证书如表11-4所示。

模具设计与制造专业职业资格证书表 表11-4

序号	职业资格(证书)名称	发证单位	等级
1	CAD认证考试	工业与信息化部国家信息化人才认证管理中心	中、高级
2	模具设计师职业资格证书	劳动和社会保障部	中、高级

续上表

序　号	职业资格(证书)名称	发 证 单 位	等　级
3	模具钳工职业资格证书	劳动和社会保障部	中、高级
4	铣工职业资格证书	劳动和社会保障部	中、高级
5	车工职业资格证书	劳动和社会保障部	中、高级
6	数控工艺员资格证书	劳动和社会保障部	中、高级

(三)其他要求

完成任选课的学习,并取得5学分。

第二部分　支撑材料

一、专业人才培养实施条件

(一)专业教学团队

1. 师资数量与结构

(1)教师队伍数量应与学生规模相适应,生师比控制在16∶1左右。

(2)教师队伍结构优化,梯队合理,45岁以下青年教师中研究生学历或硕士以上学位比例达到30%,专任教师中高级职称的比例≥30%,专任教师中具备双师素质教师的比例应达到80%以上。

(3)每个学习领域(课程)的教师应不少于2人,其中专业核心学习领域应配备相关专业中级技术职称以上的双师素质教师2人。

(4)各专业学习领域及独立实践环节,均应配备行业企业工程技术人员担任兼职教师,兼职教师折算比例应达到50%左右。

(5)专业实习(训)指导教师均为大专以上学历或中级以上职称。实习(训)指导教师具有中高级职称比例≥20%。

2. 业务水平

教师应具备良好的职业道德和一定的教学科研能力,达到高等教育教师任职资格的要求且具备高等教育教师任职资格。其中主讲教师应由具备讲师以上职称的专任教师或工程师以上职称的兼职教师担任,参加科学研究或技术服务的专任教师人数不少于专任教师总数的30%。

3. 教学团队现状

模具设计与制造专业现有专业教师21人,其中专任教师11人,从模具设计、模具数控加工、注塑成型、冲压成型等相关单位聘请了具有丰富实践经验的兼职教师10名。专任教师中省高等学校教学名师1人、省高等学校中青年学科带头人1人、省高等学校中青年骨干教师2人,双师素质教师18人。

(二)专业教学资源

1. 选用优秀的高职高专规划教材

在选择教材时,必须力争选用高水平的教材,杜绝质量低劣的教材进入课堂,不断提高教学质量,满足新形势发展的要求。鼓励优先选用教育部“面向21世纪课程教材”、国家级和省部级规划教材、教育主管部门或教学指导委员会推荐的教材;优先选用近三年出版的新教材或修订版教材;优先选用具有鲜明模具行业特征的高职高专规划教材、特色教材和精品教材。

本专业核心学习领域推荐使用的教材如表11-5所示。

模具设计与制造专业核心学习领域推荐使用教材表　　表 11-5

课 程 名 称	推荐使用教材	主　编	ISBN
注塑成型工艺与模具设计	塑料成型工艺与模具设计	贾颖莲	978－7－8113－3515－6
数控编程与仿真加工	数控编程与加工仿真	齐洪方	978－7－5640－3515－0
冲压工艺与模具设计	冲压工艺与模具设计	成虹	978－7－040－19683－2
Creo 模具设计	Creo 2.0 模具设计教程	北京兆迪科技有限公司	978－7－111－41084－3

2. 开发基于工作过程的校本教材

与合作企业江西佳时特数控技术有限公司、格特拉克(江西)传动系统有限公司等共同开发基于工作过程的校本教材,以弥补国家及地方统编教材的不足,体现学院模具专业特色。在基于工作过程的校本教材开发过程中,校方与企业用人单位进行紧密联系,从实际工作岗位的典型工作任务出发,以完成实际工作任务所需要的知识为学习内容,以培养企业所需的职业能力为目标,以实践过程的学习为主要过程,融入企业标准和行业规范,使之成为理实一体化教学的适用教材。专业核心学习领域教材一般要求为特色鲜明的校本教材,或国家和地区职业教育优质教材。

3. 选用精品资源共享课程

充分利用现有国家和省级精品资源共享课程开展教学,加强网络学习平台建设,通过慕课、个人空间、网络课程等网络技术构建日常教学课程网站,整合各种优质教学资源进行专业教学。

在课程教学过程中,专业核心学习领域推荐选用精品资源共享课程如表 11-6 所示。

模具设计与制造专业核心学习领域推荐选用精品资源共享课程表　　表 11-6

课 程 名 称	优质课程名称	主持人	课 程 院 校	网　址
注塑成型工艺与模具设计	注塑成型工艺与模具设计	贾颖莲	江西交通职业技术学院	http://jpkc.jxjtxy.com/2013/zsmj/index.asp
机械加工刀具选择及应用	机械加工刀具选择及应用	邹贵平	江西交通职业技术学院	http://jpkc.jxjtxy.com/2011/jxjgdj/kswz_show.asp
机械制图与识图	机械制图与识图	贾颖莲	江西交通职业技术学院	http://elearn.jxjtxy.com/eol/homepage/course/layout/page/index.jsp?courseId=10675
机械制造工艺与夹具设计	机械制造工艺与夹具设计	何世松	江西交通职业技术学院	http://elearn.jxjtxy.com/eol/homepage/course/layout/page/index.jsp?courseId=10678
Creo 三维建模与装配	Creo 三维建模与装配	何世松	江西交通职业技术学院	http://elearn.jxjtxy.com/eol/homepage/course/layout/page/index.jsp?courseId=11015

4. 专业网络教学资源

以数字化校园为运行载体，以学习领域(课程)为组织形式，利用网络学习平台建设共享性网络教学资源库，主要包括试题库、课件库、专业教学素材库、教学录像库等。网络教学资源库的建议配置如表 11-7 所示。

模具设计与制造专业网络教学资源库的建议配置 表 11-7

<table>
<tr><th>类别</th><th>资　源</th><th>主要内容与要求</th><th>备注</th></tr>
<tr><td rowspan="4">专业基本资源</td><td>专业简介</td><td>专业代码、招生对象、学制、就业面向、专业特点、主要课程等</td><td rowspan="4">专业介绍</td></tr>
<tr><td>人才培养方案</td><td>主要包括培养目标、专业面向的职业岗位分析、专业定位、课程体系、核心课程描述、教学进程、毕业标准、实施条件、实施规范、实施流程、实施保障等</td></tr>
<tr><td>课程标准</td><td>专业核心课程的课程标准</td></tr>
<tr><td>教学文件</td><td>教学管理相关文件</td></tr>
<tr><td rowspan="8">课程教学资源</td><td>教学指南</td><td>本课程的作用、目标和要求，本课程与职业岗位的关系，本课程与其他课程的关系，本课程的主要特点、课程结构、课程内容、课时分配、课程的重点与难点、实践教学体系、课程教学方法、课程教学资源、课程考核、课程授课方案设计、课程建设与工学结合效果评价等</td><td rowspan="8">专业基本配置</td></tr>
<tr><td>教学设计</td><td>主要包括学时安排、学习任务设计、学习内容确定、教学目标设定、教学重难点分析及处理、任务工单提供、教学方法建议、教学手段选用、教学设施和教学场地安排、教学实施要求、课程考核方法，以及课后总结等</td></tr>
<tr><td>多媒体课件</td><td>模具设计与制造专业优质核心课程课件</td></tr>
<tr><td>教学视频库</td><td>课程设计录像、课堂教学录像、实训操作演示录像等</td></tr>
<tr><td>案例库</td><td>以一个完整的企业项目为案例单元，通过观看、阅读、学习、分析案例，实现知识内容的传授、知识技能的综合应用展示、知识迁移、技能掌握等</td></tr>
<tr><td>FLASH 资源</td><td>教学难点的动漫演示</td></tr>
<tr><td>实训项目</td><td>实训目标、实训设备、实训要求、实训内容与步骤、实训项目考核和评价标准、实训报告或总结、技术手册、操作规程与安全注意事项</td></tr>
<tr><td>学生作品</td><td>学生学习成果、实训作品和生产产品</td></tr>
<tr><td rowspan="5">自主学习资源</td><td>学习指南</td><td>课程学习目标与要求，重点、难点提示及释疑，学习方法，典型任务解析，自我测试题及答案，参考资料和网站</td><td rowspan="5">专业特色配置</td></tr>
<tr><td>测试题库</td><td>知识和技能测试</td></tr>
<tr><td>视频库</td><td>学习任务实施操作视频资料</td></tr>
<tr><td>网络课程</td><td>基于互联网的处方自主学习平台</td></tr>
<tr><td>课程链接</td><td>与本专业相关的网站</td></tr>
</table>

续上表

类别	资　源	主要内容与要求	备注
拓展学习资源	拓展视频资源	其内容可以在教学标准的基础上适当拓展	专业拓展选配
	文献库	与模具专业相关的行业标准、企业规范、专利资料、法律法规、技术资料、成功案例等	
	仪器设备操作手册	常用仪器设备的操作手册	
	仿真教学	按教学内容列出数控加工、模具拆装等仿真软件,并提供应用入口	
	课程 BBS	建立由专人管理的网上论坛	
	网上答疑	按主讲教师开设答疑室	
	其他资源	素质教育模块、课外活动园地	

5. 其他教学资源

学院图书馆或资料室应当配置数量适当、结构合理、技术新颖的本专业纸质和电子图书,为专业学习、教学、科研和社会服务提供良好的信息服务;学院配置的电子图书,具有良好服务功能,能为专业教学资源库建设提供大数据服务。

(三)实验实训条件

1. 校内实训条件

实践教学条件按照完成专业学习领域核心课程的学习情境教学、每个场地一次容纳 40 名学生、进行基于行动导向的理论实践一体化教学的需要进行配置。

模具设计与制造专业的实践条件配置与要求如表 11-8 所示。

模具设计与制造专业校内实训条件建设建议表　　表 11-8

序号	名　称	主 要 功 能	主 要 设 备	对 应 课 程	容纳学生
1	模具钳工实训室	掌握锉、锯的使用方法;画线;钻孔和螺纹加工;模具零件去毛刺;模具研磨、相配	钳工台,虎钳,摇臂钻,台钻,平板	机械加工刀具选择及应用 机械制造工艺与夹具设计	40 人
2	金属切削工艺实训室	使用普通机床的零件制作;零件的热处理	车床,铣床,平面磨,外圆磨,刨床	机械加工刀具选择及应用	40 人
3	模具拆装与测绘实训室	各种模具拆装与测绘	透明模具教具,真实模具,钳工台,拆装工具箱,绘图板和绘图桌	注塑成型工艺与模具设计	40 人
4	模具设计实训室	冲压模具和注塑模具结构设计,应用二维和三维 CAD 模具结构设计	机房,电脑,CAD/CAM 软件,CAE 分析软件	机械设计基础 注塑成型工艺与模具设计	40 人
5	冲压模具成型分析实训室	模具安装调试、试模、冲压板材;了解板材冲压成型工艺、间隙调整;掌握压力机操作方法;了解压力机的工作原理	五种典型冲压模具各一套,冲压成型机,安装工具	液压与气压传动 模具制造工艺制订	40 人

续上表

序号	名　称	主要功能	主要设备	对应课程	容纳学生
6	注塑成型工艺分析实训室	注塑模具安装调试、试模；了解塑料成型特性；掌握注塑机的操作方法；了解注塑机的工作原理	五种类型注塑模各一套，注塑机，安装工具，烘干机，温控器，机房	冲压与塑料成型设备选用 工程材料及成型	40人
7	模具数控切削加工实训室	数控车、铣床基本操作；编程与模拟加工；零件的装夹；对刀；典型零件编程加工实训；熟悉操作规程；安全文明生产	数控车，数控铣，加工中心，工具箱，量刃具，虎钳，扳手	注塑成型工艺与模具设计	40人
8	电加工实训室	线切割、电火花机床编程与基本操作	电火花快走丝线切割机床，电火花慢走丝线切割机床，电火花机床，工具箱	电工电子产品制作与调试	40人
9	机械加工工艺设计实训室	毛坯图、工序图、工序编排、工序卡、工艺卡	机房，电脑	Creo三维建模与装配 机械制图与识图	40人
10	机械设计实训室	一级减速器设计、编制设计说明书	机房，电脑	Creo三维建模与装配	40人

2. 校外实训条件

职业教育的特色是突出学生的实践和动手能力，校外实习教学基地与校内实习教学基地都是高职实践教学框架的重要组成部分。大力建设校外实习基地，是提高教学质量的关键步骤。建议本专业校外实训基地不少于5家。

首先，基地建设要有实用功能，要满足学生实训和双师培训的需要，培养高素质技术技能人才，用科学的方法、先进的技术装备培养与企业员工一样规范的学生，缩短学生从单项技能到多项技能、从技术能力到职业综合能力的成才过程。

其次，基地的建设要有创新功能，要满足教学方法的改革，从发达国家的实际看，新的教学方法、一体化课程等大都是较高水平的、校企合作的基地创造出来的。随着我国职业教育教学改革的不断深入，教学方法亟待提高，比如能够培养学生系统完整地解决生产问题的项目教学，要求我系必须改变传统的课程设置，加快方法创新，利用基地不断开展教学实验，不断开发推广新的教学改革成果。

第三，基地的建设要有开拓功能。要利用基地有意识地提高教师能力，要建立高起点的技术基础，开发与企业需要一致的教学过程，创造与劳动组织更接近的培养模式，优化人才培养过程。

二、专业人才培养实施规范

（一）课程教学标准

1. 公共基础课程教学标准

本部分内容请参阅本书的附录部分。

2. 专业基础学习领域教学标准（表 11-9）

专业基础学习领域教学标准　　表 11-9

学习领域 1	机械设计基础		
学期	第 1 学期	参考学时	60 学时
职业能力要求	过本课程的学习，使学生掌握基本的工程计算与简单机械零部件的设计，并初步具有分析、解决实际工程问题的能力，为后续专业课的学习打下了良好的基础，使学生具有机械设计的初步能力和为专业学习起到承前启后的作用		
学习目标	1. 了解本课程的应用领域； 2. 掌握常用机构的工作原理、特性及应用，掌握通用机械零部件设计创新基础知识； 3. 掌握常用联接机构的工作特性，掌握机械安装、维护工艺技术规程； 4. 掌握各种传动的工作原理和机构工作特点； 5. 了解现代创新理念和设计创新思想； 6. 具有在设计过程中，运用所学理论知识分析解决机械工程力学与材料力学相关问题的能力； 7. 具有机械传动系统的机构分析、设计创新和排除故障能力； 8. 具有生产机械的安装、调试、运行管理与维护能力； 9. 能对常用机构、通用部件进行改进和优化设计		
学习内容	1. 常用机构设计； 2. 联接件设计； 3. 传动件设计； 4. 轴系零部件设计		
学习领域 2	工程材料及成型		
学期	第 2 学期	参考学时	68 学时
职业能力要求	使学生具有选用工程材料、选择毛坯加工方法和切削成形方法以及工艺分析、分析零件结构工艺性和选择加工方法的初步能力；具备解决制造过程中出现的各种工艺问题的能力		
学习目标	1. 掌握有关工程材料的基本理论、基础知识和基本技能，了解各种先进工程材料和先进工艺的新进展； 2. 掌握常用工程材料的分类、基本性能及用途，掌握常用工程材料成分—组织结构—性能—工艺—应用间的内在关系和规律，熟悉工程材料分析的常用方法； 3. 掌握塑性、热加工工艺对材料组织性能的影响规律和相关机理； 4. 掌握工程材料的选材和用材原则，并具有根据零部件的服役条件和性能要求，会合理地选择热处理工艺和材料加工的工艺路线，进行初步的质量分析和失效分析的能力		
学习内容	学习情境 1：金属材料基本知识 学习情境 2：钢的热处理 学习情境 3：金属材料 学习情境 4：铸造 学习情境 5：锻压 学习情境 6：焊接		

续上表

<table>
<tr><td>学习领域3</td><td colspan="3">公差配合与测量</td></tr>
<tr><td>学期</td><td>第4学期</td><td>参考学时</td><td>54学时</td></tr>
<tr><td>职业能力要求</td><td colspan="3">通过本课程的学习，培养学生具有扎实的公差与测量基本理论知识，熟悉最新的国家标准，能够熟练选择和使用测量器具，具有对典型零件实施检测的能力，掌握光滑极限量规的设计原则和基本方法，养成“一丝不苟、精益求精”的职业素养，使学生获得机械制造业技术人员必须具备的公差与检测的知识和技能，直接为学生胜任该专业核心就业岗位服务</td></tr>
<tr><td>学习目标</td><td colspan="3">1. 熟练掌握机械零件图纸的识图、分析和加工信息提取；
2. 熟悉机械零件加工误差产生的原因，并对原因进行分析；
3. 根据零件图纸要求，使用一般仪器对零件进行检测；
4. 熟练尺寸误差的基本操作方法和检测仪器的选择；
5. 熟悉形位误差的基本操作方法和检测仪器的选择；
6. 熟练表面粗糙度误差的基本操作方法和检测仪器的选择；
7. 熟练圆锥零件误差的基本操作方法和检测仪器的选择；
8. 熟练螺纹误差的基本操作方法和检测仪器的选择；
9. 熟练齿轮误差的基本操作方法和检测仪器的选择；
10. 熟练量规的设计方法和原理；
11. 熟练综合零件误差的基本操作方法和检测仪器的选择；
12. 掌握各类零件的检验，能对误差进行分析、优化、评价和总结</td></tr>
<tr><td>学习内容</td><td colspan="3">1. 尺寸测量；
2. 形位测量；
3. 表面粗糙度测量；
4. 锥度测量；
5. 螺纹测量；
6. 齿轮测量；
7. 量规设计</td></tr>
<tr><td>学习领域4</td><td colspan="3">液压与气压传动</td></tr>
<tr><td>学期</td><td>第4学期</td><td>参考学时</td><td>72学时</td></tr>
<tr><td>职业能力要求</td><td colspan="3">使学生掌握液压传动的工作原理，并在此基础上，学生能进行液压元件和气压元件的装拆、基本回路的设计、安装调试，为今后工作中对机电一体化设备的液压系统的故障诊断和维修打下基础</td></tr>
<tr><td>学习目标</td><td colspan="3">1. 掌握液压传动中常用液压元件与液压系统的原理与结构；
2. 掌握液压系统常见回路的分析方法；
3. 能读懂常见工业设备的液压传动系统原理图；
4. 能进行简单的液压传动系统回路设计</td></tr>
<tr><td>学习内容</td><td colspan="3">学习情境1：液压传动工作原理
学习情境2：液压流体力学基础
学习情境3：液压动力元件（液压泵）
学习情境4：液压执行元件
学习情境5：液压控制阀
学习情境6：液压辅助元件
学习情境7：液压基本回路
学习情境8：气压元件选用
学习情境9：气压传动回路设计</td></tr>
</table>

续上表

学习领域5	模具制造工艺制订		
学期	第5学期	参考学时	52学时
职业能力要求	主要培养学生模具制造工艺的基本原理、特点和实际应用,通过本课程的学习使学生能掌握编制模具加工工艺规程的原则方法、模具主要零件的加工工艺和方法、模具装配和维修等相关知识和技巧系统地结合在一起,通过典型模具零件的加工工艺分析,在保证各种模具加工方法的完整性和系统性的同时,突出模具制造工艺整体性、实用性和适度性		
学习目标	1. 了解模具机械加工的基本理论知识; 2. 掌握模具机械加工、模具数控加工、模具特种加工、模具快速成型加工等加工方法; 3. 掌握典型模具制造工艺以及典型模具的装配与调试		
学习内容	学习情境1:模具零件机械加工工艺过程的编制 学习情境2:模具加工精度确定 学习情境3:冲模的机械加工 学习情境4:冲模的电火花加工 学习情境5:型腔模的机械加工 学习情境6:模具制造的其他方法 学习情境7:模具装配工艺		
学习领域6	冲压与塑料成型设备选用		
学期	第5学期	参考学时	52学时
职业能力要求	主要培养学生的选择和使用曲柄压力机、液压机、塑料挤出成形设备、塑料注射机、其他压力机和成形设备等能力,掌握设备的工作原理、典型结构、控制系统、性能特点、主要技术参数与使用等,了解冲压成形与塑压成形中经常使用的典型设备		
学习目标	1. 了解冲压塑料成型设备的结构特点、技术性能,掌握典型设备的工作原理及与模具的关系; 2. 学会选用各类冲压和塑料成型设备的方法,了解它们的操作方法; 3. 根据工艺要求和设备说明书,能正确使用、调整和维护主要设备		
学习内容	学习情境1:曲柄压力机 学习情境2:其他类型的冲压设备 学习情境3:液压机 学习情境4:塑料挤出成型设备 学习情境5:塑料注射机 学习情境6:新型专用注射机 学习情境7:其他成型设备		

3. 专业核心学习领域教学标准(表11-10)

专业核心学习领域教学标准　　表11-10

学习领域1	机械制图与识图		
学期	第2学期	参考学时	68学时
职业能力要求	通过这门课程的学习,要培养学生具有一定的图示能力、空间想象能力、看图读图能力及绘图的实际技能,掌握计算机的基本操作方法,并初步学会运用计算机辅助完成零件图、装配图的测绘,为后续专业课程的学习打下良好的基础		

续上表

<table>
<tr><td>学习领域 1</td><td colspan="3">机械制图与识图</td></tr>
<tr><td>学期</td><td>第 2 学期</td><td>参考学时</td><td>68 学时</td></tr>
<tr><td>学习目标</td><td colspan="3">1. 具有绘图和阅读机械图样的基本能力；
2. 有一定的空间想象能力和空间分析能力；
3. 具有一定认真负责的工作态度和严谨的工作作风；
4. 能够绘制简单零件图和装配图；
5. 了解制图国家标准的基本规定；
6. 掌握正投影法和三视图的投影规律；
7. 掌握组合体的形体分析和绘制方法；
8. 掌握图样的表示方法</td></tr>
<tr><td>学习内容</td><td colspan="3">1. 绘制平面图形(手柄、吊钩、耳板、压盖等)；
2. 基本形体模型测绘；
3. 摆积木造型或做模型；
4. 机件或模型测绘；
5. 测绘轴、轴承端盖及相关联接件；
6. 螺纹连接图和齿轮测绘图；
7. 根据装配示意图和零件图拼画装配图</td></tr>
<tr><td>学习领域 2</td><td colspan="3">机械加工刀具选择及应用</td></tr>
<tr><td>学期</td><td>第 2 学期</td><td>参考学时</td><td>68 学时</td></tr>
<tr><td>职业能力要求</td><td colspan="3">使学生掌握切削过程的基本规律及其应用，常用标准刀具的选择和改进，常用非标准刀具的设计等基本知识和基本能力</td></tr>
<tr><td>学习目标</td><td colspan="3">1. 具备设计常用刀具几何参数的能力；
2. 具有较好刀具材料选择的能力；
3. 具备金属切削过程的分析及工艺参数选择的能力；
4. 具有车刀的结构分析与应用能力；
5. 具有孔加工过程分析、刀具的结构分析与应用的能力；
6. 具有铣削过程分析与铣刀的选择能力</td></tr>
<tr><td>学习内容</td><td colspan="3">学习情境 1：刀具的结构分析和几何参数的拟定
学习情境 2：金属切削过程的分析及工艺参数选择
学习情境 3：刀具材料的分析及选择
学习情境 4：车刀的结构分析与应用
学习情境 5：孔加工过程分析、刀具的结构分析与应用
学习情境 6：拉刀的结构特点与使用
学习情境 7：铣削过程分析与铣刀的选择
学习情境 8：其他刀具的结构与应用</td></tr>
<tr><td>学习领域 3</td><td colspan="3">机械制造工艺与夹具设计</td></tr>
<tr><td>学期</td><td>第 3 学期</td><td>参考学时</td><td>72 学时</td></tr>
<tr><td>职业能力要求</td><td colspan="3">通过本课程学习，让学生更深刻理解机械制造工艺系统，把刀具、夹具、机床对加工精度的影响有机结合，综合专业能力有明显提高；能充分应用机床夹具设计基本知识，能对一般零件进行定位、夹紧方案的对比、优化分析，具备夹具设计初步能力，学生的空间想象力进一步提升。为学生毕业设计和未来从事专业工作奠定基础</td></tr>
</table>

续上表

学习领域3	机械制造工艺与夹具设计		
学期	第3学期	参考学时	72学时
学习目标	1. 掌握工艺规程的制订的基本原则、步骤； 2. 理解影响机械加工精度的因素； 3. 基本掌握典型零件的加工工艺； 4. 掌握工件的定位原则和夹具设计方法、步骤； 5. 能对常规零件进行工艺分析，选择毛坯、加工余量和切削用量，拟定工艺路线； 6. 应用六点定位原理及工件的夹紧原则，分析被加工零件某道工序的定位、夹紧方案，具备夹具设计的初步能力		
学习内容	1. 机械加工工艺规程的制订； 2. 机械加工精度及质量； 3. 工件的定位和夹紧； 4. 工件的定位和夹紧； 5. 专用夹具设计方法		
学习领域4	Creo 三维建模与装配		
学期	第3学期	参考学时	108学时
职业能力要求	通过本课程的学习，掌握Creo基本命令和灵活运用能力；培养空间想象能力和设计能力；使学生掌握三维实体造型、建模、曲面设计、零件装配及工程图设计的能力，为将来的实际应用提供必要的基础		
学习目标	1. 掌握Pro/E的基于特征的零件建模方法； 2. 掌握三维实体造型、建模、曲面设计、零件装配及工程图创建		
学习内容	1. Pro/E基础知识； 2. 二维草图绘制； 3. 基本特征创建(拉伸、旋转)； 4. 基准特征的创建； 5. 放置特征的创建； 6. 特征的操作； 7. 特征创建(混合、扫描)； 8. 高级特征创建； 9. 零件装配； 10. 曲面特征创建； 11. 工程图创建； 12. 模具设计简介； 13. 数控加工简介		
学习领域5	冲压工艺与模具设计		
学期	第4学期	参考学时	72学时
职业能力要求	主要培养该专业学生的冲压成型工艺分析、成型工艺方案制定、冲压模具设计方案确定、冲压模具典型结构应用及由典型到一般演变、模具制造材料与热处理选择、模具经济技术分析、模具装配与调试和冲压件质量缺陷初步分析等专业能力，以及培养学生的团队协作、沟通表达、工作责任心、职业规范和职业道德等综合素质和能力		

续上表

<table>
<tr><td>学习领域5</td><td colspan="3">冲压工艺与模具设计</td></tr>
<tr><td>学期</td><td>第4学期</td><td>参考学时</td><td>72学时</td></tr>
<tr><td>学习目标</td><td colspan="3">1. 准确解释冲压工艺的相关术语及其含义的能力；
2. 冲压工艺、工序和实现工序所需模具选择的能力；
3 冲压件的工艺分析与工序设计能力；
4. 模具材料的选择及热处理方法选用的能力；
5. 应用模具标准和设计手册的能力；
6. 应用CAD/CAE软件建立三维模型的能力；
7. 成形工艺分析和绘制设计图纸的能力；
8. 具有正确进行设备选型的能力；
9. 模具的安装、调试能力；
10. 操作和调试成型设备的能力</td></tr>
<tr><td>学习内容</td><td colspan="3">学习情境1：冲压模具的功能、种类和典型结构
学习情境2：冲裁模结构设计与工艺过程分析
学习情境3：弯曲模成型工艺与结构设计
学习情境4：拉深模具成型工艺与结构设计
学习情境5：翻边模结构设计
学习情境6：成形模具结构设计
学习情境7：楔传动冲模的结构设计</td></tr>
<tr><td>学习领域6</td><td colspan="3">注塑成型工艺与模具设计</td></tr>
<tr><td>学期</td><td>第4学期</td><td>参考学时</td><td>72学时</td></tr>
<tr><td>职业能力要求</td><td colspan="3">主要培养该专业学生的注塑成型工艺分析、成型工艺方案制定、注塑模具设计方案确定、注塑模具典型结构应用及由典型到一般演变、模具制造材料与热处理选择、模具经济技术分析、模具装配与调试和注塑件质量缺陷初步分析等专业能力，以及培养学生的团队协作、沟通表达、工作责任心、职业规范和职业道德等综合素质和能力</td></tr>
<tr><td>学习目标</td><td colspan="3">1. 读懂制品二维工程图、三维模型等的几何形状、尺寸、精度的能力；
2. 收集、查阅制品材料的加工成型特性与成型设备结构的能力；
3. 分析塑料材料及成型工艺的能力；
4. 确定简单注塑件在模具中的位置及布局方案的能力；
5. 进行简单注塑件的工艺计算、注塑成型设备选择的能力；
6. 确定分型面、设计浇注系统、冷却系统、推出机构、侧抽芯机构等的能力；
7. 正确选择模具标准零件、标准模架的能力；
8. 建立模具标准零件三维模型、非标准零件的参数化模型、生成模具非标准零件二维工程图的能力；
9. 确定模具零件的材料与热处理要求的能力；
10. 进行模具零件的刚度、强度分析的能力；
11. 进行模具的装配、试模的能力；
12. 操作和调试成型设备的能力</td></tr>
</table>

续上表

学习领域 6	注塑成型工艺与模具设计		
学期	第 4 学期	参考学时	72 学时
学习内容	学习情境 1:塑料模具设计准备 学习情境 2:单型腔注塑模具设计 学习情境 3:多型腔注塑模具设计 学习情境 4:双分型面注塑模具设计 学习情境 5:侧向分型与抽芯注塑模具设计 学习情境 6:其他类型的注塑模具设计		
学习领域 7	数控编程与仿真加工		
学期	第 4 学期	参考学时	72 学时
职业能力要求	主要培养该专业学生的模具加工数控编程的基础、模具零件的数控加工工艺与编程、模具零件的数控车削加工、模具零件的数控铣削加工和产品质量缺陷初步分析等专业能力,以及培养学生的团队协作、沟通表达、工作责任心、职业规范和职业道德等综合素质和能力		
学习目标	1. 合理选用加工手段的能力; 2. 较合理制定中等复杂模具零件的工艺文件的能力; 3. 熟练使用一般数控设备(数控车床、数控铣床、加工中心)完成模具零件的加工的能力; 4. 对一般数控设备进行日常维护的能力; 5. 独立进行工件质量的评价与分析的能力; 6. 严格执行相关标准、工作程序与规范、工艺文件和安全操作规程的能力		
学习内容	学习情境 1:台阶轴类零件数控车削加工 学习情境 2:典型轴类零件数控车削加工 学习情境 3:典型套类零件数控车削加工 学习情境 4:薄壁类零件数控铣削加工 学习情境 5:孔类零件数控铣削加工 学习情境 6:综合类零件数控铣削加工		
学习领域 8	Creo 模具设计		
学期	第 5 学期	参考学时	78 学时
职业能力要求	主要培养该专业学生的模具 CAD/CAM 技术应用、Creo 的基本应用、Creo 的冲压模设计、Creo 的注射模设计、Creo 模具零件数控加工编程、数控仿真加工等专业能力,以及培养学生的团队协作、沟通表达、工作责任心、职业规范和职业道德等综合素质和能力		
学习目标	1. 了解模具 CAD 和 CAM 技术; 2. 能熟练的运用 Pro/E 软件; 3. 能够对一般的产品进行特征分析和三维造型; 4. 能对数据图形文件信息分析检测和查询; 5. 能完成将二维平面图创建成三维模型的设计; 6. 能够将设计的三维模型创建二维工程图; 7. 能够完成产品的装配设计和生成爆炸图; 8. 能够完成对不同格式的数据图形文件相互转换; 9. 可根据功能和美学要求自行创建产品的三维模型设计; 10. 能够熟练使用 Pro/E 软件进行冲压模具和塑料模具的三维设计能力; 11. 熟练使用 Pro/E 软件进行冲压模具和塑料模具零件数控加工编程的能力; 12. 能进行数控加工仿真和加工代码的输出		

续上表

学习领域 8	Creo 模具设计		
学期	第 5 学期	参考学时	78
学习内容	学习情境 1:Creo 单分型面注射模具设计 学习情境 2:Creo 双分型面注射模具设计 学习情境 3:Creo 侧分型与抽芯注射模具设计 学习情境 4:Creo 热流道注射模具设计 学习情境 5:Creo 其他类型注射模具设计		

4. 专业拓展学习领域教学标准(表 11-11)

专业拓展学习领域教学标准　　表 11-11

学习领域 1	AutoCAD 图样绘制与输出		
学期	第 4 学期	参考学时	72 学时
职业能力要求	过该课程的教学,使学生掌握 AutoCAD 的基本操作,相关命令。熟识各种图形绘制的基本流程,为从事相关设计工作打下基础		
学习目标	1. 知道命令执行过程中的常用技巧、控制视图显示; 2. 会使用直线命令绘制机械零件图形、使用直线命令绘制中心线,绘制由多段线、矩形、多边形、圆组成的图形; 3. 知道图层概念和创建图层;创建、插入、输出、重命名和删除图块,插入带属性的图块及修改图块属性值; 4. 能运用 AutoCAD 软件绘制机械工程图; 5. 具有把专业设计需求与 AutoCAD 软件功能有机结合的能力		
学习内容	1. AutoCAD 基础知识; 2. 简单图形绘制; 3. 图形编辑; 4. 精确绘图; 5. 图形属性; 6. 创建建筑尺寸标注样式、文字标注,为建筑图形标注尺寸; 7. 三维绘图; 8. 综合绘图		
学习领域 2	电工电子产品制作与调试		
学期	第 4 学期	参考学时	72
职业能力要求	通过本课程的学习使学生获得电工电子学必要的基本理论、基本知识和基本技能,了解电工电子事业发展的概况,为学习后续其他相关类课程和专业知识以及毕业后从事工程技术工作打下理论与实践基础。同时,使学生在学习完本课程后,初步具有读懂电子设备的电气原理图,并对主要环节进行定性和定量的分析和估算的能力。同时也了解和熟练使用一些常用的电工电子设备		
学习目标	1. 掌握直流电路和交流电路的基本概念、基本原理; 2. 学会直流电路和交流电路的基本分析和计算方法; 3. 掌握变压器的基本结构、工作原理和简单计算方法; 4. 掌握电动机的基本结构和工作原理; 5. 掌握低压电器的基本结构、基本性能和主要工作原理; 6. 掌握电动机基本控制电路的组成和工作原理		

续上表

学习领域 2	电工电子产品制作与调试		
学期	第 4 学期	参考学时	72
学习内容	1. 照明电路的安装与调试； 2. 低压配电柜的装配与调试； 3. 分立式功率放大器的制作与调试； 4. 直流稳压电源的制作与调试； 5. 数字钟的制作与调试		
学习领域 3	SolidWorks 三维建模与装配		
学期	第 5 学期	学时	52 学时
职业能力要求	通过本课程的学习，使学生掌握应用三维软件（SolidWorks）进行产品设计的基本概念和方法，培养学生的三维设计能力和计算机操作能力		
学习目标	1. 了解计算机辅助三维绘图的基本原理和方法； 2. 掌握 SolidWorks 软件的基本操作流程； 3. 掌握草图绘制和编辑的一般方法； 4. 掌握拉伸、旋转等基本特征建模工具的使用，熟悉其他附加特征建模方法； 5. 理解参考几何体的含义，掌握其创建方法，了解查询的使用； 6. 了解零件特征管理、联结尺寸、方程式驱动等零件建模辅助功能； 7. 能够进行简单装配体的装配造型； 8. 熟悉工程图创建方法，能够创建简单的工程图		
学习内容	学习情境 1：SolidWorks 的基本操作 学习情境 2：曲线和曲面 学习情境 3：花盆和烧杯建模 学习情境 4：电扇风叶和卫浴把手建模 学习情境 5：音响和显示器建模 学习情境 6：足球和茶壶建模		

5. 独立实践环节教学标准（表 11-12）

独立实践环节教学标准 表 11-12

环节 3	机械制图与测绘实训		
学期	第 1 学期	学时	30 学时
职业能力要求	让学生把已经学到的机械制图知识全面地、综合性地运用到零部件测绘实践中去，从而进一步掌握所学机械制图知识，培养学生的零部件测绘工作能力和设计制图能力，并为后续的专业技术课程开设的“课程设计”和“毕业设计”等科目的学习做好准备。通过测绘实训，使学生将所学理论和生产实践结合起来、将学与画结合起来，牢固地掌握制图知识提高绘制机械图样的基本技能		
学习目标	1. 要求学生弄清部件工作原理，懂得各零部件的作用以及各零部件间的装配联结关系； 2. 要求学生在教师指导下独立完成部件装配图一张（A1 或 A2）；除标准件以外所有类型的零件图草图。并绘制 3 ~ 4 张中等复杂零件的零件工作图； 3. 通过对零部件测绘要求学生初步了解测绘内容、方法和步骤，正确使用工具拆卸部件，正确使用测量工具测量零件尺寸，训练学生徒手绘制零件草图和使用尺规、计算机绘制装配图以及零件工作图的技能		

续上表

<table>
<tr><td>环节 3</td><td colspan="3">机械制图与测绘实训</td></tr>
<tr><td>学期</td><td>第 1 学期</td><td>学时</td><td>30 学时</td></tr>
<tr><td>学习目标</td><td colspan="3">4. 使学生在设计制图、查阅标准、识读机械图样、使用经验数据等方面的能力得到全面的提高；
5. 要求在机件的表达方法上有独到的见解，视图选择正确；
6. 要求通过测绘的训练进一步养成认真负责的工作态度、严谨细致的工作作风和规范的制图习惯，并且通过实训培养自主学习的能力，掌握相关分析问题和解决问题的基本方法；
7. 要用理论课堂教学的要求规范实训纪律，严格作息时间和考勤制度，将实训平时表现列入成绩考核的重要内容</td></tr>
<tr><td>学习内容</td><td colspan="3">1. 做好测绘前的准备工作；
2. 拆卸部件；
3. 绘制装配示意图；
4. 绘制零件草图；
5. 测量零件尺寸；
6. 绘制装配图；
7. 绘制零件工作图；
8. 绘制总结与答辩</td></tr>
<tr><td>环节 4</td><td colspan="3">钳工实训</td></tr>
<tr><td>学期</td><td>第 2 学期</td><td>学时</td><td>60 学时</td></tr>
<tr><td>职业能力要求</td><td colspan="3">通过中级钳工实习，要求学生在掌握中级钳工所应该具备的知识和技能的基础上，进一步掌握中级钳工加工的原理知识，能独立完成零件工艺分析和编写，完成零件的加工和机构安装。以利于提高学生的综合技能水平及分析、解决问题的能力，为学生进一步学习更高级的操作技能打的基础</td></tr>
<tr><td>学习目标</td><td colspan="3">1. 了解钳工的特点和应用；
2. 着重了解钳工的基本操作方法，掌握基本操作枝能，并能正确调整和使用钳工的简单设备、常用工具、工夹量具与安全技术；
3. 树立对本专业学习的目标和信心；
4. 对专业知识、专业技能有所了解，为今后明确学习方向；
5. 通过实习培养学生良好的职业道德和个人修养；
6. 培养学生有积极心态面对今后的专业学习；
7. 树立学生刻苦学习的精神和吃苦耐劳的思想</td></tr>
<tr><td>学习内容</td><td colspan="3">1. 钳工的特点和应用；
2. 画线和画线方法；
3. 锯割与锯割的基本操作方法；
4. 錾削与锉削的基本操作方法；
5. 钻孔和其他加工方法；
6. 攻丝与套丝；
7. 刮削与刮削的基本操作方法；
8. 综合件工艺编制与分析</td></tr>
</table>

续上表

环节5	金工实训		
学期	第3学期	学时	30学时
职业能力要求	对学生进行机械加工技术基本知识和基本技能的训练,使学生具备一定的机械加工实际操作能力,为学生进一步学习专业知识和职业技能鉴定打下基础;机械加工实习是提高实践能力、增强感性认识、为后续理论课教学提供必要的工艺基础的重要教学上的实践环节		
学习目标	1. 了解金属切削加工在国民经济中的地位。在操作中培养学生认真负责、一丝不苟的工作作风,树立正确的劳动观念和安全第一的思想。从而掌握机械加工基本操作安全知识; 2. 掌握机械加工基本操作方法及机械设备的维护保养; 3. 掌握了解加工外圆、端面、切槽、圆锥面、特型面、钻孔、车内孔、滚花、车螺纹等基本操作技能; 4. 熟悉和了解铣床、刨床、磨床、镗床等的基本知识及操作方法; 5. 较系统地掌握机械加工各工种的基本操作技能,同时结合生产实践逐步提高熟练操作程度; 6. 能够根据有关技术文件对一般要求的零件进行独立加工,并初步掌握其他工种的基本操作方法; 7. 掌握本专业的主要工种(车、铣、刨、磨)的操作技能,能使用和调整该工种的常用设备、附件、刀具和工、夹、量具; 8. 了解金属切削加工的基本知识,为学好专业理论课和今后从事技术工作奠定基础; 9. 培养学生分析问题和解决金属切削加工常见工艺技术问题的能力和在工作中树立良好的职业道德		
学习内容	1. 车床结构、组成部分及其功用,安全操作、保养; 2. 车削一件包括外圆、端面、打中心孔的作业件; 3. 车削台阶轴作业件或简单生产件(带槽); 4. 车削带孔的机床作业件; 5. 观摩加工锥面、成形面的方法及工艺特点; 6. 观摩滚花的示范; 7. 观摩螺纹的车削工艺示范; 8. 铣平面、平行面和垂直面; 9. 刨斜面、垂直面; 10. 观摩磨平面、磨外圆与端圆		
环节6	数控编程与加工实训		
学期	第4学期	学时	30学时
职业能力要求	通过数控机床加工实习,使学生具有中级工的技术理论、工艺学知识和实际操作技能的能力。通过数控机床加工实习训练,提高学生机床工艺方面的知识,同时提高车床或铣床的操作技能。使学生能够加深数控加工的基础理论,培养学生的实操动手能力,要求学生能熟练掌握产品生产的数控CNC加工的实际操作技能和相关的注意事项		
学习目标	1. 养成安全、认真、踏实、严谨、一丝不苟的工作作风; 2. 确立数控编程的基本思路与编程方式; 3. 学会全面查阅数控机床的技术资料,掌握机床系统的组成及其基本原理。学会在现象与背景的调查与分析基础上归纳总结出一些数控编程的技巧,制作出各种相关的系统框图与相关的动作流程图,确定数控编程的具体步骤		

续上表

<table>
<tr><td>环节 6</td><td colspan="3">数控编程与加工实训</td></tr>
<tr><td>学期</td><td>第 4 学期</td><td>学时</td><td>30 学时</td></tr>
<tr><td>学习内容</td><td colspan="3">1. 数控编程模拟：在计算机上进行数控编程模拟、验证；
2. 数控机床的操作：数控机床（车铣）的操作、验证；
3. 数控加工工艺设计与程序编制：典型零部件的工艺分析、设计及其程序编制；
4. 机械零件数控加工：典型零部件的工艺分析设计及其加工编程</td></tr>
<tr><td>环节 7</td><td colspan="3">模具 CAD/CAM 实训</td></tr>
<tr><td>学期</td><td>第 5 学期</td><td>学时</td><td>60 学时</td></tr>
<tr><td>职业能力要求</td><td colspan="3">1. 培养学生运用所学的理论知识和技能，分析解决模具设计实际问题的能力；
2. 培养学生用 Creo2.0 模具设计的知识进行模具的设计、开发的思想和方法；
3. 培养学生自学新知识和新技术的能力，在利用 Creo2.0 进行简单模具设计的基础上训练复杂模具的设计</td></tr>
<tr><td>学习目标</td><td colspan="3">1. 能将设计模型转换为参照模型，并进行模具设计前的模型预处理；
2. 能运用所学知识进行模具布局、工件模型和收缩率的设计，掌握多型腔布局的两种设计方法；
3. 能根据浇口类型不同实现其浇注系统的设计；
4. 掌握冷却系统的设计方法；
5. 掌握分型面的不同设计方法，并能利用分型面分割体积块，通过抽取得到模具元件，最终得到模具爆炸图</td></tr>
<tr><td>学习内容</td><td colspan="3">1. 数控编程模拟：在计算机上进行数控编程模拟、验证；
2. 数控机床的操作：数控机床（车铣）的操作、验证；
3. 数控加工工艺设计与程序编制：典型零部件的工艺分析、设计及其程序编制；
4. 机械零件数控加工：典型零部件的工艺分析设计及其加工编程</td></tr>
<tr><td>环节 8</td><td colspan="3">毕业顶岗实习</td></tr>
<tr><td>学期</td><td>第 6 学期</td><td>学时</td><td>570 学时</td></tr>
<tr><td>职业能力要求</td><td colspan="3">顶岗实习是学生完成全部学习任务所必需的最后一个教学环节，是理论学习和实践锻炼相结合的重要方式，是在学完必修和选修课程后，进行过校内外实习和课程设计的基础上进行的、对学生掌握从事本专业工作所必需的基础理论、基本知识和基本技能的全面检验，也是对学生提高政治思想水平与业务素质、综合运用所学知识解决生产实际问题的一次全面培养和训练，是学生走向工作岗位的前奏，为学生就业打下坚实基础</td></tr>
<tr><td>学习目标</td><td colspan="3">1. 通过顶岗实习，可以进一步巩固和深化所学的理论知识，弥补理论教学的不足，以提高毕业生的质量，最终达到本专业的培养目标；
2. 通过顶岗实习，使学生了解工厂冲压与塑压成型设备的类别、结构、使用、设计和生产，提高对模具设计与制造技术的认识，加深模具设计与制造在工业领域应用的感性认识，开阔视野，了解相关设备及技术资料，熟悉产品的生产工艺；
3. 通过顶岗实习，培养学生应用理论知识解决实际问题和独立工作的能力，培养实事求是、严肃认真、细致踏实的工作作风，为将来从事设备的生产、调试、安装打下必要的基础；
4. 通过顶岗实习接触认识社会，提高社会交往能力，学习工人师傅和工程技术人员的优秀品质和敬业精神，培养学生的专业素质，明确自己的社会责任；
5. 与专业有关的学习和培养</td></tr>
</table>

续上表

环节 8	毕业顶岗实习		
学期	第 6 学期	学时	570 学时
学习内容	1. 成型设备的操作与维护； 2. 模具结构设计、工艺设计； 3. 模具数控加工工艺及程序编制； 4. 成型设备的维修与管理； 5. 产品检验和质量管理； 6. 与专业相近的其他工作		

（二）教学组织

1. 校企合作

具有多家稳固的校企合作企业，能发挥企业技术与人才的优势，建立长期合作共建机制，企业兼职教师参与实施专业人才培养方案、课程改革、制定课程标准、学生授课等，共同开发实训项目与一体化课程教材。校企合作企业成为学生顶岗实习、就业的主要单位。

2. 教学方法与手段

（1）教学方法。根据本专业的教学特点，使用了以下教学方法：项目化的任务驱动教学法、案例教学法、模拟仿真教学法、启发式教学法等。

（2）现代教学手段。利用网络教学平台和开放性实训室，增强学生自主学习和研究的途径。现代科学技术的发展对教学手段应用开辟了新的途径，但具体应用还必须因材施教。专业课程教学可应用如下现代教学技术手段：

①PPT 课件的广泛应用，为集约教学内容和课程讲授提供了方便。

②FLASH 动画制作，为机件立体构造和机件配合提供了可视性演示，便于学生理解。

③移动课堂建设，根据机器在实训室的布置，把黑板和投影设置为移动方式，为现场教学提供方便。

④虚拟模拟教学，可利用计算机进行多次反复演练。

⑤仿真教学，为“顶岗实习”零距离接触岗位提供多次演练的平台。

（三）考核评价

吸纳用人单位专家参与教学质量评价，建立以能力为核心、以过程为重点的学习绩效考核评价体系。针对不同类型的课程采用不同的考核方法。对公共基础课程，建议采取理论考核的方法；对于专业学习领域，建议采取过程考核与综合考核相结合的方式；对于独立实践环节，尽量采用实操考核、过程考核的方法。具体原则如下：

1. 公共基础课程

总评成绩 = 平时成绩（考勤、提问、作业等）×40% + 期终考核 ×60%。

2. 专业学习领域

采取过程考核与综合考核相结合的评价方式，同时根据学生取得相应工种的职业资格证书的情况，综合评价学生成绩。

其中，过程考核包括学习态度、课程作业等，占课程总成绩的 40%；综合考核包括期末考试、实践考核等,占课程总成绩的 60%。

如学生取得模具相应工种的职业资格证书,则该门课程考核合格。

3. 独立实践环节

以工作态度、实际操作和实习报告等情况综合评定学生成绩,其中工作态度、实际操作等占 80%(在企业完成的项目由企业指导教师评定),实习报告占 20%。

(执笔人:贾颖莲)

XII：轮机工程技术专业人才培养方案

第一部分　主体部分

一、专业名称(专业代码)

轮机工程技术(520405)

二、招生对象

普通高中毕业生或具有同等学力者

三、学制

三年

四、培养目标

本专业培养拥护党的基本路线，具备轮机工程技术专业的基本知识、能力和素质，获得轮机工程技能的基本训练，符合《STCW 公约》和“中华人民共和国海船船员适任考试、评估和发证规则”要求的，能在航运领域从事船舶轮机、船舶管理等工作，能适应生产、建设、服务和管理第一线需要的技术技能人才。

五、就业面向

本专业主要面向船厂、船公司等相关岗位，并且兼顾 STCW 78/10 公约对三管轮考证的要求，取得国内外航运企业海船轮机三管轮。

主要岗位：机工员、甲类三管轮。
拓展岗位：甲类二管轮、甲类大管轮。
发展岗位：甲类轮机长等。

六、培养规格

(一)素质目标

(1)具有爱国主义精神和良好的思想道德修养。
(2)具有正确的人生观、价值观和法制意识。
(3)具有良好的航海心理素质和健康体魄。
(4)具有良好的敬业精神、团队精神、吃苦耐劳精神和服从意识。
(5)具有一定的外语应用能力和人际沟通能力。
(6)具有较强的自学和创新能力。

(二)知识目标

(1)熟悉机械识图、制图、零件配合、力学、机械传动、热处理、液压、电工等基础知识。
(2)掌握船舶辅助机械结构、工作原理、性能分析和维护保养等知识。
(3)掌握船舶电气设备结构、工作原理、性能分析和维护保养等知识。
(4)掌握自动控制原理和自动控制系统相关知识。
(5)熟悉船舶安全管理、作业管理、人员管理和机舱资源管理等知识。
(6)了解国际海事公约和国内海事法规等相关知识。
(7)掌握轮机专业英语常用词汇、术语表达、文书写作规范等知识。

(三)能力目标

(1)具有识别和绘制机械图纸的能力。
(2)具有操作基本的车、钳、电工工艺的能力。
(3)具有正确操作和保养船舶主推进动力装置的能力。
(4)具有正确操作和保养船舶辅助机械的能力。
(5)具有正确操作和保养船舶电气设备的能力。
(6)具有执行船舶安全、防污染、机舱资源综合管理工作的能力。
(7)具有能进行主辅机系统自动化控制、集中监视和报警设备等操作的能力。
(8)具有较强的英语听说和较熟练读写轮机英语技术资料、业务函电的能力。
(9)能对船舶机电设备的运行工况进行测试分析及故障诊断。

七、教学环节进程安排表

(一)培养时间分配表

在人才培养的实施过程中,教学环节周数分配如表12-1所示。

轮机工程技术专业培养时间分配表　　表12-1

学年		一		二		三		合计
学期		一	二	三	四	五	六	
1	入学教育	1周						1周
2	国防教育	2周						2周
3	课堂教学	15周	16周	18周	16周	14周		79周
4	实践教学	1周	3周	1周	3周	1周		9周
5	生产实习					4周	19周	23周
累计		19周	19周	19周	19周	19周	19周	114周

注:课内教学指按课程(学习领域)组织的各种教学活动,包括理论课程、理实一体化课程等;实践教学是指计划单列的非生产性实践教学活动,包括专业认识实践、专项单列实训、课程设计、综合设计、社会实践等。

(二)教学进程表

本专业的人才培养进程如表12-2所示。

轮机工程技术专业教学进程表　　表 12-2

序号	类别	课程名称	教学时数与学分				考核方式		课内教学时数及实践周数					
			总学时	学分	理论学时	实践学时	考试学期	考查学期	第一学年		第二学年		第三学年	
									一	二	三	四	五	六
									15 周	16 周	18 周	16 周	14 周	0 周
1	公共基础课程	两课基础及形势教育	60	4	60			1	4					
2		两课概论	64	4	64			2		4				
3		军体	62	4	62			1、2	2	2				
4		计算机应用基础	90	6	38	52	1		6					
5		高等数学	60	4	60			1	4					
6		大学英语Ⅰ	60	4	60		1		4					
7		大学英语Ⅱ	64	4	64		2			4				
8		任选课 1	36	2	36			3			2			
9		任选课 2	32	3	32			4				2		
10		就业指导	14	1	14			5					1	
公共基础课程小计			542	36	490	52	课内占比		34.65%					
1	专业基础学习领域	机械制图与识图	60	4	48	12	1		4					
2		机械设计基础	96	6	60	36	2			6				
3		AutoCAD 图样绘制与输出	96	6	62	34	2			6				
4		电工电子产品制作与调试	108	6	76	32		3			6			
5		工程材料及成型	72	4	44	28	3				4			
6		工程热力学	72	4	48	24		3			4			
7		机械制造工艺及夹具设计	72	4	48	24	3				4			
8		公差配合与测量	72	4	62	10		3			4			
9		液压与气压传动	32	4	22	10		4				2		
专业基础学习领域小计			680	42	470	210	课内占比		43.48%					
1	专业核心学习领域	船舶柴油机	96	6	64	32	4					6		
2		船舶电气与自动化	84	6	58	26	4,5						6	
3		轮机英语	120	4	60	60		5				4	4	
4		船舶辅机	96	6	70	26	4					6		
5		船舶管理	56	4	22	34	5						4	
6		轮机维护与修理	84	6	44	40	5						6	
专业核心学习领域小计			536	32	318	218	课内占比		34.27%					
1	专业拓展学习领域	电机拖动与控制	64	4	30	34	3					4		
2		可编程控制器及应用	56	2	56	0		4					4	
专业拓展学习领域小计			120	6	86	34	课内占比		7.67%					
课内教学环节合计			1878	116	1364	514	总百分比		64.14%					

续上表

序号	类别	课程名称	教学时数与学分				考核方式		课内教学时数及实践周数					
			总学时	学分	理论学时	实践学时	考试学期	考查学期	第一学年		第二学年		第三学年	
									一	二	三	四	五	六
									15 周	16 周	18 周	16 周	14 周	0 周
1	独立实践环节	入学教育与国防教育	1 周	1		30		1	1 周					
2		国防教育	2 周	2		60		1	2 周					
3		机械制图测绘实训	1 周	2		30		1	1 周					
4		钳工实训	1 周	2		30		2		1 周				
5		金工实训	2 周	4		60		2		2 周				
6		高级消防与急救培训	1 周	2		30		3			1 周			
7		轮机英语听力与会话实训	1 周	2		30		4				1 周		
8		柴油机拆装实训	2 周	4		60		4				2 周		
9		电气与自动控制实训	1 周	2		30		5					1 周	
10		毕业顶岗实习	23 周	10		690		5,6					4 周	19 周
独立实践环节合计			1050	31		1050	总百分比		67.14%					
课时(学分)总计			2928	147	1364	1564	周时数		24	22	24	24	25	0
周数总计									19	19	19	19	19	19
理论教学时数			1364				总百分比		46.58%					
实践教学时数			1564				总百分比		53.42%					

(三)课程设置及学时比例

在人才培养的实施过程中,各教学环节学时比例如表 12-3 所示。

轮机工程技术专业课程设置及学时比例表 表 12-3

项目	理论教学	实践教学			
		课内实训	专项实训	生产实习	合计
学时	1364	514	360	690	1564
所占比例	46.58%	53.42%			

八、毕业标准

(一)基本要求

(1)德、智、体、美等方面均通过学生管理部门考核达标。

(2)按规定完成课程(学习领域)的学习,成绩合格。

(3)完成各项独立实践环节(单列科目:如实践课、课程设计、实习、毕业实践、毕业设计等)的学习,成绩合格。

(二)考证要求

(1)必须取得全国计算机等级证(一级及以上)和英语应用能力证书(三级 B)。

(2)获得至少一个本专业职业资格证书方可毕业。本专业职业资格证书如表12-4所示。

轮机工程技术专业职业资格证书表 表12-4

序号	考核项目	考核发证部门	等级要求
1	值班机工适任证书	中华人民共和国海事局	支持级
2	高级船员适任证书	中华人民共和国海事局	操作级
3	高级船员适任证书	中华人民共和国海事局	管理级

第二部分 支撑材料

一、专业人才培养实施条件

（一）专业教学团队

1. 师资数量与结构

（1）教师队伍数量应与学生规模相适应，生师比控制在16:1左右。

（2）教师队伍结构优化，梯队合理，45岁以下青年教师中研究生学历或硕士以上学位比例达到30%，专任教师中高级职称的比例≥30%，专任教师中具备双师素质教师的比例应达到80%以上。

（3）每个学习领域（课程）的教师应不少于2人，其中专业核心学习领域应配备相关专业中级技术职称以上的双师素质教师2人。

（4）各专业学习领域及独立实践环节，均应配备行业企业工程技术人员担任兼职教师，兼职教师折算比例应达到50%左右。

（5）专业实习（训）指导教师均为大专以上学历或中级以上职称。实习（训）指导教师具有中、高级职称比例≥20%。

2. 业务水平

教师应具备良好的职业道德和一定的教学科研能力，达到高等教育教师任职资格的要求且具备高等教育教师任职资格。其中主讲教师应由具备讲师以上职称的专任教师或工程师以上职称的兼职教师担任，参加科学研究或技术服务的专任教师人数不少于专任教师总数的30%。

3. 教学团队现状

轮机工程技术专业现有专业教师12人，其中专任教师8人，从航务公司、船舶公司、远洋运输公司等相关单位聘请的具有丰富实践经验的兼职教师4名。双师素质教师达12人。

（二）专业教学资源

1. 选用优秀的高职高专规划教材

在选择教材时，必须力争选用高水平的教材，杜绝质量低劣的教材进入课堂，不断提高教学质量，满足新形势发展的要求。鼓励优先选用教育部“面向21世纪课程教材”、国家级和省部级规划教材、教育主管部门或教学指导委员会推荐的教材；优先选用近3年出版的新教材或修订版教材；优先选用具有鲜明行业特征的高职高专规划教材、特色教材和精品教材。

本专业核心学习领域推荐使用的教材如表12-5所示。

轮机工程技术专业核心学习领域推荐使用教材表 表 12-5

课程名称	推荐使用教材	主编	ISBN
船舶柴油机	主推进动力装置(船舶柴油机)	中国海事服务中心	978-7-5632-2177-6
轮机英语	轮机英语	党坤,李品友,黄党和	978-7-5632-2717-4
船舶电气与自动化	船舶电气与自动化	林叶锦,徐善林	978-7-5632-2704-4
船舶辅机	船舶辅机	张心宇	978-7-114-06348-0
船舶管理	船舶管理	刘万鹤	978-7-114-04371-0
轮机维护与修理	轮机维护与修理	胡强生	978-7-5632-2088-5

2. 开发基于工作过程的校本教材

应尽量开发具有本校特色、基于工作过程的校本教材。在校本教材的开发过程中,应由专业教师与企业技术人员共同合作,根据钣金工等职业岗位任职要求,引入行业技术标准,收集省内外汽车整形典型案例,将企业生产实际中的新技术、新工艺、新方法和职业岗位能力和职业道德融入教学内容中,形成适用于理实一体化教学的特色教材。

3. 选用精品资源共享课程

在课程教学过程中,专业核心学习领域推荐选用精品资源共享课程如表 12-6 所示。

轮机工程技术专业核心学习领域推荐选用精品资源共享课程表 表 12-6

课程名称	优质课程名称	主持人	课程院校	网址
船舶柴油机	船舶柴油机使用及维护	罗红英	武汉船舶职业技术学院	http://www.icourses.cn/coursestatic/course_3542.html
轮机英语	轮机英语阅读与写作	邢相春	重庆交通大学航海学院	http://courses.cqjtu.edu.cn/2011/ljyy/
船舶电气与自动化	船舶电气设备与系统轮机自动化	肖兴无 杨泽宇	武汉航海职业技术学院(电气部分) 南通航运职业技术学院(自动化部分)	http://course.jingpinke.com/details/contents?uuid=14738a9a-1245-1000-983e-144ee02f1e73&courseID=SG080439&column=content http://ljzdhzy.ntsc.edu.cn/
船舶辅机	船舶辅机	张心宇	武汉交通职业技术学院	http://www.whjzy.net/2008/jpkc_cbfj/index.asp?id=16
船舶管理	船舶管理	刘万鹤	江苏海事职业技术学院	http://www.nclass.org/book-show/flex/book.html?courseNumber=369717
轮机维护与修理	轮机维护与修理	何世松	江西交通职业技术学院	http://elearn.jxjtxy.com/eol/jpk/course/layout/frame/index.jsp?courseId=1285

4. 专业网络教学资源

以数字化校园建设为载体,以课程为主要表现形式、以素材资源为补充,利用网络学习平台建设共享性网络教学资源库,建议包括专业基本资源、课程教学资源、自主学习资源、拓展学习资源。

网络教学资源库的建议配置如表 12-7 所示。

轮机工程技术专业网络教学资源库的建议配置 表 12-7

类别	资 源	主要内容与要求	备注
专业基本资源	专业简介	专业代码、招生对象、学制、就业面向、专业特点、主要课程等	专业介绍
	人才培养方案	主要包括培养目标、专业面向的职业岗位分析、专业定位、课程体系、核心课程描述、教学进程、毕业标准、实施条件、实施规范、实施流程、实施保障等	
	课程标准	专业核心课程的课程标准	
	教学文件	教学管理相关文件	
课程教学资源	教学指南	本课程的作用、目标和要求，本课程与职业岗位的关系，本课程与其他课程的关系，本课程的主要特点、课程结构、课程内容、课时分配、课程的重点与难点、实践教学体系、课程教学方法、课程教学资源、课程考核、课程授课方案设计、课程建设与工学结合效果评价等	专业基本配置
	教学设计	主要包括学时安排、学习任务设计、学习内容确定、教学目标设定、教学重难点分析及处理、任务工单提供、教学方法建议、教学手段选用、教学设施和教学场地安排、教学实施要求、课程考核方法，以及课后总结等	
	多媒体课件	优质核心课程课件	
	教学视频库	课程设计录像、课堂教学录像、实训操作演示录像等	
	案例库	以一个完整的企业项目为案例单元，通过观看、阅读、学习、分析案例，实现知识内容的传授、知识技能的综合应用展示、知识迁移、技能掌握等	
	FALSH 资源	教学难点的动漫演示	
	实训项目	实训目标、实训设备、实训要求、实训内容与步骤、实训项目考核和评价标准、实训报告或总结、技术手册、操作规程与安全注意事项	
	学生作品	学生学习成果、实训作品和生产产品	
自主学习资源	学习指南	课程学习目标与要求，重点、难点提示及释疑，学习方法，典型任务解析，自我测试题及答案，参考资料和网站	专业特色配置
	测试题库	知识和技能测试	
	视频库	学习任务实施操作视频资料	
	网络课程	基于互联网的处方自主学习平台	
	课程链接	与本专业相关的网站	

续上表

类别	资源	主要内容与要求	备注
拓展学习资源	拓展视频资源	其内容可以在教学标准的基础上适当拓展	专业拓展选配
	文献库	与本课程或本专业相关的行业标准、企业规范、专利资料、法律法规、技术资料、成功案例等	
	仪器设备操作手册	常用仪器设备的操作手册	
	仿真教学	按教学内容列出仿真软件,并提供应用入口	
	课程 BBS	建立由专人管理的网上论坛	
	网上答疑	按主讲教师开设答疑室	
	其他资源	素质教育模块、课外活动园地	

5. 其他教学资源

学院图书馆或资料室应当配置数量适当、结构合理、技术新颖的本专业纸质和电子图书,为专业学习、教学、科研和社会服务提供良好的信息服务;学院配置的电子图书,具有良好服务功能,能为专业教学资源库建设提供大数据服务。

(三)实验实训条件

1. 校内实训条件

根据轮机工程技术专业培养目标和教学要求,校内具备一体化教学和生产性实习等基本实训条件。实训室在设备和工位数量上能保证 1 个教学班实施理实一体化课程的需要,配置多媒体教学设备,便于开展教、学、做合一的教学活动。

校内实训条件建设建议如表 12-8 所示。

轮机工程技术专业校内实训条件建设建议表 表 12-8

序号	名称	主要设备	主要功能	对应课程	容纳学生人数
1	金工实训室	数控车床 数控铣床 卧式锯床 数控电火花切割机床 VMC850L 立式加工中心	通过对产品生产过程的认识、了解和实践,让学生很好地理解和掌握金工工艺综合实训加工工艺过程及零件尺寸精度、形状和位置精度以及表面粗糙度的知识,掌握常用量具的使用方法,把几何量的误差公差标准及应用测量方法密切地结合起来	机械设计基础、工程材料、工程力学、机械制造工艺与夹具设计	40 人
2	钳工实训室	钳台 台虎钳 台钻	通过钳工实训使学生掌握一定的钳工操作技能,掌握简单零件的加工工艺及相关设备和工量具的使用。同时了解安全文明生产的基本常识及生产企业中的规章制度要求	机械设计基础、机械制图与识图、工程材料、工程力学、轮机维护与修理	40 人
3	内河船员适任实训室	驾驶台 船舶柴油机 发电机 船舶辅机	适任岗位培训	船舶管理、船舶辅机、船舶电气与自动化、轮机维护与修理	60 人

续上表

序号	名　称	主要设备	主要功能	对应课程	容纳学生人数
4	柴油机拆装实训室	柴油机	柴油机的拆装、维护 柴油机的运行	船舶柴油机	60 人
5	船员特殊培训室（客船、油船、散化船）	消防设备、船模	基本安全培训	船舶管理	20 人
6	电工电子实验室	电工电子实验台、示波器、电动机、继电器	使学生掌握电路的基本知识、基本方法和基本技能	电工电子产品制作与调试	60 人
7	船员远程终端考场	电脑、终端考场设备	船员远程终端考试		30 人

2. 校外实训条件

依托学院合作发展理事会，选择技术较为先进、管理水平较高、生产规模大、效益好的企业作为紧密合作对象，紧密合作的校外实训基地数量稳定在 6 家。

校外实训基地的基本要求如下：

(1)固定校外实训基地应选择资质高、管理规范，在行业内具有一定影响力的大、中型施工企业和交通建设行业职能机构。

(2)动态校外实训基地应选择具有代表性和典型意义的重点工程建设项目，具备学生实训实习期间的安全和劳动保护等措施。

(3)具备相应的教学场地，有水平较高、实践经验丰富的科研、管理和生产人员担任实习实训指导教师实习实训项目、内容与学生所学专业相符，能满足实训环节各项教学任务要求。

(4)每年接受实习实训学生能达到一定规模。

二、专业人才培养实施规范

(一)课程教学标准

1. 公共基础课程教学标准

本部分内容请参阅本书的附录部分。

2. 专业基础学习领域教学标准(表 12-9)

专业基础学习领域教学标准　　表 12-9

学习领域 1	机械制图与识图		
学期	第 1 学期	参考学时	60 学时
职业能力要求	1. 熟悉国家标准中《技术制图》和《机械制图》的相关规定； 2. 能使用常用的绘图工具和绘图用品； 3. 掌握投影的基本理论和应用； 4. 能掌握组合体的规定画法和标注； 5. 掌握常用件和标准件的规定画法和标记； 6. 具有机件的表达方法的应用能力； 7. 具有零件图的绘制和识读能力； 8. 能够绘制和识读装配图		

续上表

学习领域 1	机械制图与识图		
学期	第 1 学期	参考学时	60 学时
学习目标	1. 掌握平面图形的绘制； 2. 掌握几何体三视图的绘制； 3. 掌握零件图的识读与绘制； 4. 掌握装配图的识读与绘制		
学习内容	学习情境 1:平面图形的绘制 学习情境 2:几何体三视图的绘制 学习情境 3:零件图的识读与绘制 学习情境 4:装配图的识读与绘制		
学习领域 2	机械设计基础		
学期	第 2 学期	参考学时	96 学时
职业能力要求	1. 能够准确地分析机械零件的不同失效形式,采取不同的计算方法及设计计算准则进行失效分析； 2. 能够准确地选择标准件； 3. 能够确定螺栓直径、选择螺栓材料、设计螺栓组连接； 4. 能够进行通用机械传动的设计； 5. 能够进行通用机械传动润滑方案的设计		
学习目标	1. 掌握静力学分析及基本计算； 2. 掌握平面四杆机构的基本形式及其演化形式； 3. 掌握平面四杆机构的设计方法； 4. 掌握凸轮、棘轮及其他间歇运动机构的结构及应用， 5. 掌握螺纹连接的基本知识及螺纹连接的预紧与放松； 6. 掌握带传动及其设计计算； 7. 熟悉蜗杆传动的基本知识及其失效形式分析； 8. 掌握轴的基本知识及轴的设计计算； 9. 掌握轴承、联轴器和离合器的结构及其失效形式分析		
学习内容	学习情境 1:塔式起重机的静力学分析与计算 学习情境 2:起重机等设备的平面结构设计 学习情境 3:起重机等设备的凸轮结构设计 学习情境 4:牛头刨床等设备的螺旋机构设计 学习情境 5:发动机等设备的带传动和链传动计及其失效形式分析 学习情境 6:减速器设计及其失效形式分析		
学习领域 3	AutoCAD 图样绘制与输出		
学期	第 2 学期	参考学时	96 学时
职业能力要求	1. 培养学生绘图命令的使用能力； 2. 培养学生灵活使用编辑命令,掌握使用技巧的能力； 3. 培养学生灵活应用知识,自主主动获取新的知识的能力； 4. 培养学生独立解决问题,初步具备本科目的拓展能力； 5. 培养学生的绘图安全和团队意识		

续上表

学习领域 3	AutoCAD 图样绘制与输出		
学期	第 2 学期	参考学时	96 学时
学习目标	1. 掌握 AutoCAD 软件的界面和绘图环境，了解其发展历程； 2. 掌握 AutoCAD 软件的基本绘图命令和基本技巧； 3. 掌握二维编辑命令的使用和基本技巧； 4. 掌握高级绘图命令和编辑技巧； 5. 掌握零件图与装配图的绘制步骤和绘制技巧； 6. 熟悉三维绘图环境，学习三维图形的绘制和编辑		
学习内容	学习情境 1：样板图的绘制 学习情境 2：简单二维图形的绘制 学习情境 3：复杂二维图形的绘制 学习情境 4：机械零件图的绘制 学习情境 5：机械装配图的绘制 学习情境 6：三维实体造型		
学习领域 4	电工电子产品制作与调试		
学期	第 3 学期	参考学时	108 学时
职业能力要求	1. 学会使用基本的电工电子工具、仪器、仪表； 2. 学会手工焊接方法和工艺，并能熟练的手工焊接基板和元器件； 3. 能够正确识读电子电路图、电气设备控制系统电气图和安装接线图； 4. 学会常用的低压电器的识别、选择与使用； 5. 熟悉电子元器件的类别、性能、用途，并能够正确地选用电子元器件； 6. 能够根据电路图独立完成电子电路的制作任务，并能分析和查找问题并排除故障		
学习目标	1. 能够熟练掌握电路的基本知识，学会分析正弦交流电路与三相交流电路； 2. 掌握变压器的结构与工作原理，交流异步电动机的工作特性； 3. 掌握模拟电路的基本元器件、掌握基本放大电路、集成运算放大器以及直流电源电路的原理及应用； 4. 掌握基本门电路、组合逻辑电路和时序逻辑电路的分析与调试等		
学习内容	学习情境 1：照明电路的安装与调试 学习情境 2：低压配电柜的装配与调试 学习情境 3：分立式功率放大器的制作与调试 学习情境 4：直流稳压电源的制作与调试 学习情境 5：数字钟的制作与调试		
学习领域 5	工程材料及成形		
学期	第 3 学期	参考学时	72 学时
职业能力要求	1. 具有选用工程材料的初步能力； 2. 具备选择毛坯加工方法和切削成形方法以及工分析的初步能力； 3. 培养分析零件结构工艺性和选择加工方法的初步能力； 4. 解决制造过程中出现的各种工艺问题，提高解决实际问题的能力		

续上表

学习领域5	工程材料及成形		
学期	第3学期	参考学时	72学时
学习目标	1.了解常用金属材料的机械性能和工艺性能以及常用金属的热处理工艺； 2.系统地了解机械加工方法，掌握常用工程材料与热处理及冷、热加工方法的实质、基本原理与工艺特点； 3.了解各种主要加工设备、工具的结构和工作原理； 4.了解各种加工方法的基本概念、工艺特点，各种加工方法的优缺点和适用场合		
学习内容	学习情境1:金属材料基本知识 学习情境2:钢的热处理 学习情境3:金属材料 学习情境4:铸造 学习情境5:锻压 学习情境6:焊接		
学习领域6	工程热力学		
学期	第3学期	参考学时	72学时
职业能力要求	1.掌握热—功转换的基本规律； 2.掌握利用工质性质公式和图表进行热力过程及循环的分析和计算方法； 3.掌握提高热力设备和系统能量利用经济性的基本原则和途径； 4.注意培养学生的逻辑思维能力，发现、分析和解决问题的能力，创新思维和创造能力，特别是运用热力学基本定律和理论进行演绎、推论，解决实际工程问题的能力		
学习目标	1.掌握工程热力学中的基本定律、概念及知识； 2.了解常用的动力循环、制冷循环的热力过程及其特点； 3.掌握热力过程的分析研究及计算方法； 4.了解在热力循环中常用工质的热物理性质		
学习内容	学习情境1:工质性质研究 学习情境2:基本定律研究 学习情境3:热力过程研究 学习情境4:热力循环研究		
学习领域7	机械制造工艺与夹具设计		
学期	第3学期	学时	72学时
职业能力要求	1.具备机械制造工艺规程设计的能力； 2.具备选用和编制机械制造工艺的能力； 3.具备零件加工工艺路线设计的能力； 4.具备机床工序设计和工艺尺寸图表的设计及应用的能力； 5.具有提高表面质量的加工方法的能力； 6.具备机床夹具选用与设计的能力		

续上表

<table>
<tr><td>学习领域7</td><td colspan="3">机械制造工艺与夹具设计</td></tr>
<tr><td>学期</td><td>第3学期</td><td>学时</td><td>72学时</td></tr>
<tr><td>学习目标</td><td colspan="3">1. 了解机械制造在国民经济中的作用；
2. 掌握机械制造工艺规程设计的相关概念；
3. 掌握工艺路线的拟定；
4. 掌握尺寸链计算分析方法；
5. 掌握典型零件的机械制造工艺分析方法；
6. 掌握典型零件的机械制造工艺的编制；
7. 学会分析研究加工质量的方法；
8. 掌握机床夹具的组成、原理和类型；
9. 掌握机床夹具设计的方法与步骤</td></tr>
<tr><td>学习内容</td><td colspan="3">学习情境1:机械加工工艺规程编制
学习情境2:轴类零件的加工工艺编制
学习情境3:套筒零件的加工工艺编制
学习情境4:箱体零件的加工工艺编制
学习情境5:齿轮零件的加工工艺编制
学习情境6:机床夹具设计</td></tr>
<tr><td>学习领域8</td><td colspan="3">公差配合与测量</td></tr>
<tr><td>学期</td><td>第3学期</td><td>参考学时</td><td>72学时</td></tr>
<tr><td>职业能力要求</td><td colspan="3">1. 具备公差与配合等国家标准的查询能力；
2. 培养学生分析问题、解决问题的能力；
3. 培养学生勇于创新、敬业乐业的工作作风；
4. 具备滚动轴承、键和花键、普通公制螺纹、圆柱齿轮的互换性的能力；
5. 培养学生社会责任心</td></tr>
<tr><td>学习目标</td><td colspan="3">1. 掌握公差与配合、形状和位置公差、表面粗糙度、光滑极限量规等国家标准的基本内容；
2. 了解各标准的结构特点；初步具备应用上述标准的能力；
3. 了解滚动轴承、键和花键、普通公制螺纹、圆柱齿轮的互换性的基本内容；
4. 掌握测量技术的基本概念；初步掌握测量误差及数据处理方法；
5. 了解质量控制体系的基本概念、基本思想</td></tr>
<tr><td>学习内容</td><td colspan="3">学习情境1:光滑圆柱体的极限与配合
学习情境2:形位公差及其检测
学习情境3:测量技术基础
学习情境4:表面粗糙度及测量
学习情境5:滚动轴承、键、花键的公差与检测
学习情境6:螺纹和齿轮的公差与检测</td></tr>
</table>

续上表

学习领域9	液压与气压传动		
学期	第4学期	参考学时	64学时
职业能力要求	1. 具备分析、阅读简单机床液压系统原理图的能力； 2. 能够设计功能较简单的机床液压系统； 3. 能安装、调试简单机床液压系统； 4. 能正确的设计简单液压回路，选择合理的液压元件，能完成液压回路的组装、调试和测试； 5. 系统故障的诊断和排除能力的培养		
学习目标	1. 正确理解液压传动技术中的基本概念和术语； 2. 掌握基本系统原理图的设计方法； 3. 理解和掌握液压传动的原理及组成部分； 4. 掌握常用液压元件的工作原理； 5. 掌握常见基本回路工作原理和典型机床液压系统工作原理		
学习内容	学习情境1：液压传动工作原理 学习情境2：液压流体力学基础 学习情境3：液压动力元件 学习情境4：液压执行元件 学习情境5：液压液压控制阀 学习情境6：液压辅助元件 学习情境7：液压基本回路		

3. 专业核心学习领域教学标准（表12-10）

专业核心学习领域教学标准　　表12-10

学习领域1	船舶柴油机		
学期	第4学期	参考学时	96学时
职业能力要求	1. 能根据运行中的现象来判断柴油机的运行状况； 2. 具备船舶柴油机日常维修和保养的能力； 3. 具备分析、判断及排除船舶柴油机故障的能力； 4. 具备处理应急情况的能力		
学习目标	1. 掌握船舶柴油机结构和工作原理等知识； 2. 能正确拆装、操作和维护管理船舶柴油机； 3. 能正确拆装、操作和维护管理船舶柴油机相关系统； 4. 能对柴油机工况进行测试、分析和调节		
学习内容	学习情境1：柴油机工作循环分析 学习情境2：柴油机结构认识与掌握 学习情境3：燃油喷射系统的维护 学习情境4：换气机构和增压器系统的维护 学习情境5：船舶柴油机油水系统的维护 学习情境6：船舶柴油机操作系统的维护 学习情境7：船舶柴油机的运行管理		

续上表

学习领域2	轮机英语		
学期	第4、5学期	参考学时	120学时
职业能力要求	1. 能顺利阅读船舶机舱主辅机英文资料； 2. 能准确理解轮机相关的英语说明书，对各设备进行正确操作； 3. 能基本准确地翻译轮机英语资料面； 4. 能将中文资料基本准确地翻译成书面英文； 5. 能书写轮机英语各种文书； 6. 工作中能自如地进行英语口语交流； 7. 能查阅英文专业资料，自主获取知识		
学习目标	1. 能熟练阅读并理解船舶机舱主辅机英文资料； 2. 能基本准确地翻译轮机英语资料； 3. 能自如地进行英语口语交流		
学习内容	学习情境1：船舶主推进装置英文资料的阅读和编制 学习情境2：船舶辅助机械的英文资料的阅读和编制 学习情境3：船舶电气及自动化的英文资料阅读与翻译 学习情境4：船舶文件资料的阅读和编制		
学习领域3	船舶电气与自动化		
学期	第4、5学期	参考学时	180学时
职业能力要求	1. 能正确选择合适组件完成电机控制线路的安装与接线； 2. 掌握电动机的启动、调速和反转控制方法； 3. 能利用电压表、电流表测量电机的电压与电流； 4. 掌握船舶动力装置、电器设备、液压、气动、电气自动化和机电一体等方面的基础知识； 5. 掌握轮机工况检测、系统的保养和维护等基本技术； 6. 具有操纵船舶电站及故障排除的初步能力； 7. 熟悉有关海船运输安全方面的公约和法律法规； 8. 了解海洋运输船舶的电气设备的发展动态； 9. 熟悉船员值班应当承担的职责； 10. 掌握船舶报警装置使用管理和故障分析方法，能处理简单的报警		
学习目标	1. 掌握船舶电气的电路分析和计算的基本能力，正确分析电与磁相互转化、相互作用的能力基本结构、工作原理、性能特点； 2. 掌握各种通用船舶辅机的性能特点和管理维修等方面的知识； 3. 掌握直流电机工作特点的理论基础知识和维护、管理、故障排除能力； 4. 正确使用单相、三相变压器及互感器的能力和使用、管理、维护三相异步电动机及排除故障的能力，具备管理维护伺服电机的能力； 5. 熟悉船舶电气的电力拖动常用控制电器维护、管理能力，根据说明书等资料判断分析各控制电路故障，保证设备安全运行的能力操作管理方法，具有正确的实际操作水平； 6. 分析船舶电气的常见故障，具有正确的检修保养水平； 7. 掌握同步发电机的基本结构、工作原理、操作和运行管理方法； 8. 管理、调节和排除自动电站保障的能力； 9. 熟悉地进行各种灯具的接线操作，正确使用常规电工仪表的能力和安全用电能力； 10. 掌握反馈控制系统的概念、组成、作用规律及执行机构； 11. 熟悉船舶机舱辅助控制系统、蒸汽锅炉的自动控制、船舶主机遥控系统的组成、工作原理、执行机构； 12. 掌握船舶机舱检测与报警系统组成、工作原理、船舶火灾自动报警系统组成、工作原理； 13. 了解船舶电气的新技术应用		

续上表

<table>
<tr><td>学习领域 3</td><td colspan="3">船舶电气与自动化</td></tr>
<tr><td>学期</td><td>第 4、5 学期</td><td>参考学时</td><td>180 学时</td></tr>
<tr><td>学习内容</td><td colspan="3">学习情境 1:船舶电机的起动、调速、制动
学习情境 2:船舶电力拖动设备控制系统的设计、布局、装接与调试
学习情境 3:船舶电站的操作与电气故障的排除
学习情境 4:船舶安全用电与人员管理
学习情境 5:船舶照明与报警系统的维护与管理
学习情境 6:船舶反馈控制系统
学习情境 7:船舶机场辅助控制系统
学习情境 8:锅炉蒸汽锅炉的自动控制
学习情境 9:船舶主机遥控系统
学习情境 10:船舶机舱监测及报警系统
学习情境 11:船舶火灾自动报警系统</td></tr>
<tr><td>学习领域 4</td><td colspan="3">船舶辅机</td></tr>
<tr><td>学期</td><td>第 4 学期</td><td>参考学时</td><td>96 学时</td></tr>
<tr><td>职业能力要求</td><td colspan="3">1. 能测绘各种通用船舶辅机的易损零件图;
2. 具备查阅规范、产品目录和设计手册的能力;
3. 具备主要船用辅机的选型能力;
4. 具备通用船舶辅机的拆装和管理维修方面的能力</td></tr>
<tr><td>学习目标</td><td colspan="3">1. 掌握各种通用船舶辅机的工作原理和典型结构等方面的知识;
2. 掌握各种通用船舶辅机的性能特点和管理维修等方面的知识</td></tr>
<tr><td>学习内容</td><td colspan="3">学习情境 1:船用泵安装、调试与拆装
学习情境 2:船用空压机安装、调试与拆装
学习情境 3:液压甲板机械安装、调试
学习情境 4:制冷与空调设备安装、调试
学习情境 5:船舶辅助锅炉安装、调试
学习情境 6:海水淡化装置安装、调试
学习情境 7:油分离机和防污染装置安装、调试与拆装</td></tr>
<tr><td>学习领域 5</td><td colspan="3">船舶管理</td></tr>
<tr><td>学期</td><td>第 5 学期</td><td>参考学时</td><td>56 学时</td></tr>
<tr><td>职业能力要求</td><td colspan="3">1. 能检查救生消防设备是否正常并判断是否满足 SOLAS 公约要求;
2. 能进行船舶开航前驾驶台的准备工作;
3. 能执行备车程序和车钟令并记录相关法律文书;
4. 能履行值班驾驶员对船员作业安全的监督职责;
5. 能遵守 IMO 和我国海事局对值班驾驶员职责的规定;
6. 能描述整个航次中三副的主要任务;
7. 能履行在船舶应急中应承担的任务</td></tr>
<tr><td>学习目标</td><td colspan="3">1. 能安全值班;
2. 能应对机舱突发状况;
3. 能组织修船;
4. 能管理机舱管理</td></tr>
</table>

续上表

学习领域5	船舶管理		
学期	第5学期	参考学时	56学时
学习内容	学习情境1:船舶适航性控制 学习情境2:船舶防污染管理 学习情境3:船舶安全营运管理 学习情境4:船舶维修管理 学习情境5:机舱资源管理		
学习领域6	轮机维护与修理		
学期	第5学期	参考学时	84学时
职业能力要求	1. 具备现代维修理论和实施现代维修的能力; 2. 具备在船舶条件下检验船机零件缺陷的能力; 3. 具备常用的船机故障诊断的能力; 4. 能正确地使用工具和量具及正确选用专用物料的能力; 5. 初步具备选择合理的零件修复工艺的能力; 6. 具有对船机典型零件的缺陷进行检测和修复及验收的能力		
学习目标	1. 掌握船机的故障与维修; 2. 掌握船机零件的磨损、腐蚀、疲劳破坏以及缺陷检验与故障诊断; 3. 掌握船机零件的维修过程与修复工艺; 4. 掌握柴油机主要零件的检修,增压器和船舶轴系的检修; 5. 掌握柴油机主要部件在船上的安装过程		
学习内容	学习情境1:船舶柴油机汽缸的维修 学习情境2:船舶柴油机活塞组件的维修 学习情境3:船舶柴油机主要附件的维修 学习情境4:船舶柴油机曲轴的维修 学习情境5:船舶轴系、舵系的维修 学习情境6:船舶轮机的验收		

4. 专业拓展学习领域教学标准(表12-11)

专业拓展学习领域教学标准 表12-11

学习领域1	电机拖动与控制		
学期	第4学期	学时	64学时
职业能力要求	1. 学会分析电机和变压器性能的三种方法:电势平衡方程式、等值电路和相量图; 2. 学会电机的转速、功率、电压、电流的测量方法; 3. 掌握电机和变压器的基本工作原理、能量转换的物理过程和运行特性; 4. 掌握电动机启动、调速与制动的基本理论和方法; 5. 了解交、直流电动机和变压器不同结构特点以及它们在分析研究方法上的联系; 6. 熟悉掌握常用电机的选型、应用、维护的基本知识; 7. 具有对电动机故障的判断、测试和实验的能力; 8. 掌握控制电机、微特电机的基本原理及应用		

续上表

学习领域1	电机拖动与控制		
学期	第4学期	学时	64学时
学习目标	1. 掌握电机的结构和工作原理； 2. 掌握电机的故障处理和维护维修的原理、方法； 3. 熟悉电机的技术要求与选型依据； 4. 熟悉电机拖动的原理及应用知识； 5. 掌握电机拖动与控制系统的工作原理及应用； 6. 了解电机拖动与控制的发展方向		
学习内容	学习情境1:直流电机的起动、调速与制动 学习情境2:变压器的参数和运行特性分析及故障维护 学习情境3:三相异步电动机的启动、调速、制动和反转及常见故障分析 学习情境4:特殊电机的特点及应用 学习情境5:电机控制线路的认识及应用		
学习领域2	可编程控制器及应用		
学期	第4学期	学时	56学时
职业能力要求	1. 能进行PLC的选型； 2. 能进行PLC程序的设计； 3. 能熟练运用编程软件进行程序的编制； 4. 能进行PLC系统的安装及调试		
学习目标	1. 掌握可编程序控制器的基础知识； 2. 熟悉PLC硬件系统配置、PLC指令系统、特殊功能及功能模块； 3. 掌握编程软件的使用； 4. PLC程序设计与调试； 5. PLC的安装与维护		
学习内容	学习情境1:可编程控制器认知 学习情境2:三相交流电机控制系统的设计与实现 学习情境3:灯光控制系统的设计与实现 学习情境4:车库监控系统的设计与实现 学习情境5:两台PLC主从通信的实现		

5. 实践学习领域教学标准(12-12)

实践学习领域教学标准 表12-12

学习领域1	机械制图测绘实训		
学期	第1学期	学时	30学时
职业能力要求	1. 具有使用基本测量工具的能力； 2. 具有减速器等部件的拆装能力； 3. 具有较强的图形表达和绘制能力； 4. 具有查阅制图相关技术资料、标准、手册和技术规范的能力； 5. 编制加工中心加工程序并操作加工中心机床进行零件实物加工； 6. 能编制合理的数控车、铣、加工中心加工一般零件的工艺规程		

续上表

<table>
<tr><td>学习领域 1</td><td colspan="3">机械制图测绘实训</td></tr>
<tr><td>学期</td><td>第 1 学期</td><td>学时</td><td>30 学时</td></tr>
<tr><td>学习目标</td><td colspan="3">1. 了解零件图的作用、内容;零件的常见工艺结构;
2. 掌握常用测绘工具和仪器的正确使用方法;
3. 掌握零件的测绘方法,典型零件的画法及标注方法;
4. 了解装配图的作用与内容、零件的编号方法及明细表的画法;
5. 掌握装配图的绘制方法;
6. 掌握查阅国家制图标准手册的方法</td></tr>
<tr><td>学习内容</td><td colspan="3">1. 指导性讲课,熟悉测绘工具,了解部件的结构,零件之间的相互关系,部件的工作原理,构思零件草图;
2. 拆卸画装配示意图;
3. 绘制零件草图,填写标准件明细表;
4. 画装配草图;
5. 审图、画装配图;
6. 画零件图、测绘小结、答辩</td></tr>
<tr><td>学习领域 2</td><td colspan="3">钳工实训</td></tr>
<tr><td>学期</td><td>第 2 学期</td><td>学时</td><td>30 学时</td></tr>
<tr><td>职业能力要求</td><td colspan="3">1. 能够正确、掌握钳工工作范围;
2. 具有查找钳工有关资料,获取理论信息的能力;
3. 具有正确理解工作任务、制定工作计划的能力;
4. 能够从个案中找到共性,总结规律,举一反三,了解钳工所用设备的规格、性能、掌握其使用技能;
5. 具有逻辑、严谨、缜密、科学的思维方法和创新能力;
6. 具有自学新技术、新知识、积累经验的能力</td></tr>
<tr><td>学习目标</td><td colspan="3">1. 了解钳工在工业生产中的工作任务;
2. 熟悉钳工的工作性质、范围;
3. 掌握钳工的操作技能;
4. 熟悉钳工工序的程序;
5. 熟悉钳工的技能操作;
6. 能够开展生产品废品原因的调查;
7. 能够进行机械零件制作、钳加工及工艺的设计</td></tr>
<tr><td>学习内容</td><td colspan="3">学习情境 1:钳工概述
学习情境 2:钳工常用量具
学习情境 3:钳工画线
学习情境 4:锉削
学习情境 5:錾削
学习情境 6:锯削
学习情境 7:孔加工
学习情境 8:螺纹加工</td></tr>
</table>

续上表

<table>
<tr><td>学习领域3</td><td colspan="3">金工实训</td></tr>
<tr><td>学期</td><td>第2学期</td><td>学时</td><td>60学时</td></tr>
<tr><td>职业能力要求</td><td colspan="3">1. 养成自觉遵守安全文明生产的良好行为规范；
2. 了解机械加工的基本知识；
3. 能正确地使用金属切削机床及其常用附件，工具、刀具、量具，掌握机械加工的基本操作技能；
4. 能根据零件图样和工艺文件的要求独立加工工件；
5. 能分析和解决生产实践中的常见工艺技术问题</td></tr>
<tr><td>学习目标</td><td colspan="3">通过金工实习，使学生了解机械制造的一般过程，了解钳工的主要加工方法和机械制造维修中的作用；熟悉各种设备和常用附件和刀具、工具、量具的安全操作使用方法</td></tr>
<tr><td>学习内容</td><td colspan="3">项目1：车工入门指导；
项目2：小阶梯轴的车削加工；
项目3：阶梯轴的车削加工；
项目4：阶梯套筒的车削加工；
项目5：接头体的车削加工</td></tr>
<tr><td>学习领域4</td><td colspan="3">高级消防与急救培训</td></tr>
<tr><td>学期</td><td>第3学期</td><td>学时</td><td>30学时</td></tr>
<tr><td>职业能力要求</td><td colspan="3">通过学习，培养学生内河船舶船员的基本素质和专业技能，具备保障水上人命和财产安全，保护环境的意识和能力</td></tr>
<tr><td>学习目标</td><td colspan="3">1. 正确认识船舶火灾的特点；
2. 利用船舶配备的消防器材，采用正确的灭火方法和熟练的消防措施；
3. 不断提高船舶的自救能力，确保船舶和人命的安全</td></tr>
<tr><td>学习内容</td><td colspan="3">学习情境1：个人安全社会责任
学习情境2：船舶防火与灭火
学习情境3：救生与求生
学习情境4：船上救护</td></tr>
<tr><td>学习领域5</td><td colspan="3">轮机英语听力与会话实训</td></tr>
<tr><td>学期</td><td>第4学期</td><td>学时</td><td>30学时</td></tr>
<tr><td>职业能力要求</td><td colspan="3">通过学习，使本专业毕业生达到A类轮机员应具备的基础和专业方面的听力与会话能力的要求</td></tr>
<tr><td>学习目标</td><td colspan="3">1. 基本的日常英语听力；
2. 准确理解二、三管轮所负责设备及各项职责的表述与会话；
2. 能与其他轮机人员进行业务交流；
3. 具备在船厂、港口国及加油时等场合必备的会话能力</td></tr>
<tr><td>学习内容</td><td colspan="3">学习情境1：船、岸日常生活用语的听力理解
学习情境2：船舶一般业务标准英语的听力理解
学习情境3：机舱日常业务标准英语的听力理解
学习情境4：船、岸日常生活会话
学习情境5：与轮机长、大管轮及机工日常业务会话
学习情境6：与值班驾驶员之间的业务会话
学习情境7：与外界业务英语交流会话</td></tr>
</table>

续上表

<table>
<tr><td>学习领域 6</td><td colspan="3">柴油机拆装实训</td></tr>
<tr><td>学期</td><td>第 4 学期</td><td>学时</td><td>60 学时</td></tr>
<tr><td>职业能力要求</td><td colspan="3">1. 通过动手拆装柴油机，了解构成柴油机的三大运动件、四大固定件与五大系统；
2. 初步掌握柴油机拆装技术与调试方法；
3. 学会正确使用常用的工具、量具与安全操作；
4. 初步了解起动柴油机前的准备工作及要求，正确起动柴油机</td></tr>
<tr><td>学习目标</td><td colspan="3">1. 掌握柴油机的拆装顺序；
2. 掌握柴油机各主要部件的测量位置、方法和量具的使用；
3. 掌握各种配合间隙的调整；
4. 掌握高压柴油泵、喷油器的拆装，试验和故障排除方法；
5. 掌握柴油机运转试验的操作规程</td></tr>
<tr><td>学习内容</td><td colspan="3">学习情境 1：柴油机排气阀的拆装与装配
学习情境 2：柴油机活塞环拆卸
学习情境 3：柴油机汽缸套拆装与测量
学习情境 4：活塞运动件在汽缸内校正
学习情境 5：活塞连杆组件装入汽缸
学习情境 6：柴油机气阀间隙检查和调整</td></tr>
<tr><td>学习领域 7</td><td colspan="3">电气与自动控制实训</td></tr>
<tr><td>学期</td><td>第 5 学期</td><td>学时</td><td>30 学时</td></tr>
<tr><td>职业能力要求</td><td colspan="3">1. 能掌握对电动机的基本控制线路的检测与维护；
2. 会熟悉的对船舶电站进行启动、并联、解列操作；
3. 能够初步判断船舶电站及系统的简单故障；
4. 能对船舶电站及船舶蓄电池进行维护</td></tr>
<tr><td>学习目标</td><td colspan="3">1. 掌握船舶电站及系统的工作原理及运行、保护的基本知识；
2. 熟悉电力系统及自动化装置</td></tr>
<tr><td>学习内容</td><td colspan="3">学习情境 1：电动机的基本控制线路的控制
学习情境 2：电气控制柜的维护
学习情境 3：柴油机气缸套拆装与测量
学习情境 4：船舶电力系统的继电保护
学习情境 5：船用蓄电池的维护
学习情境 6：船舶电站的管理与维护</td></tr>
<tr><td>学习领域 8</td><td colspan="3">毕业顶岗实习</td></tr>
<tr><td>学期</td><td>第 5、6 学期</td><td>学时</td><td>690 学时</td></tr>
<tr><td>职业能力要求</td><td colspan="3">通过毕业顶岗实习使学生加深对专业理论知识的理解，培养和提高学生实际操作和分析问题、解决问题的能力，使学生综合运用所学理论知识与公路工程施工管理实践紧密结合，为毕业后从事轮机工程技术管理等工作打下良好的基础</td></tr>
<tr><td>学习目标</td><td colspan="3">1. 在实习过程中认知航运、造船等企业的工作流程和各岗位的职责任务，提高岗位的适应能力，学会以各种方式学习，综合素质要有明显进步；
2. 将专业知识运用到相应的实践岗位，提高观察问题、发现问题、分析问题、解决问题的能力，提高专业水平；
3. 在规范有序的实际工作中养成努力钻研、吃苦耐劳的精神</td></tr>
</table>

续上表

学习领域8	毕业顶岗实习		
学期	第5、6学期	学时	690学时
学习内容	1. 船舶动力装置总体布置； 2. 船舶柴油机； 3. 船舶辅机； 4. 船舶轮机管理； 5. 船舶电气及轮机自动化； 6. 轮机节能		

（二）教学组织

贯彻"合作办学、合作育人、合作发展"的理念，按照"依托行业、对接产业、定位职业、服务社会"的专业建设思路，以行动导向实施课程教学，形成以教师为主导、学生为主体、教学做合一、理论与实践合一、工学结合的教学模式。始终要重视学生在校学习与实际工作的一致性，采取工学交替、任务驱动、项目导向的一体化教学模式，运用任务驱动法、项目导向法、情境教学法、案例分析法、现场教学法、课堂讨论法等教学方法进行教学，立足于加强学生实际操作能力的培养。

核心课程建议采用"任务驱动、项目导向"教学法，通过典型的工作任务或项目，由教师提出要求或示范，组织学生进行活动，注重"教"与"学"的互动，让学生在活动中增强爱岗敬业、团结协作的意识，实现技能与素质的同步提高。实施"教、学、做"一体化教学，提高学生的学习兴趣，有效培养学生的职业能力；教师可着重进行引导并实施监督和评价。实践课程要加强引导、示范，创设工作情境，让学生亲自动手，提高学生岗位适应能力和分析处理问题的能力。

在教学过程中，要充分借鉴多媒体、教学资源库、网络资源等教学资源辅助教学，帮助学生理解所学知识，并重视本专业领域新技术、新工艺、新设备的发展趋势，也要充分利用校外实训基地，校企合作，工学结合，积极引导学生提升职业素养、提高职业道德，紧密结合职业技能证书的考核、加强取证项目的训练。

（三）考核评价

吸纳用人单位的专家参与教学质量评价，建立以能力为核心、以过程为重点的学习绩效考核评价体系。针对不同类型的课程采用不同的考核方法。对公共基础课程，建议采取理论考核的方法；对于专业学习领域，建议采取过程考核与综合考核相结合的方式；对于实践学习领域，尽量采用实操考核、过程考核的方法。具体原则如下：

1. 公共基础学习领域

总评成绩 = 平时成绩（考勤、提问、作业等）×40% + 期终考核 ×60%。

2. 专业学习领域

采取过程考核与综合考核相结合的评价方式，同时根据学生取得相应工种的职业资格证书的情况，综合评价学生成绩。其中过程考核包括学习态度、课程作业等，占课程总成绩的40%；综合考核包括期末考试、实践考核等，占课程总成绩的60%。如学生取得相应工种的职业资格证书,则该门课程考核合格。

3. 实践学习领域

以工作态度、实际操作和实习报告等情况综合评定学生成绩,其中工作态度、实际操作等占 80%(在企业完成的项目由企业指导教师评定),实习报告占 20%。

(执笔人:易群)

XIII：电脑艺术设计专业人才培养方案

第一部分　主体部分

一、专业名称（专业代码）

电脑艺术设计（670104）

二、招生对象

普通高中毕业生或具有同等学力者

三、学制

三年

四、培养目标

本专业主要培养能紧跟时代步伐，具有超前创新意识，基础厚、口径宽、综合能力强、综合素质高的具备艺术创作和研究等方面的知识和能力，能在艺术设计部门、城市环境规划部门、广告公司、新闻媒体、学校等单位从事视觉传达设计、数字艺术设计、室内外展览展示设计、网页设计、环境艺术设计、网络媒体艺术设计等工作的技术技能人才。

五、就业面向

本专业毕业生就业岗位主要是面向生产（管理）一线的广告公司、网络公司、装饰公司、媒体公司及各企事业单位的宣传和企划部门等部门。从事广告设计、媒体制作、企业策划、网络营销等职业岗位人员。

六、培养规格

（一）素质目标

(1)具有强烈的责任意识、质量意识、安全意识及环保意识。
(2)具有良好的文化、身体和心理素质。
(3)爱岗敬业，团结协作，遵纪守法，热爱劳动。
(4)具有默默无闻、甘于奉献、不怕牺牲的铺路石精神。

（二）知识目标

(1)图形图像处理制作和 PS 切图。

(2)动态网页设计制作。
(3)网页布局和排版制作。
(4)网页创意设计方案。
(5)撰写文案。
(6)项目的沟通与监管。
(7)项目的整体策划及进度控制。

(三)能力目标

(1)具有图形图像处理软件使用的能力。
(2)具有版式编排设计的能力。
(3)具有文案编写及创意设的能力。
(4)具有施工图纸制作的能力。
(5)具有施工材料及工艺熟悉的能力。
(6)具有彩色效果图的绘制及 CAD 制作的能力。
(7)具有室内照明方案设计的能力。
(8)具有模型制作的能力。

七、教学环节进程安排表

(一)培养时间分配表

在人才培养的实施过程中,教学环节周数分配如表 13-1 所示。

电脑艺术设计专业培养时间分配表 表 13-1

学年		一		二		三		合计
学期		一	二	三	四	五	六	
1	入学教育	1 周						1 周
2	国防教育	2 周						2 周
3	课内教学	16 周	19 周	14 周	16 周	11 周		76 周
4	实践教学			5 周	3 周	4 周		12 周
5	生产实习					4 周	19 周	23 周
累计		19 周	19 周	19 周	19 周	19 周	19 周	114 周

注:课内教学指按课程(学习领域)组织的各种教学活动,包括理论课程、理实一体化课程等;实践教学是指计划单列的非生产性实践教学活动,包括专业认识实践、专项单列实训、课程设计、综合设计、社会实践等。

(二)教学进程表

本专业的人才培养进程如表 13-2 所示。

电脑艺术设计专业教学进程表 表 13-2

序号	类别	课 程 名 称	教学时数与学分				考核方式		课内教学时数及实践周数					
			总学时	学分	理论学时	实践学时	考试学期	考查学期	第一学年		第二学年		第三学年	
									一	二	三	四	五	六
									15 周	18 周	17 周	17 周	14 周	0 周
1	公共基础课程	“两课”基础	45	3	45			1	3					
2		“两课”概论	72	4	72			2		4				
3		体育	66	4	66			1、2	2	2				
4		计算机基础	75	5	38	37	1		5					
5		大学英语Ⅰ	60	4	60		1		4					
6		大学英语Ⅱ	72	4	72		2			4				
7		任选课 1	34	2	34			3			2			
8		任选课 2	34	3	34			4				2		
9		就业指导	14	1	14			5					1	
公共基础课程小计			472	30	435	37	课内占比		28.71%					
1	专业基础学习领域	设计概论	72	4	36	36	2			4				
2		构成基础	72	4	36	36	2			4				
3		图形创意	68	4	34	34	3				4			
4		Corel Draw 绘图	68	4	34	34	3				4			
5		装饰语言设计	68	4	34	34	4					4		
6		素描色彩	120	7	60	60	1		8					
专业基础学习领域小计			468	27	234	234	课内占比		28.47%					
1	专业核心学习领域	photoshop	72	4	36	36	2			4				
2		字体与版式设计	68	4	34	34		3			4			
3		包装设计	68	4	34	34	3				4			
4		Dreamweaver 网页设计	68	4	34	34		3			4			
5		数字广告与制作	68	4	34	34	4					4		
6		书籍装帧	68	4	34	34		4				4		
7		三维动画设计	42	3	20	22	5						3	
8		CIS	56	4	34	22	5						4	
专业核心学习领域小计			510	31	260	250	课内占比		31.02%					
1	专业拓展学习领域	装潢工程概预算	68	4	34	34	4					4		
2		AutoCAD	85	5	40	45		4				5		
3		Authorware 多媒体制作	68	4	34	34		4				4		
4		中外优秀作品赏析	14	1	14	0		5					1	
5		Illustrator 图形制作	42	3	22	20		5					3	
专业拓展学习领域小计			277	17	144	133	课内占比		16.85%					
课内教学环节合计			1727	105	1073	654	总百分比		63.56%					

续上表

序号	类别	课程名称	教学时数与学分				考核方式		课内教学时数及实践周数					
									第一学年		第二学年		第三学年	
			总学时	学分	理论学时	实践学时	考试学期	考查学期	一	二	三	四	五	六
									15 周	18 周	17 周	17 周	14 周	0 周
1	独立实践环节	入学教育	1 周	1		30		1	1 周					
2		国防教育	2 周	2		60		1	2 周					
3		素描实习	1 周	2		30		1	1 周					
4		Photoshop	1 周	2		30		2		1 周				
5		图形创意	1 周	2		30		3			1 周			
6		Dreamweaver 网页设计	1 周	2		30		3			1 周			
7		广告设计	1 周	2		30		4				1 周		
8		AutoCAD 绘图	1 周	2		30		4				1 周		
9		三维建模设计	1 周	2		30		5					1 周	
10		毕业顶岗实习	23 周	10		690		5,6					4 周	19 周
独立实践环节合计			990	27		990	总百分比		60.22%					
课时(学分)总计			2717	132	1073	1644	周时数		22	22	22	27	12	0
周数总计									19	19	19	2	19	19
理论教学时数			1073				总百分比		39.49%					
实践教学时数			1644				总百分比		60.51%					

(三)课程设置及学时比例

本专业的程设置及学时比例如表 13-3 所示。

电脑艺术设计专业课程设置及学时比例表 表 13-3

项目	理论教学	实践教学			
		课内实训	专项实训	顶岗实习	合计
学时	1681	670	300	690	1660
所占比例	50.31%	49.69%			

八、毕业标准

(一)基本要求

(1)德、智、体、美等方面均通过学生管理部门考核达标。

(2)按规定完成课程(学习领域)的学习,成绩合格。

(3)完成各项独立实践环节(单列科目:如实践课、课程设计、实习、毕业实践、毕业设计等)的学习,成绩合格。

(二)考证要求

(1)必须取得全国计算机等级证(一级及以上)和英语应用能力证书(三级 B);

(2)获得至少一个本专业职业资格证书方可毕业。本专业职业资格证书如表13-4所示。

电脑艺术设计专业职业资格证书表　　表13-4

序号	考核项目	考核发证部门	等级要求
1	平面设计师	人力资源和社会保障部	国家三级
2	网页设计师	人力资源和社会保障部	中级
3	室内设计师	人力资源和社会保障部	中级

(三)其他要求

完成任选课的学习,并取得5学分。

第二部分 支撑材料

一、专业人才培养实施条件

(一)专业教学团队

1. 师资数量与结构

(1)教师队伍数量应与学生规模相适应,生师比控制在16∶1左右。

(2)教师队伍结构优化,梯队合理,45岁以下青年教师中研究生学历或硕士以上学位比例达到30%,专任教师中高级职称的比例≥30%,专任教师中具备双师素质教师的比例应达到80%以上。

(3)每个学习领域(课程)的教师应不少于2人,其中专业核心学习领域应配备相关专业中级技术职称以上的双师素质教师2人。

(4)各专业学习领域及独立实践环节,均应配备行业企业工程技术人员担任兼职教师,兼职教师折算比例应达到50%左右。

(5)专业实习(训)指导教师均为大专以上学历或中级以上职称。实习(训)指导教师具有中高级职称比例≥20%。

2. 业务水平

教师应具备良好的职业道德和一定的教学科研能力,达到高等教育教师任职资格的要求且具备高等教育教师任职资格。其中主讲教师应由具备讲师以上职称的专任教师或工程师以上职称的兼职教师担任,参加科学研究或技术服务的专任教师人数不少于专任教师总数的30%。

3. 教学团队现状

电脑艺术设计专业现有专业教师10人,其中专任教师6人,从相关企业聘请了具有丰富实践经验的兼职教师4名。专任教师中省高等学校教学名师1人、省高等学校中青年学科带头人1人、省高等学校中青年骨干教师2人,双师素质教师达8人。

(二)专业教学资源

1. 选用优秀的高职高专规划教材

在选择教材时,必须力争选用高水平的教材,杜绝质量低劣的教材进入课堂,不断提高教学质量,满足新形势发展的要求。鼓励优先选用教育部"面向21世纪课程教材"、国家级和省部级规划教材、教育主管部门或教学指导委员会推荐的教材;优先选用近3年出版的新教材或修订版教材;优先选用具有鲜明行业特征的高职高专规划教材、特色教材和精品教材。

本专业核心学习领域推荐使用的教材如表13-5所示。

电脑艺术设计专业核心学习领域推荐使用教材表　　表 13-5

课程名称	推荐使用教材	主编	ISBN
Photoshop	Photoshop 基础与案例教程	丁荔芳	978 - 7 - 81097 - 570 - 4
包装设计	产品包装设计	王安霞	978 - 7 - 5641 - 1486 - 2

2. 开发基于工作过程的校本教材

与合作企业共同开发基于工作过程的校本教材,以弥补国家及地方统编教材的不足,体现本校本专业专业特色。在基于工作过程的校本教材开发过程中,校方与企业用人单位进行紧密联系,从实际工作岗位的典型工作任务出发,以完成实际工作任务所需要的知识为学习内容,以培养企业所需的职业能力为目标,以实践过程的学习为主要过程,融入企业标准和行业规范,使之成为理实一体化教学的适用教材。专业核心学习领域教材一般要求为特色鲜明的校本教材,或国家和地区职业教育优质教材。

3. 选用精品资源共享课程

充分利用现有国家和地方的精品资源共享课程开展教学,加强网络学习平台建设,通过慕课、个人空间、网络课程等网络技术构建日常教学课程网站,整合各种优质教学资源进行专业教学。

在课程教学过程中,专业核心学习领域推荐选用精品资源共享课程如表 13-6 所示。

专业核心学习领域推荐选用精品资源共享课程表　　表 13-6

课程名称	优质课程名称	主持人	课 程 院 校	网　址
Photoshop	图形图像设计	丁荔芳	江西交通职业技术学院	http://jpkc. jxjtxy. com/Photoshopcs2/index. html
包装设计	包装系统设计	王安霞	江南大学设计学院	http://jw. cytu. edu. cn/jpkc/2010/bzxtsj/list2. asp? id = 1

4. 专业网络教学资源

以数字化校园为运行载体,以学习领域(课程)为组织形式,利用网络学习平台建设共享性网络教学资源库,主要包括试题库、课件库、专业教学素材库、教学录像库等。

网络教学资源库的建议配置如表 13-7 所示。

电脑艺术设计专业网络教学资源库的建议配置　　表 13-7

类别	资　源	主要内容与要求	备注
专业基本资源	专业简介	专业代码、招生对象、学制、就业面向、专业特点、主要课程等	专业介绍
	人才培养方案	主要包括培养目标、专业面向的职业岗位分析、专业定位、课程体系、核心课程描述、教学进程、毕业标准、实施条件、实施规范、实施流程、实施保障等	
	课程标准	专业核心课程的课程标准	
	教学文件	教学管理相关文件	

续上表

类别	资　源	主要内容与要求	备注
课程教学资源	教学指南	本课程的作用、目标和要求，本课程与职业岗位的关系，本课程与其他课程的关系，本课程的主要特点、课程结构、课程内容、课时分配、课程的重点与难点、实践教学体系、课程教学方法、课程教学资源、课程考核、课程授课方案设计、课程建设与工学结合效果评价等	专业基本配置
	教学设计	主要包括学时安排、学习任务设计、学习内容确定、教学目标设定、教学重难点分析及处理、任务工单提供、教学方法建议、教学手段选用、教学设施和教学场地安排、教学实施要求、课程考核方法以及课后总结等	
	多媒体课件	优质核心课程课件	
	教学视频库	课程设计录像、课堂教学录像、实训操作演示录像等	
	案例库	以一个完整的企业项目为案例单元，通过观看、阅读、学习、分析案例，实现知识内容的传授、知识技能的综合应用展示、知识迁移、技能掌握等	
	FALSH 资源	教学难点的动漫演示	
	实训项目	实训目标、实训设备、实训要求、实训内容与步骤、实训项目考核和评价标准、实训报告或总结、技术手册、操作规程与安全注意事项	
	学生作品	学生学习成果、实训作品和生产产品	
自主学习资源	学习指南	课程学习目标与要求，重点、难点提示及释疑，学习方法，典型任务解析，自我测试题及答案，参考资料和网站	专业特色配置
	测试题库	知识和技能测试	
	视频库	学习任务实施操作视频资料	
	网络课程	基于互联网的处方自主学习平台	
	课程链接	与本专业相关的网站	
拓展学习资源	拓展视频资源	其内容可以在教学标准的基础上适当拓展	专业拓展选配
	文献库	与本课程或本专业相关的行业标准、企业规范、专利资料、法律法规、技术资料、成功案例等	
	仪器设备操作手册	常用仪器设备的操作手册	
	仿真教学	按教学内容列出仿真软件，并提供应用入口	
	课程 BBS	建立由专人管理的网上论坛	
	网上答疑	按主讲教师开设答疑室	
	其他资源	素质教育模块、课外活动园地	

5. 其他教学资源

学院图书馆或资料室应当配置数量适当、结构合理、技术新颖的本专业纸质和电子图书，为专业学习、教学、科研和社会服务提供良好的信息服务；学院配置的电子图书，具有良好服务功能，能为专业教学资源库建设提供大数据服务。

（三）实验实训条件

1. 校内实训条件

根据电脑艺术设计专业培养目标和教学要求，校内具备一体化教学和生产性实习等基本实训条件。实训室在设备和工位数量上能保证 1 个教学班实施理实一体化课程的需要，配置多媒体教学设备，便于开展教、学、做合一的教学活动。

根据电脑艺术设计专业人才培养的需要，校内实训条件建议如表 13-8 所示。

电脑艺术设计专业校内实训条件建议配置 表 13-8

序号	名 称	主要设备	功 能	对应课程	容纳学生
1	艺术设计实训室	电脑，投影仪，多功能设计桌椅	构成作品制作，图形图像设计，包装产品设计与再现，广告创意，书籍装帧设计，品牌视觉识别设计，网络广告表现制作	设计概论 构成基础 图形创意 Corel Draw 绘图 装饰语言设计 photoshop	60 人
2	艺术设计展厅	专业展台，专业展柜，投影仪，电脑	平面作品展示，动态作品展示	图形创意 字体与版式设计 包装设计 中外优秀作品赏析	60 人

2. 校外实训条件

校外实训基地是学生提高技能，掌握电脑艺术设计各岗位能力要求，提高专业素质、岗位技能并培养良好职业道德、工作作风和职业素质的重要场所。应选择技术较为先进、管理水平较高、生产规模大、效益好的企业作为紧密合作对象，紧密合作的校外实训基地数量稳定在 10 家以上。

校外实训基地的基本要求是：

（1）固定校外实训基地应选择资质高、管理规范，在行业内具有一定影响力的大、中型施工企业和交通建设行业职能机构；

（2）动态校外实训基地应选择具有代表性和典型意义的重点工程建设项目，具备学生实训实习期间的安全和劳动保护等措施；

（3）具备相应的教学场地，有水平较高、实践经验丰富的科研、管理和生产人员担任实习实训指导教师实习实训项目、内容与学生所学专业相符，能满足实训环节各项教学任务要求；

（4）每年接受实习实训学生能达到一定规模。

二、专业人才培养实施规范

（一）课程教学标准

1. 公共基础课程教学标准

本部分内容请参阅本书的附录部分。

2. 专业基础学习领域教学标准(13-9)

专业基础学习领域教学标准　　表 13-9

<table>
<tr><td>学习领域 1</td><td colspan="3">设计概论</td></tr>
<tr><td>学期</td><td>第 2 学期</td><td>参考学时</td><td>72 学时</td></tr>
<tr><td>职业能力要求</td><td colspan="3">1. 能够根据工作任务的需要使用各种信息媒体,独立收集、查阅资料信息;
2. 能够较早较全面地认识与了解设计职业需求;
3. 从设计师职业招聘的角度对设计能力培养的知识体系进行全面了解;
4. 能自主学习新知识、新技术,应用到工作中</td></tr>
<tr><td>学习目标</td><td colspan="3">1. 了解东西方设计的历史与发展;
2. 掌握设计美学与创意;
3. 了解设计的分类和特质;
4. 了解设计师所需具备的素养和设计的方法等;
5. 分析文化对设计的影响和设计的未来</td></tr>
<tr><td>学习内容</td><td colspan="3">学习情境 1:设计的历史和特征
学习情境 2:设计的思维和观念
学习情境 3:设计的范畴和形态
学习情境 4:设计师和设计方法
学习情境 5:设计的批评和语境
学习情境 6:设计的文化和未来</td></tr>
<tr><td>学习领域 2</td><td colspan="3">构成基础</td></tr>
<tr><td>学期</td><td>第 2 学期</td><td>参考学时</td><td>72 学时</td></tr>
<tr><td>职业能力要求</td><td colspan="3">1. 识读和表现图形的能力;
2. 具有对新知识、新技能的学习能力;
3. 具有一定的运用计算机处理工作领域内信息和技术的能力;
4. 能自主学习新知识、新技术,应用到工作中;
5. 团结协作解决问题的能力</td></tr>
<tr><td>学习目标</td><td colspan="3">1. 正确理解构成的设计原理;
2. 通过人的主观感受和艺术分解组合、配置、创造出多样既有着形式美感又具备实用功能的构成;
3. 对同一形象的作多种不同变化的构成设计;
4. 掌握造型基本要素点、线、面的表现技法;
5. 用收集的素材进行提炼进行构成变化练习</td></tr>
<tr><td>学习内容</td><td colspan="3">学习情境 1:构成的发展、概念及研究
学习情境 2:构成的形式美的原理与法则
学习情境 3:造型基本要素点线面的构成方法
学习情境 4:形象的构成掌握
学习情境 5:构成的基本形式法则运用</td></tr>
</table>

续上表

<table>
<tr><td>学习领域 3</td><td colspan="3">图形创意</td></tr>
<tr><td>学期</td><td>第 3 学期</td><td>参考学时</td><td>68 学时</td></tr>
<tr><td>职业能力要求</td><td colspan="3">1. 识读和表现图形的能力；
2. 具有对新知识、新技能的学习能力；
3. 具有运用图形语言与人传递信息，准确地表达自己创意和想法的能力；
4. 具有较高的艺术修养，能和市场接轨的实际操作能力；
5. 团结协作解决问题的能力</td></tr>
<tr><td>学习目标</td><td colspan="3">1. 图形概述；
2. 图形的表现能力；
3. 图形创意的基本方法及形的分类；
4. 图形创意与策略；
5. 图形表述方式的创造；
6. 图形创意表现形式及组织方法展示设计实例方案讲评；
7. 图形的组织表现和应用</td></tr>
<tr><td>学习内容</td><td colspan="3">学习情境 1：图形和图形创意
学习情境 2：图形创意的思维和创意的发掘
学习情境 3：图形创意的形式及其图形创意的组织
学习情境 4：图形创意的表现方法</td></tr>
<tr><td>学习领域 4</td><td colspan="3">Corel Draw 绘图</td></tr>
<tr><td>学期</td><td>第 3 学期</td><td>参考学时</td><td>68 学时</td></tr>
<tr><td>职业能力要求</td><td colspan="3">1. 需要有良好的美术功底；
2. 具备平面广告设计基本知识和平面设计制作能力；
3. 具有一定文学基础和美术素养；
4. 熟悉 CorelDRAW 软件的使用方法；
5. 掌握矢量图形的绘制和排版方法；
6. 能自主学习新知识、新技术，应用到工作中</td></tr>
<tr><td>学习目标</td><td colspan="3">1. 了解并掌握 CorelDRAW 图形设计基础的设计处理方法；
2. 掌握 CorelDRAW 文字排版设计技巧；
3. 掌握 CorelDRAW 复杂图形的绘制质感的表现</td></tr>
<tr><td>学习内容</td><td colspan="3">学习情境 1：认识矢量图设计新锐 CorelDRAW X4
学习情境 2：图形的绘制及编辑
学习情境 3：线条的绘制与编辑
学习情境 4：对象的操作技巧及对象的排列与组合
学习情境 5：颜色的应用及位图的编辑
学习情境 6：文字处理
学习情境 7：对象的特殊效果</td></tr>
</table>

续上表

<table>
<tr><td>学习领域 5</td><td colspan="3">素描色彩</td></tr>
<tr><td>学期</td><td>第 1 学期</td><td>参考学时</td><td>120 学时</td></tr>
<tr><td>学习目标</td><td colspan="3">1. 了解各种形体的结构关系，透视规律，重点解决较为复杂形体的透视关系；
2. 培养整体的思维方法，观察方法和表现方法；
3. 掌握对较为复杂的形体的分析能力和表现能力；
4. 培养学生对自然色彩的观察和体验，在个人的直观感受中加强他们对色彩的视觉感知；
5. 通过较系统的素描和色彩画等教学环节，培养学生较为复杂的绘画造型能力，提高艺术审美的水平。增加形象思维和创造的能力，为专业创作打下基础</td></tr>
<tr><td>学习内容</td><td colspan="3">1. 设计素描概述；
2. 设计素描的概念，素描与设计的关系；
3. 结构素描的概念；
4. 透视原理；
5. 构图形式；
6. 色彩基础知识</td></tr>
<tr><td>学习领域 6</td><td colspan="3">装饰语言设计</td></tr>
<tr><td>学期</td><td>第 4 学期</td><td>参考学时</td><td>68 学时</td></tr>
<tr><td>职业能力要求</td><td colspan="3">1. 熟悉我国传统图案的悠久历史和图案的构成法则，具有能临摹不同表现内容的传统图案作品；
2. 要求掌握适合纹样、巧连续及四方连续的图案规律，具有创作各种形式的构成的能力；
3. 掌握装饰色彩理论和配合方法，具有在图案设计中加以正确运用的能力；
4. 具有掌握各种工具、材料和手段的能力；
5. 具有一定的沟通、团队合作、语言表达、文字表达、自我学习等职业综合素质</td></tr>
<tr><td>学习目标</td><td colspan="3">1. 正确理解装饰图案的设计原理；
2. 通过人的主观感受和艺术分解组合、配置、创造出多样既有着形式美感又具备实用功能的图案；
3. 对同一形象的作多种不同变化的设计；
4. 掌握点、线、面黑白灰等的综合表现技法；
5. 用收集的素材进行提炼进行图案装饰变化练习</td></tr>
<tr><td>学习内容</td><td colspan="3">学习情境 1：装饰图案的语境设计
学习情境 2：装饰图案的形式美
学习情境 3：装饰图案的思维特性
学习情境 4：装饰图案的变化法则
学习情境 5：装饰图案的画面构成
学习情境 6：装饰图案的色彩特征与表现形式
学习情境 7：图案的写生与变化
学习情境 8：图案的组织形式</td></tr>
</table>

3. 专业核心学习领域教学标准(表 13-10)

专业核心学习领域教学标准　　表 13-10

<table>
<tr><td>学习领域 1</td><td colspan="3">Photoshop 图形图像处理设计</td></tr>
<tr><td>学期</td><td>第 2 学期</td><td>参考学时</td><td>72 学时</td></tr>
<tr><td>职业能力要求</td><td colspan="3">1. 能够掌握 Photoshop 软件课程中的各个知识点;
2. 掌握 Photoshop 进行数码照片处理、平面广告设计、文字设计及网页美工的基本应用;
3. 能够掌握 Photoshop 平面设计的基本技巧,达到平面设计岗位的职业能力的要求</td></tr>
<tr><td>学习目标</td><td colspan="3">1. 掌握 Photoshop 的系统设置与管理;
2. 具有熟练使用 Photoshop 软件中各工具的能力;
3. 掌握 Photoshop 常用图像文件的格式,掌握图像的存储与输出;
4. 了解图像的获取与建立;
5. 了解图像的颜色模式;
6. 具有对平面图像进行熟练处理的能力;
7. 具有使用图像输入输出及打印的能力;
8. 了解图像的 Web 设计</td></tr>
<tr><td>学习内容</td><td colspan="3">学习情境 1:Photoshop CS5 工具的使用
学习情境 2:图像色调与色彩的调整
学习情境 3:Photoshop CS5 图层的应用
学习情境 4:Photoshop CS5 路径的应用
学习情境 5:Photoshop CS5 通道与蒙版的应用
学习情境 6:Photoshop CS5 滤镜的使用</td></tr>
<tr><td>学习领域 2</td><td colspan="3">字体与版式设计</td></tr>
<tr><td>学期</td><td>第 3 学期</td><td>学时</td><td>68 学时</td></tr>
<tr><td>职业能力要求</td><td colspan="3">1. 具有一定的沟通、团队合作、语言表达、文字表达、自我学习等职业综合素质;
2. 有一定的提出问题、分析问题、解决问题等开拓创新综合能力;
3. 具有设计分析、设计创意、设计表达、设计实现能力;
4. 相关软件应用能力;
5. 职业生涯可持续发展能力</td></tr>
<tr><td>学习目标</td><td colspan="3">1. 了解字体设计的基础;
2. 了解字体创意与版式设计的原则;
3. 掌握字体与版式设计的应用;
4. 能够正确地进行字体的绘写;
5. 具备对字体设计的欣赏与分析力能;
6. 具备对版式设计的欣赏与分析力能</td></tr>
<tr><td>学习内容</td><td colspan="3">学习情境 1:手工绘制 POP 创意文字
学习情境 2:以文字创意为主的标志设计
学习情境 3:杂志内文的版式设计
学习情境 4:书籍封面设计</td></tr>
</table>

续上表

<table>
<tr><td>学习领域 3</td><td colspan="3">包装设计</td></tr>
<tr><td>学期</td><td>第 3 学期</td><td>参考学时</td><td>68 学时</td></tr>
<tr><td>职业能力要求</td><td colspan="3">1. 能够完成产品包装的各项设计任务；
2. 能够完成产品包装的各项制作任务</td></tr>
<tr><td>学习目标</td><td colspan="3">1. 了解包装的存在及其意义；
2. 了解包装的概念及其概念拓展；
3. 了解包装设计对产品销售的价值与功能；
4. 了解现代包装设计的趋势及新理念；
5. 了解包装设计的分类；
6. 理解包装设计的形式特点；
7. 理解包装设计的消费心理、品牌价值之间的关系；
8. 熟悉包装设计的市场调查方法；
9. 熟悉包装设计的材料与结构特征；
10. 掌握包装设计与产品定位之间的工作方法；
11. 掌握包装设计的色彩设计方法；
12. 掌握包装设计的图案设计方法；
13. 掌握包装设计的文字设计方法</td></tr>
<tr><td>学习内容</td><td colspan="3">学习情境 1:包装的起源与发展
学习情境 2:包装设计概要
学习情境 3:包装材料与结构
学习情境 4:包装装潢设计与制作</td></tr>
<tr><td>学习领域 4</td><td colspan="3">Dreamweaver 网页设计</td></tr>
<tr><td>学期</td><td>第 3 学期</td><td>学时</td><td>68 学时</td></tr>
<tr><td>职业能力要求</td><td colspan="3">1. 识读和表现图形色彩的能力；
2. 具有对新知识、新技能的学习能力；
3. 具有页面的设计、规划、排版、HTML 代码、Flash 动画的能力；
4. 能应用 Photoshop、CorelDraw 等软件进行图形设计；
5. 团结协作解决问题的能力</td></tr>
<tr><td>学习目标</td><td colspan="3">1. 掌握 ASP 动态网站设计与制作方法；
2. 掌握 Flash 网站的设计与制作方法；
3. 掌握版式设计的技巧；
4. 掌握页面的配色方案设计；
5. 掌握静态网站设计与制作方法</td></tr>
<tr><td>学习内容</td><td colspan="3">学习情境 1:《我们的青春年代》班级主页的设计与制作
学习情境 2:《森兴木材》企业网站的创建
学习情境 3:My Zone 个人主页设计与制作</td></tr>
</table>

续上表

<table>
<tr><td>学习领域 5</td><td colspan="3">数字广告与制作</td></tr>
<tr><td>学期</td><td>第 4 学期</td><td>参考学时</td><td>68 学时</td></tr>
<tr><td>职业能力要求</td><td colspan="3">1. 具有一定的沟通、团队合作、语言表达、文字表达、自我学习等职业综合素质；
2. 有一定的提出问题、分析问题、解决问题等开拓创新综合能力；
3. 具有设计分析、设计创意、设计表达、设计实现能力；
4. 相关软件应用能力；
5. 职业生涯可持续发展能力</td></tr>
<tr><td>学习目标</td><td colspan="3">1. 了解广告的定义、特征和功能；
2. 了解广告设计的流程；
3. 掌握广告版面设计的方法和技巧；
4. 能够正确地进行广告版面的编排设计；
5. 掌握广告的色彩设计技巧；
6. 了解广告创意的特征及手法</td></tr>
<tr><td>学习内容</td><td colspan="3">学习情境 1：广告设计准备工作
学习情境 2：广告设计表现技巧
学习情境 3：广告创意技巧
学习情境 4：广告分类及设计法则
学习情境 5：广告设计制作</td></tr>
<tr><td>学习领域 6</td><td colspan="3">书籍装帧设计</td></tr>
<tr><td>学期</td><td>第 4 学期</td><td>参考学时</td><td>68 学时</td></tr>
<tr><td>职业能力要求</td><td colspan="3">1. 能够完成书籍装帧设计的各项设计任务；
2. 能够完成书籍装帧设计的各项制作任务</td></tr>
<tr><td>学习目标</td><td colspan="3">1. 了解书籍装帧设计的概念及其概念拓展；
2. 了解书籍装帧设计对销售的价值与功能；
3. 了解现代书籍装帧设计的趋势及新理念；
4. 了解书籍装帧设计的分类；
5. 理解书籍装帧设计的形式特点；
6. 熟悉书籍装帧设计的市场调查方法；
7. 掌握书籍装帧设计定位方法；
8. 掌握书籍装帧设计的色彩设计方法；
9. 掌握书籍装帧设计的图案设计方法；
10. 掌握书籍装帧设计的文字设计方法</td></tr>
<tr><td>学习内容</td><td colspan="3">学习情境 1：书籍装帧设计的起源与发展
学习情境 2：书籍装帧设计概要
学习情境 3：书籍装帧设计开本与材料
学习情境 4：书籍装帧设计装潢设计与制作</td></tr>
</table>

续上表

学习领域 7	三维动画设计		
学期	第 5 学期	参考学时	78 学时
职业能力要求	1. 识读和表现图形的能力; 2. 创作创意方面要敏感出众; 3. 需要有良好的美术功底; 4. 能自主学习新知识、新技术,应用到工作中		
学习目标	1. 掌握 3D 效果图制作流程、基本操作及应用领域; 2. 掌握三维几何体建模、二维建模、多边形建模的方法; 3. 掌握材质的运用和灯光的设置; 4. 掌握摄像机的设置和渲染与输出的方法; 5. 掌握效果图设计制作和后期处理的方法		
学习内容	学习情境 1:标准基本体、扩展基本体的创建 学习情境 2:组合沙发、茶几、吊灯等三维物体的建模 学习情境 3:装饰品等二维物体的建模 学习情境 4:多边形物体的建模 学习情境 5:各种贴图材质的运用 学习情境 6:灯光和摄影机的设置 学习情境 7:渲染和输出的设置 学习情境 8:效果图的设计制作 学习情境 9:效果图的后期处理		
学习领域 8	CIS 设计		
学期	第 5 学期	参考学时	42 学时
职业能力要求	1. 能够开展 CIS 设计的调研与分析工作; 2. 能够根据 CIS 设计目标需求制定企业形象; 3. 能够运用设计技巧完成企业形象的创意与表现工作		
学习目标	1. 了解标志设计构成元素与构成法则; 2. 了解 CIS 设计的基本原理; 3. 了解 CIS 设计的策划方法,熟悉 CIS 设计的创意表现并掌握 CIS 设计的流程; 4. 掌握 CIS 设计的创意和制作规律		
学习内容	学习情境 1:企业形象代言物的设计 学习情境 2:品牌的再定位与再设计		

4. 专业拓展学习领域教学标准(表 13-11)

专业拓展学习领域教学标　　表 13-11

学习领域 1	装潢工程概预算		
学期	第 4 学期	学时	68 学时
职业能力要求	1. 具有测量工具进行建筑空间测量的能力; 2. 具有对工程施工造价概预算的能力; 3. 具有编制工程测量数据、概预算造价表的能力		

续上表

学习领域 1	装潢工程概预算		
学期	第 4 学期	学时	68 学时
学习目标	1. 掌握装潢工程定额编制原理和基本方法； 2. 掌握装潢工程定额的使用方法； 3. 熟悉编制单位工程施工图预算的依据,方法和步骤		
学习内容	学习情境 1:建筑装饰工程定额 学习情境 2:建筑装饰工程量计算 学习情境 3:装饰工程费用及其清单计价 学习情境 4:建筑装饰工程预算的编制		
学习领域 2	AutoCAD		
学期	第 4 学期	学时	85 学时
职业能力要求	1. 培养学生的空间想象和思维能力,形成由图形想象物体、以图形表现物体的意识和能力； 2. 培养学生自主学习的习惯,能够获取、处理和表达技术信息,并能适应制图技术和标准变化的需要； 3. 能够正确、熟练地使用计算机绘图、养成规范制图的习惯		
学习目标	1. 掌握识读和使用计算机绘制中等复杂程度的机械零件图和装配图的基本方法； 2. 掌握基本的二维绘图和编辑方法及其应用； 3. 掌握文本、尺寸的标注与编辑和其他高级编辑技巧； 4. 掌握三维绘图和编辑命令以及图形的打印、出图、渲染		
学习内容	学习情境 1:基本绘图命令的操作 学习情境 2:图形的精确定位与信息查询 学习情境 3.高级二维绘图命令 学习情境 4:平面图形的编辑 学习情境 5:图层设置与图形显示控制 学习情境 6:文字与表格 学习情境 7:标注和辅助绘图工具 学习情境 8:绘制和编辑三维表面 学习情境 9:三维实体绘制		
学习领域 3	Authorware 多媒体制作		
学期	第 4 学期	学时	68 学时
职业能力要求	1. 具有对新知识、新技能的学习能力； 2. 具有运用多种多媒体处理软件(photoshop,cool edit,premie,authorware,nero)的能力； 3. 具备多媒体创作综合应用的能力； 4. 团结协作解决问题的能力		
学习目标	1. 掌握多媒体作品规划与设计创意； 2. 初步掌握变量、函数的使用及程序代码的编写； 3. 了解 Authorware 与外部数据的交换、OLE 对象及 ActiveX 控件的使用方法等； 4. 掌握用 Authorware 开发多媒体应用软件的基本技能		

续上表

学习领域3	Authorware 多媒体制作		
学期	第4学期	学时	68学时
学习内容	学习情境1:Authorware 基础操作 学习情境2:图标的基本操作 学习情境3:指向固定点和固定路径的终点移动动画 学习情境4:指向固定直线上和区域内的某点移动动画 学习情境5:按键交互;热区域交互 学习情境6:目标区和按钮交互及其他交互类型 学习情境7:多媒体课件制作 学习情境8:公司多媒体展示平台		
学习领域4	中外优秀作品欣赏		
学期	第5学期	学时	14学时
职业能力要求	1. 通过鉴赏与美术史、美学和美术批评的联系,提供鉴赏的视点; 2. 通过当代艺术理论提供鉴赏的方法; 3. 具有对新知识、新技能的学习能力; 4. 团结协作解决问题的能力		
学习目标	1. 掌握美术史、美学和美术批评间的联系; 2. 能够通过学习提出自己的鉴赏观点; 3. 掌握当代艺术理论鉴赏的方法		
学习内容	学习情境1:美术鉴赏的立足点和鉴赏的角度分析 学习情境2:艺术史和美学角度的分析 学习情境3:美术鉴赏的方法 学习情境4:图像学和符号学理论的认知		
学习领域5	Illustrator 图形制作		
学期	第5学期	学时	42学时
职业能力要求	1. 识读和表现图形的能力; 2. 具有对新知识、新技能的学习能力; 3. 具有一定的运用计算机处理工作领域内信息和技术的能力; 4. 能应用 Illustrato 等软件进行图形设计; 5. 团结协作解决问题的能力		
学习目标	1. 掌握图形设计的方法和技巧; 2. 能够创作出更加富有创意的作品; 3. 掌握与 Photoshop、Flash 等的协同工作的流程		
学习内容	学习情境1:Illustrator 的基本知识与基本操作 学习情境2:基本图形基本绘制和对象基本操作及变换操作 学习情境3:填色、描边与色彩管理和画笔使用 学习情境4:钢笔工具的灵活使用;路径的编辑 学习情境5:图层的使用 学习情境6:外观、样式和效果 学习情境7:创建和美化图表 学习情境8:符号和 Web 图形的绘制 学习情况9:作品的输入与输出,任务的自动化		

5. 独立实践环节教学标准(表 13-12)

独立实践环节教学标准 表 13-12

环节 10	毕业顶岗实习		
学期	第 6 学期	学时	690 学时
职业能力要求	通过毕业顶岗实习使学生加深对专业理论知识的理解,培养和提高学生实际操作和分析问题、解决问题的能力,使学生综合运用所学理论知识与公路工程施工管理实践紧密结合,为毕业后从事艺术设计与制作等工作打下良好的基础		
学习目标	1. 在实习过程中认知艺术设计或制作企业的工作流程和各岗位的职责任务,提高岗位的适应能力,学会以各种方式学习,综合素质要有明显进步; 2. 将艺术设计等专业知识和相关政策法规结合,运用到相应的实践岗位,提高观察问题、发现问题、分析问题、解决问题的能力,提高专业水平; 3. 在规范有序的实际工作中养成努力钻研、吃苦耐劳的精神		
学习内容	1. 掌握各种图形图像的种类、功能、构造等,能进行现场读图和绘制; 2. 掌握各种艺术设计软件的使用方法和处理技巧,并能编制相关方案或作业指导书等文件; 3. 熟悉新技术、新工艺、新方法,特别是技术管理、技术员的工作职责、技术文件的分类及整理等		

(二)教学组织

贯彻"合作办学、合作育人、合作发展"的理念,按照"依托行业、对接产业、定位职业、服务社会"的专业建设思路,以行动导向实施课程教学,形成以教师为主导、学生为主体、教学做合一、理论与实践合一、工学结合的教学模式。始终要重视学生在校学习与实际工作的一致性,采取工学交替、任务驱动、项目导向的一体化教学模式,运用任务驱动法、项目导向法、情境教学法、案例分析法、现场教学法、课堂讨论法等教学方法进行教学,立足于加强学生实际操作能力的培养。

核心课程建议采用"任务驱动、项目导向"教学法,通过典型的工作任务或项目,由教师提出要求或示范,组织学生进行活动,注重"教"与"学"的互动,让学生在活动中增强爱岗敬业、团结协作的意识,实现技能与素质的同步提高。实施"教、学、做"一体化教学,提高学生的学习兴趣,有效培养学生的职业能力;教师可着重进行引导并实施监督和评价。实践课程要加强引导、示范,创设工作情境,让学生亲自动手,提高学生岗位适应能力和分析处理问题的能力。

在教学过程中,要充分借鉴多媒体、教学资源库、网络资源等教学资源辅助教学,帮助学生理解所学知识,并重视本专业领域新技术、新工艺、新设备的发展趋势,也要充分利用校外实训基地,校企合作,工学结合,积极引导学生提升职业素养、提高职业道德,紧密结合职业技能证书的考核、加强取证项目的训练。

(三)考核评价

吸纳用人单位的专家参与教学质量评价,建立以能力为核心、以过程为重点的学习绩效考核评价体系。针对不同类型的课程采用不同的考核方法。对公共基础课程,建议采取理论考核的方法;对于专业学习领域,建议采取过程考核与综合考核相结合的方式;对于实践学习领域,尽量采用实操考核、过程考核的方法。具体原则如下:

1. 公共基础学习领域

总评成绩 = 平时成绩(考勤、提问、作业等) ×40% + 期终考核 ×60%。

2. 专业学习领域

采取过程考核与综合考核相结合的评价方式,同时根据学生取得相应工种的职业资格证书的情况,综合评价学生成绩。其中过程考核包括学习态度、课程作业等,占课程总成绩的40%;综合考核包括期末考试、实践考核等,占课程总成绩的60%。如学生取得相应工种的职业资格证书,则该门课程考核合格。

3. 实践学习领域

以工作态度、实际操作和实习报告等情况综合评定学生成绩,其中工作态度、实际操作等占80%(在企业完成的项目由企业指导教师评定),实习报告占20%。

(执笔人:丁荔芳)

XIV：城市轨道交通工程技术专业人才培养方案

第一部分　主体部分

一、专业名称(专业代码)

城市轨道交通工程技术(520303)

二、招生对象

普通高中毕业生或具有同等学力者

三、学制

三年

四、培养目标

本专业主要培养面向城市轨道工程施工企业及地铁公司和监理单位,培养具有轨道工程与地铁工程施工、工程管理、质量检测、工程试验、工程测量、工程监理等工作能力,德、智、体、美全面发展的技术技能人才。

五、就业面向

本专业毕业生就业岗位主要是面向生产(管理)一线的从事轨道工程与地铁工程施工放样、试验检测、工程计量、现场组织管理、养护等职业岗位人员。

主要岗位:施工员,检测员,测量员,安全员等。

拓展岗位:计量工程师,安全工程师,检测工程师等。

发展岗位:总工、项目经理、监理工程师等。

六、培养规格

(一)素质目标

(1)具有强烈的责任意识、质量意识、安全意识及环保意识。

(2)具有良好的文化、身体和心理素质。

(3)爱岗敬业,团结协作,讲求效率,遵纪守法,明礼诚信。

(二)知识目标

(1)具有本专业所必需的数学计算、英语交流、计算机应用等科学文化基础知识。

(2)熟悉工程绘图识图、工程结构辨识、力学分析、工程测量、工程材料、工程管理等专业基础知识。

(3)掌握轨道工程与隧道工程施工图识读和施工现场勘查、施工管理、试验检测、施工放样等专业知识。

(4)掌握轨道工程常见病害的排查和维护。

(5)了解城市轨道工程建设的新技术、新材料、新工艺和新设备的相关信息。

(三)能力目标

(1)具有识读和绘制工程结构图及工程结构辨识的能力。

(2)具有轨道工程与地铁工程勘测、施工放样和竣工测量的能力。

(3)具有轨道工程与地铁工程试验检测的能力。

(4)具有在现场从事轨道工程与地铁工程施工与管理的能力。

(5)具有编制工程造价与现场工程计量的能力。

(6)具有轨道工程维护及管理的能力。

(7)具有编制、收集、整理和上交工程技术资料的能力。

(8)具有计算机操作和安装使用常用专业软件的能力。

(9)具有较强的自学和获取知识的能力。

七、教学环节进程安排表

(一)培养时间分配表

在人才培养的实施过程中,教学环节周数分配如表 14-1 所示。

城市轨道交通工程技术专业培养时间分配表 表 14-1

学年		一		二		三		合计
学期		一	二	三	四	五	六	
1	入学教育	1 周						1 周
2	国防教育	2 周						2 周
3	课内教学	16 周	19 周	14 周	16 周	11 周		76 周
4	实践教学			5 周	3 周	4 周		12 周
5	生产实习					4 周	19 周	23 周
累计		19 周	19 周	19 周	19 周	19 周	19 周	114 周

注:课内教学指按课程(学习领域)组织的各种教学活动,包括理论课程、理实一体化课程等;实践教学是指计划单列的非生产性实践教学活动,包括专业认识实践、专项单列实训、课程设计、综合设计、社会实践等。

(二)教学进程表

本专业的人才培养进程如表 14-2 所示。

(三)课程设置及学时比例

在人才培养的实施过程中,各教学环节学时比例如表 14-3 所示。

城市轨道交通工程技术专业进程表 表14-2

序号	类别	课程名称	教学时数与学分				考核方式		课内教学时数及实践周数					
			总学时	学分	理论学时	实践学时	考试学期	考查学期	第一学年		第二学年		第三学年	
									一	二	三	四	五	六
									16周	19周	14周	16周	11周	0周
1	公共基础课程	“两课”基础	64	4	64			1	4					
2		“两课”概论	76	4	76			2		4				
3		体育	70	4	70			1,2	2	2				
4		计算机基础	96	6	68	28	1		6					
5		大学英语Ⅰ	64	4	64		1		4					
6		大学英语Ⅱ	96	4	96		2			4				
7		高等数学	64	4	64		1		4					
8		工程数学	96	4	96			2		4				
9		就业指导	11	1	5	6		5					1	
小计			637	35	603	34			百分比		21.31%			
1	专业基础学习领域	工程制图	80	4	34	46	1		5					
2		工程地质	57	2	26	31	2			3				
3		土力学与基础工程	84	5	48	36	3				6			
4		工程力学	76	4	38	38	2			4				
5		钢筋混凝土	42	2	30	12		3			3			
6		工程CAD	42	2	0	42		3			3			
7		结构力学	56	3	40	16	3				4			
小计			437	22	216	221			百分比		14.62%			
1	专业核心学习领域	轨道工程测量	76	3	24	52	2			4				
2		建筑材料	84	3	34	50	3				6			
3		隧道工程	64	4	40	24	4					4		
4		城市轨道工程	64	4	34	30	4					4		
5		高架结构	64	4	34	30		4				4		
6		工程监理	48	4	20	28		4				3		
7		地下铁道	64	3	40	24	4					4		
小计			464	25	226	238			百分比		15.52%			
1	专业拓展学习领域	城市地铁与轻轨概论	32	4	16	16		4				2		
2		房屋建筑学	48	3	20	28		4				3		
3		轨道交通养护实务	44	3	22	22	5						4	
4		轨道施工安全实务	44	3	22	22	5						4	
5		隧道运营管理	44	3	24	20	5						4	
6		工程经济	44	4	24	20	5						4	
7		工程软件	22	1	0	24		5					2	
8		工程招投标	33	2	28	8		5					3	
小计			311	23	156	160			百分比		10.40%			
理论教学总学时			1201						百分比		40.18%			

续上表

序号	类别	课程名称	教学时数与学分				考核方式		课内教学时数及实践周数					
									第一学年		第二学年		第三学年	
			总学时	学分	理论学时	实践学时	考试学期	考查学期	一	二	三	四	五	六
									16周	19周	14周	16周	11周	0周
1	独立实践环节	入学教育	1周	1		30		1	1周					
2		国防教育	2周	2		60		1	2周					
3		工程测量实训	4周	4		120		3			4周			
4		概预算实训	1周	1		30		4				1周		
5		CAD 实训	1周	1		30		4			1周			
6		施工安全实训	2周	2		60		4				2周		
7		工程检测实训	3周	3		90		5					3周	
8		毕业教育	1周	1		30		5					1周	
9		毕业顶岗实习	23周	10		690		5,6					4周	19周
小计			38周	25		1140			3周	0周	5周	3周	8周	19周
实践教学总学时			1788						百分比		59.82%			
总学分			130											
总学时			2989											

城市轨道交通工程技术专业课程设置及学时比例表 表 14-3

项目	理论教学	实践教学			
		课内实训	专项实训	顶岗实习	合计
学时	1201	654	450	690	1788
所占比例	40.18%	59.82%			

八、毕业标准

(一)基本要求

(1)德、智、体、美等方面均通过学生管理部门考核达标。

(2)按规定完成课程(学习领域)的学习,成绩合格。

(3)完成各项独立实践环节(单列科目:如实践课、课程设计、实习、毕业实践、毕业设计等)的学习,成绩合格。

(二)考证要求

(1)必须取得全国计算机等级证(一级及以上)和英语应用能力证书(三级 B)。

(2)获得至少一个本专业职业资格证书方可毕业。本专业职业资格证书如表 14-4 所示。

城市轨道交通工程技术专业职业资格证书表 表 14-4

序号	考 核 项 目	考核发证部门	等 级 要 求
1	测量工	人力资源和社会保障部	四级
2	施工员	住房和城乡建设厅	员级
3	安全员	住房和城乡建设厅	员级
4	资料员	住房和城乡建设厅	员级
5	材料员	住房和城乡建设厅	员级
6	质检员	住房和城乡建设厅	员级

(三)其他要求

完成任选课的学习,并取得5学分。

第二部分　支撑材料

一、专业人才培养实施条件

（一）专业教学团队

1. 师资数量与结构

（1）教师队伍数量应与学生规模相适应，生师比控制在16∶1左右。

（2）教师队伍结构优化，梯队合理，45岁以下青年教师中研究生学历或硕士以上学位比例达到30%，专任教师中高级职称的比例≥30%，专任教师中具备双师素质教师的比例应达到80%以上。

（3）每个学习领域（课程）的教师应不少于2人，其中专业核心学习领域应配备相关专业中级技术职称以上的双师素质教师2人。

（4）各专业学习领域及独立实践环节，均应配备行业企业工程技术人员担任兼职教师，兼职教师折算比例应达到50%左右。

（5）专业实习（训）指导教师均为大专以上学历或中级以上职称。实习（训）指导教师具有中高级职称比例≥20%。

2. 业务水平

教师应具备良好的职业道德和一定的教学科研能力，达到高等教育教师任职资格的要求且具备高等教育教师任职资格。其中主讲教师应由具备讲师以上职称的专任教师或工程师以上职称的兼职教师担任，参加科学研究或技术服务的专任教师人数不少于专任教师总数的30%。

3. 教学团队现状

城市轨道交通工程技术专业现有专业教师48人，其中专任教师27人，从施工、检测、监理、设计等相关单位聘请了具有丰富实践经验的兼职教师21名。专任教师中省高等学校教学名师1人、省高等学校中青年学科带头人1人、省高等学校中青年骨干教师4人，双师素质教师达23人。

（二）专业教学资源

1. 选用优秀的高职高专规划教材

在选择教材时，必须力争选用高水平的教材，杜绝质量低劣的教材进入课堂，不断提高教学质量，满足新形势发展的要求。鼓励优先选用教育部“面向21世纪课程教材”、国家级和省部级规划教材、教育主管部门或教学指导委员会推荐的教材；优先选用近3年出版的新教材或修订版教材；优先选用具有鲜明行业特征的高职高专规划教材、特色教材和精品教材。

本专业核心学习领域推荐使用的教材如表14-5所示。

城市轨道交通工程技术专业核心学习领域推荐使用教材表　　表 14-5

课程名称	推荐使用教材	主　编	ISBN
轨道工程测量	轨道工程测量	王劲松,李士涛	978 - 7 - 114 - 10805 - 1
建筑材料	建筑材料	陈晓明	978 - 7 - 114 - 10763 - 4
隧道工程	隧道工程	黄成光	978 - 7 - 114 - 07251 - 2
城市轨道工程	城市轨道工程	张立	978 - 7 - 81104 - 321 - 1
高架结构	高架结构	章韵	978 - 7 - 114 - 07556 - 8
工程监理	建设工程监理	李清立	978 - 7 - 5121 - 1044 - 1
地下铁道	地下铁道	毛红梅	978 - 7 - 114 - 07180 - 5

2. 开发基于工作过程的校本教材

与合作企业共同开发基于工作过程的校本教材,以弥补国家及地方统编教材的不足,体现本校本专业专业特色。在基于工作过程的校本教材开发过程中,校方与企业用人单位进行紧密联系,从实际工作岗位的典型工作任务出发,以完成实际工作任务所需要的知识为学习内容,以培养企业所需的职业能力为目标,以实践过程的学习为主要过程,融入企业标准和行业规范,使之成为理实一体化教学的适用教材。专业核心学习领域教材一般要求为特色鲜明的校本教材或国家和地区职业教育优质教材。

3. 选用精品资源共享课程

充分利用现有国家和地方的精品资源共享课程开展教学,加强网络学习平台建设,通过慕课、个人空间、网络课程等网络技术构建日常教学课程网站,整合各种优质教学资源进行专业教学。

4. 专业网络教学资源

以数字化校园为运行载体,以学习领域(课程)为组织形式,利用网络学习平台建设共享性网络教学资源库,主要包括试题库、课件库、专业教学素材库、教学录像库等。网络教学资源库的建议配置如表 14-6 所示。

城市轨道交通工程技术专业网络教学资源库的建议配置表　　表 14-6

<table>
<tr><th>类别</th><th>资　源</th><th>主要内容与要求</th><th>备注</th></tr>
<tr><td rowspan="4">专业基本资源</td><td>专业简介</td><td>专业代码、招生对象、学制、就业面向、专业特点、主要课程等</td><td rowspan="4">专业介绍</td></tr>
<tr><td>人才培养方案</td><td>主要包括培养目标、专业面向的职业岗位分析、专业定位、课程体系、核心课程描述、教学进程、毕业标准、实施条件、实施规范、实施流程、实施保障等</td></tr>
<tr><td>课程标准</td><td>专业核心课程的课程标准</td></tr>
<tr><td>教学文件</td><td>教学管理相关文件</td></tr>
</table>

续上表

类别	资　源	主要内容与要求	备注
课程教学资源	教学指南	本课程的作用、目标和要求，本课程与职业岗位的关系，本课程与其他课程的关系，本课程的主要特点、课程结构、课程内容、课时分配、课程的重点与难点、实践教学体系、课程教学方法、课程教学资源、课程考核、课程授课方案设计、课程建设与工学结合效果评价等	专业基本配置
	教学设计	主要包括学时安排、学习任务设计、学习内容确定、教学目标设定、教学重难点分析及处理、任务工单提供、教学方法建议、教学手段选用、教学设施和教学场地安排、教学实施要求、课程考核方法，以及课后总结等	
	多媒体课件	优质核心课程课件	
	教学视频库	课程设计录像、课堂教学录像、实训操作演示录像等	
	案例库	以一个完整的企业项目为案例单元，通过观看、阅读、学习、分析案例，实现知识内容的传授、知识技能的综合应用展示、知识迁移、技能掌握等	
	Falsh 资源	教学难点的动漫演示	
	实训项目	实训目标、实训设备、实训要求、实训内容与步骤、实训项目考核和评价标准、实训报告或总结、技术手册、操作规程与安全注意事项	
	学生作品	学生学习成果、实训作品	
自主学习资源	学习指南	课程学习目标与要求，重点、难点提示及释疑，学习方法，典型任务解析，自我测试题及答案，参考资料和网站	专业特色配置
	测试题库	知识和技能测试	
	视频库	学习任务实施操作视频资料	
	网络课程	基于互联网的处方自主学习平台	
	课程链接	与本专业相关的网站	
拓展学习资源	拓展视频资源	其内容可以在教学标准的基础上适当拓展	专业拓展选配
	文献库	与本课程或本专业相关的行业标准、企业规范、专利资料、法律法规、技术资料、成功案例等	
	仪器设备操作手册	常用仪器设备的操作手册	
	仿真教学	按教学内容列出仿真软件，并提供应用入口	
	课程 BBS	建立由专人管理的网上论坛	
	网上答疑	按主讲教师开设答疑室	
	其他资源	素质教育模块、课外活动园地	

5. 其他教学资源

学院图书馆或资料室应当配置数量适当、结构合理、技术新颖的本专业纸质和电子图书，为专业学习、教学、科研和社会服务提供良好的信息服务；学院配置的电子图书，具有良好服务功能，能为专业教学资源库建设提供大数据服务。

（三）实验实训条件

1. 校内实训条件

为了满足实践教学需要，应有一定数量适应本专业教学需要校内实训场所。应有满足学生基本技能培训需要建筑材料实训（验）室、工程岩土实训（验）室、地质实训（验）室、工程测量实训（验）室、结构检测实训（验）室、地下工程施工实训（验）室等。

根据城市轨道交通工程技术专业人才培养的需要，校内实训条件建议如表14-7。

城市轨道交通工程技术专业校内实训条件建议配置　表14-7

序号	名　称	主要设备	主要功能	对应课程	容纳人数
1	工程测量实训室	自动安平水准仪、电子水准仪、5″全站仪、动态GPS等	主要承担高程测量、施工放样等实训；开展测量工技能鉴定	工程测量	60人
2	建筑材料实训室	洛杉矶磨耗机、勃氏透气仪、岩石分类回弹仪、落锤冲击试验机、冻融试验机、混凝土磨耗试验机、沥青混合料搅拌机、马歇尔自动击实仪、马歇尔试验仪、全自动沥青抽提仪、薄膜烘箱、沥青混合料材料性能试验系统等	主要承担水泥性能试验、集料性能试验、水泥混凝土性能试验、沥青三大指标试验、沥青混合料取样试验、沥青混合料性能等实训；开展试验工技能鉴定	建筑材料	60人
3	土工实训室	CBR值测定仪、平板载荷测试仪、电动直剪仪、便携式可变能量动力触探仪、土工合成材料蠕变试验仪、土工静三轴试验仪、数显液塑限联合测定仪等	主要承担CBR值测试、界限含水率试验、直接剪切试验、地基承载力测试、三轴试验、土工合成材料性能测试等实训	土力学与基础工程、钢筋混凝土	60人
4	勘察设计实训室	电脑、专业软件等	开展勘察设计综合实训、师资培养、社会培训等	城市隧道工程、轨道工程测量	60人
5	工程试验检测实训室	电脑、试验数据处理软件等	开展试验检测综合实训、师资培养及社会培训等	轨道工程检测、隧道工程检测实训等	60人
6	建筑综合实训基地	典型隧道工程构造物等	试验检测人员考核、轨道工程认知、隧道工程认知、轨道工程检测、隧道工程检测、结构展示等	城市轨道工程、隧道交通养护实务	60人

2. 校外实训条件

校外实训基地是学生提高技能，掌握城市轨道交通工程建设各岗位能力要求，提高专业素质、岗位技能培养良好职业道德、工作作风和职业素质的重要场所。为了实现人才培养目标，应结合工程建设项目建立数量、岗位足够、动态（工程建设项目）和固态

(城市轨道交通工程技术行业企业)相结合的稳定的校外实习基地,满足学生顶岗实习和就业的需求。

校外实训基地的基本要求是:

(1)固定校外实训基地应选择资质高、管理规范,在行业内具有一定影响力的大、中型施工企业和交通建设行业职能机构。

(2)动态校外实训基地应选择具有代表性和典型意义的重点工程建设项目,具备学生实训实习期间的安全和劳动保护等措施。

(3)具备相应的教学场地,有水平较高、实践经验丰富的科研、管理和生产人员担任实习实训指导教师实习实训项目、内容与学生所学专业相符,能满足实训环节各项教学任务要求。

(4)每年接受实习实训学生能达到一定规模。

二、专业人才培养实施规范

(一)课程教学标准

1. 公共基础课程教学标准

本部分内容请参阅本书的附录部分。

2. 专业基础学习领域教学标准(表14-8)

专业基础学习领域教学标准　　表14-8

学习领域1	工程制图		
学期	第1学期	参考学时	80学时
职业能力要求	1. 熟悉土木工程制图国家标准; 2. 能运用绘图和读图的基本理论和方法,解决空间度量问题和定位问题,并根据需要画出相应图样,具备空间想象与空间思维能力; 3. 能绘制与识读简单的工程图样; 4. 掌握绘制和识读工程图样的相关理论知识和技能; 5. 掌握绘制和识读简单工程图样的技能		
学习目标	通过本学习领域的学习,引导学生掌握工程制图的基本知识、基本理论和基本方法的基础上,培养学生运用国家现行道路工程制图标准,识读与绘制工程图样的能力,并培养学生科学的思维方法和创新意识,从而为识绘后续专业课程学习中所涉及的专业工程图样,做好前期准备		
学习内容	学习情境1:制图的基本知识和基本技能 学习情境2:点、直线、平面的投影 学习情境3:立体的投影 学习情境4:组合体的视图及尺寸注法 学习情境5:轴测图 学习情境6:工程常用的表达方法 学习情境7:构造图 学习情境8:施工图 学习情境9:配筋图		

续上表

<table>
<tr><td>学习领域2</td><td colspan="3">工程地质</td></tr>
<tr><td>学期</td><td>第2学期</td><td>参考学时</td><td>57学时</td></tr>
<tr><td>职业能力要求</td><td colspan="3">1. 能够辨别常见的基本矿物;
2. 能够辨别常见的基本岩石;
3. 能够识别断层,褶皱等地质构造;
4. 能够识别滑坡,崩塌等不良地质现象;
5. 掌握基本常见岩石的性质;
6. 掌握断层,褶皱等地质构造对工程的影响;
7. 掌握滑坡,崩塌等不良地质现象对工程的影响</td></tr>
<tr><td>学习目标</td><td colspan="3">使学生了解工程建设中经常遇到的工程地质现象和问题以及这些现象和问题对工程的影响,并能正确处理和合理利用自然地质条件,培养学生具有阅读、分析、合理利用工程地质勘察资料和解决工程地质问题的初步能力,为从事城市轨道交通工程技术工作打下基础</td></tr>
<tr><td>学习内容</td><td colspan="3">学习情境1:工程地质常用认知
学习情境2:地壳及其物质组成
学习情境3:地质年代与第四纪地质概述
学习情境4:地质构造
学习情境5:地下水
学习情境6:地表地质作用</td></tr>
<tr><td>学习领域3</td><td colspan="3">土力学与基础工程</td></tr>
<tr><td>学期</td><td>第1学期</td><td>参考学时</td><td>84学时</td></tr>
<tr><td>职业能力要求</td><td colspan="3">1. 能说明土中应力的种类及其分布规律,进行计算土中应力;
2. 能说明地基沉降量计算原理,应用分层总和法计算基础总沉降量,描述沉降与时间关系;
3. 学会一定埋置深度的基础下的地基应力计算及桥台后填土引起的基底附加应力计算;
4. 会操作土的固结试验和直接剪切试验、地基承载力检测等仪器设备,并能整理试验结果和编写试验报告;
5. 能说明地基承载力确定方法及其适用条件;
6. 能进行受力分析和计算作用于挡土墙上的土压力;
7. 描述软弱地基的特点、地基加固方法的分类,说明公路桥涵及人工构造物基础工程较为常用的地基加固方法;
8. 能初步根据技术规范和设计要求对挡土墙和桥涵地基设计方案进行技术和经济性评价;
9. 能说明常用基础的一般特点、主要类型和适用情况;
10. 能说明常用基础的构造;
11. 会操作基础技术性质检验的仪器;
12. 能进行基础的设计与计算;
13. 能说明基础的施工程序和要点;
14. 能根据施工技术规范对常用基础的质量进行检查和控制</td></tr>
<tr><td>学习目标</td><td colspan="3">本学习领域是让使学生具备基础工程的试验与检测、基础的施工方法、施工工艺和施工技术等工作任务的技能和相关理论知识</td></tr>
</table>

续上表

学习领域3	土力学与基础工程		
学期	第1学期	参考学时	84学时
学习内容	学习情境1:认知自然界的土、石,地基与基础 学习情境2:土的物理性质及工程分类 学习情境3:土中应力 学习情境4:土体强度及地基承载力 学习情境5:土压力与土坡稳定 学习情境6:人工地基 学习情境7:基础计算 学习情境8:基础施工		
学习领域4	工程力学		
学期	第1学期	参考学时	76学时
职业能力要求	1. 会对结构的计算简图进行受力分析; 2. 会对轴向拉压构件进行强度、刚度分析; 3. 会对剪切构件进行强度、刚度分析; 4. 会对扭转构件进行强度、刚度分析; 5. 会对弯曲构件进行强度、刚度分析; 6. 会对组合构件进行强度和稳定性分析		
学习目标	通过本学习领域的学习,使学生对工程设计中有关构件的强度、刚度、稳定性等问题具有明确的基本概念,掌握必要的基础理论同时具有一定的计算能力。培养学生应用工程力学的理论和方法,分析、解决工程实际中的力学问题的能力,从而为学习后继课程和工程设计打下坚实的基础		
学习内容	学习情境1:工程力学认知 学习情境2:静力学的基本知识 学习情境3:平面力系的合成与平衡 学习情境4:轴向拉伸与压缩 学习情境5:梁的内力、应力计算		
学习领域5	钢筋混凝土		
学期	第3学期	参考学时	42学时
职业能力要求	1. 能够具备结构配筋计算的能力; 2. 能够正确认识钢筋混凝土材料及其性质; 3. 能够正确掌握结构、结构构件受力特点及配筋方式; 4. 能够根据钢筋混凝土结构的设计原理解决施工中遇到的问题; 5. 能够运用所学内容进行钢筋混凝土结构的设计、计算; 6. 能够具备综合运用所学知识分析和解决钢筋混凝土基本构件有关问题; 7. 能够独立完成钢筋的力学检查; 8. 能够独立完成混凝土的原材料检查及测定混凝土的强度; 9. 能够进行简单的轴心受压计算		
学习目标	通过本学习领域的学习,使学生掌握一般钢筋混凝土结构、结构构件的设计原理、过程和方法。教学过程中突出实践操作能力培养和职业能力培养,将职业素质养成教学融入日常教学之中,使学生具有较强的信息获取、整理、分析和共享能力,能运用所学到的专业知识解决生产实际中遇到的问题,并具有较好的职业素质和社会能力		

续上表

学习领域 5	钢筋混凝土		
学期	第 3 学期	参考学时	42 学时
学习内容	学习情境 1:钢筋混凝土的力学性能 学习情境 2:设计原则 学习情境 3:受弯承载力计算 学习情境 4:受压承载力计算 学习情境 5:预应力混凝土结构		
学习领域 6	工程 CAD		
学期	第 3 学期	参考学时	42 学时
职业能力要求	1. 熟悉土木工程制图国家标准; 2. 能运用绘图和读图的基本理论和方法,解决空间度量问题和定位问题,并根据需要画出相应图样,具备空间想象与空间思维能力; 3. 能绘制与识读简单的工程图样; 4. 能应用 CAD 软件绘制简单的工程图样		
学习目标	本学习领域的目标是要求学生掌握计算机绘图的基本概念和基本知识,学习 Auto CAD 软件的基本操作和绘图技能。提高计算机绘图的技能。通过实训,掌握工程类施工图的计算机绘制方法和图纸要求,提高工程类施工图的计算机绘图能力。达到中等设计院的计算机绘图水平。掌握计算机绘图的基本概念和基本知识,掌握 AutoCAD 软件的各种绘图命令知识和操作命令知识。掌握计算机绘图的基本技能和综合技能,通过课内实训和集中实训,掌握工程类施工图的绘制技能,达到设计院工程类施工图的绘图职业能力		
学习内容	学习情境 1:工程施工图的组成 学习情境 2:工程图案的绘制 学习情境 3:工程配景的绘制 学习情境 4:工程平面施工图的绘制 学习情境 5:工程立面施工图的绘制 学习情境 6:工程剖面施工图的绘制		
学习领域 7	结构力学		
学期	第 3 学期	参考学时	56 学时
职业能力要求	1. 熟悉工程结构中常见约束及其简化表达方法;掌握简单结构的计算简图的画法;了解平面杆系结构的分类; 2. 熟练掌握杆系结构的几何组成规律,快速判别平面杆系的几何性质,了解静定结构与超静定结构的构造差别与求解差别; 3. 熟练掌握各种静定结构的内力计算特点与方法。熟练绘制梁与刚架的内力图; 4. 熟悉位移计算的一般公式;熟练掌握用图乘法求解梁和刚架在荷载作用下的位移; 5. 熟练掌握用力法求解各种超静定结构;会利用结构的对称性对结构进行简化计算; 6. 了解位移法的解题思路;掌握力矩分配法计算连续梁的方法; 7. 了解影响线及其应用;了解梁的内力包络图的概念		
学习目标	本学习领域的目标是掌握结构的几何组成规律,分段叠加法作弯矩图;学习静定多跨梁与静定刚架的内力图;掌握计算桁架内力的结点法及截面法;了解结构位移计算的一般公式,掌握荷载作用下的位移计算及举例,图乘法;超静定结构的组成及超静定次数。力法的基本概念;学习位移法的基本概念;了解用力矩分配法计算连续梁和无结点线位移的刚架和移动荷载和影响线的概念		

续上表

学习领域7	结构力学		
学期	第3学期	参考学时	56学时
学习内容	学习情境1:三铰拱的反力与内力,合理拱轴曲线 学习情境2:结构位移计算的一般公式,互等定理 学习情境3:称结构的简化计算 学习情境4:位移法的基本未知量数目 学习情境5:连续梁的内力包络图		

3. 专业核心学习领域教学标准(表14-9)

专业核心学习领域教学标准　　表14-9

学习领域1	轨道工程测量		
学期	第2学期	参考学时	76学时
职业能力要求	1. 能够正确规范地使用和操作不同精度测量仪器(包括水准仪、经纬仪、全站仪、测距、GPSRTK等); 2. 能够准确地使用水准仪进行不同水准路线的高程测量(闭合、附合、支水准路线); 3. 能够准确地使用经纬仪进行方向观测法和全圆测回法观测水平角和竖直角; 4 能够准确地使用全站仪、测距仪和丈量工具进行距离测量; 5. 能够准确地进行直线方向的定向; 6. 能够进行轨道线路初测、圆曲线和缓和曲线的测设等; 7. 能够掌握路线平面、纵断面和横断面基本知识及要求; 8. 能完成轨道工程测量和桥梁施工测量; 9. 能够进行地铁铺轨基标测量等		
学习目标	通过本课程的学习,让学生充分掌握工程测量的理论基础和基本技能,并且能通过职业技能考试,获取测量工证书。在后续的工作中,能灵活运用各项测量技术,胜任工程测量工作		
学习内容	学习情境1:水准点的高程测量 学习情境2:导线测量 学习情境3:地形图测绘与应用 学习情境4:轨道线路测量与隧道工程测量 学习情境5:地铁铺轨基标测量		
学习领域2	建筑材料		
学期	第3学期	参考学时	84学时
职业能力要求	1. 能正确描述常用土木工程材料的技术性能与技术要求; 2. 会进行土木工程常用材料的试验操作; 3. 会进行普通水泥混凝土的配合比设计; 4. 会进行防水混凝土的配合比设计; 5. 能够依照现行规范、标准及规程完成试验报告		
学习目标	通过本课程的学习,使学生基本掌握常用建筑材料的技术性质、工程应用及相关的检验检测技能,以便在工程实践中有正确合理地选用建筑材料。学生学习本课程后,通过职业技能考试,能获取材料员职业资格证书		

续上表

<table>
<tr><td>学习领域 2</td><td colspan="3">建筑材料</td></tr>
<tr><td>学期</td><td>第 3 学期</td><td>参考学时</td><td>84 学时</td></tr>
<tr><td>学习内容</td><td colspan="3">学习情境 1:钢筋混凝土材料
学习情境 2:砌体工程材料
学习情境 3:传统轨道工程材料
学习情境 4:新型轨道工程材料</td></tr>
<tr><td>学习领域 3</td><td colspan="3">隧道工程</td></tr>
<tr><td>学期</td><td>第 4 学期</td><td>参考学时</td><td>64 学时</td></tr>
<tr><td>职业能力要求</td><td colspan="3">1. 能够正确识读隧道结构构造;
2. 能够正确描述我国公路隧道围岩分类法;
3. 能够进行隧道围岩压力计算;
4. 能够准确地使用全站仪、测距仪和丈量工具;
5. 能够进行隧道横断面测量;
6. 能够具备隧道支护结构施工工艺应用能力;
7. 能够具备隧道新奥法施工应用的能力;
8. 能够识读隧道施工图;
9. 能编制典型方法施工工艺流程图;
10. 能够依照现行规范、标准及规程完成质量检测报告</td></tr>
<tr><td>学习目标</td><td colspan="3">通过本课程的学习,培养学生理解并掌握隧道工程的基本概念,隧道修建的基本思路、基本方法;熟悉隧道的开挖方法、衬砌支护措施,熟悉隧道结构构造特点,正确计算隧道围岩压力,了解公路隧道的养护方法、通风与运营管理措施。突出培养学生的职业能力,充分体现基于职业岗位分析和职业岗位技术应用能力的培养</td></tr>
<tr><td>学习内容</td><td colspan="3">学习情境 1:隧道结构图识读
学习情境 2:围岩分类与围岩压力计算
学习情境 3:隧道开挖施工
学习情境 4:钻爆法掘进技术
学习情境 5:衬砌支护施工
学习情境 6:复杂条件下隧道施工
学习情境 7:监控量测与质量评定
学习情境 8:养护与维修管理</td></tr>
<tr><td>学习领域 4</td><td colspan="3">城市轨道工程</td></tr>
<tr><td>学期</td><td>第 4 学期</td><td>参考学时</td><td>64 学时</td></tr>
<tr><td>职业能力要求</td><td colspan="3">1. 掌握轨道构造;
2. 掌握曲线轨道;
3. 掌握普通单开道岔;
4. 掌握无缝线路与无砟轨道;
5. 掌握轨道的维护与管理;
6. 掌握城市轨道施工工序</td></tr>
<tr><td>学习目标</td><td colspan="3">通过学习使学生熟练掌握轨道工程管理领域的基本知识,了解轨道结构,掌握轨道工程曲线线路的设计与计算,深刻认识普通单开道岔、无缝线路及无砟轨道,掌握城市轨道的施工、维护及管理。为轨道工程施工与管理在我国的发展与利用培养专门的管理人才</td></tr>
</table>

续上表

学习领域 4	城市轨道工程		
学期	第 4 学期	参考学时	64 学时
学习内容	学习情境 1:轨道结构 学习情境 2:曲线线路 学习情境 3:单开道岔 学习情境 4:无缝线路无砟轨道 学习情境 5:轨道施工、维护及管理		
学习领域 5	高架结构		
学期	第 4 学期	参考学时	64 学时
职业能力要求	1. 掌握高架桥的基础工程施工; 2. 掌握高架桥上、下部施工; 3. 掌握预应力材料设备与张拉施工; 4. 掌握预制件的架设与安装,车站等附属工程; 5. 了解高架结构检测、养护与维修等		
学习目标	通过本课程的学习,使学生能够掌握城市轨道交通工程中高架结构的施工及维修养护知识		
学习内容	学习情境 1:高架桥基础施工 学习情境 2:桥梁上下部施工 学习情境 3:桥梁预制梁施工 学习情境 4:桥上轨道结构施工 学习情境 5:桥上轨道结构检测、养护及维修		
学习领域 6	工程监理		
学期	第 4 学期	参考学时	48 学时
职业能力要求	1. 掌握建设项目监理规划编制方法; 2. 掌握建设项目投资控制方法; 3. 掌握建设项目进度控制方法; 4. 掌握建设项目质量控制方法; 5. 掌握建设项目合同管理方法; 6. 掌握建设项目施工安全监理方法		
学习目标	通过学习使学生熟练掌握隧道工程施工技术、检测技术、施工监理技术,具备对施工费用、施工进度、施工质量、施工安全及环境控制的能力和对施工项目的管理能力,课程学习结束后,可以通过职业资格考试,获取监理员证书		
学习内容	学习情境 1:建设工程监理概述 学习情境 2:建设工程建设监理 学习情境 3:建设工程安全施工监理 学习情境 4:建设工程施工合同管理 学习情境 5:建设工程信息管理		

续上表

学习领域7	地下铁道		
学期	第4学期	参考学时	64学时
职业能力要求	1. 能够看图识别交通工程隧洞的类型及组成； 2. 能够进行隧洞的线路选择及工程布置； 3. 能够根据资料及现场判别围岩稳定性； 4. 能够进行系部构造设计并绘图； 5. 能够根据适用条件合理选择开挖方法； 6. 能够确定辅助作业内容及布置； 7. 能够描述地下结构布置的特点、基本尺寸和形式； 8. 能够描述噪声控制措施； 9. 能够根据地下结构围岩情况选择支护形式； 10. 能够进行地下结构系统洞室开挖工作面设计； 11. 能够编制地下结构系统洞室开挖指导书		
学习目标	通过对本课程的学习，学生能从事地下建筑物的初步设计、施工工作及参与施工组织管理、地下工程管理工作。掌握地下建筑物的有关基础知识、基本理论。了解布置的一般原则，掌握地下建筑物的布置、形式、构造、工作特点；掌握地下建筑物施工的基本知识，熟悉其施工工艺及施工程序、方法、质量控制要求。突出培养学生的职业能力，充分体现基于职业岗位分析和职业岗位技术应用能力的培养		
学习内容	学习情境1：隧洞布置与结构认知 学习情境2：隧洞施工 学习情境3：地下结构布置与认知 学习情境4：地下结构施工		

4. 专业拓展学习领域教学标准（表14-10）

专业拓展学习领域教学标准　　表14-10

学习领域1	城市地铁与轻轨概论		
学期	第4学期	参考学时	32学时
职业能力要求	1. 掌握城市轨道交通的概念及了解城市轨道交通产生和发展历史相关知识； 2. 了解城市轨道工程相关知识； 3. 了解城市轨道交通车辆构造与维修相关知识； 4. 基本掌握城市轨道交通供电系统相关知识； 5. 基本掌握城市轨道交通通信与信号相关知识； 6. 了解城市轨道交通运营相关知识		
学习目标	通过本课程的学习，使学生能够正确分析轨道交通线路的种类及作用；能够有效地辨别轨道的不同部件；掌握正确分析城市轨道交通供电系统的工作原理；理解能够正确分析城市轨道交通通信与信号系统基本工作原理		
学习内容	学习情境1：轨道交通工程概述 学习情境2：轨道交通工程基本知识 学习情境3：轨道交通工程供电系统 学习情境4：轨道交通工程通信与信号系统 学习情境5：轨道交通工程运营管理		

续上表

<table>
<tr><td>学习领域2</td><td colspan="3">房屋建筑学</td></tr>
<tr><td>学期</td><td>第4学期</td><td>参考学时</td><td>48学时</td></tr>
<tr><td>职业能力要求</td><td colspan="3">1. 掌握民用建筑的构造组成及各自的作用；
2. 掌握建筑模数协调标准的意义及划分原则；
3. 掌握定位轴线的划分方式，了解定位轴线编号的原则和意义；
4. 了解民用建筑的构造组成；
5. 掌握地基、基础、基础埋置深度的基本概念；
6. 掌握常见基础的分类，了解基础的一般构造；
7. 掌握墙的作用、分类、构造要求和承重方案；
8. 了解常见细部构造，在实际工程中的应用；
9. 了解墙面装修的种类、作用及常见的墙面装修构造；
10. 掌握地下室的一般知识及防潮层、防水层的常见构造</td></tr>
<tr><td>学习目标</td><td colspan="3">通过本课程的学习，使学生系统地掌握建筑的构造组成及各构造组成部分之间的空间准确定位；掌握建筑构造的方法及其原理；学会应用国家建筑设计有关规范，具有按照国家制图标准进行正确表达设计意图的能力</td></tr>
<tr><td>学习内容</td><td colspan="3">学习情境1：民用建筑设计
学习情境2：民用建筑构造
学习情境3：民用建筑工业化体系
学习情境4：工业建筑构造</td></tr>
<tr><td>学习领域3</td><td colspan="3">轨道交通养护实务</td></tr>
<tr><td>学期</td><td>第5学期</td><td>参考学时</td><td>44学时</td></tr>
<tr><td>职业能力要求</td><td colspan="3">1. 掌握轨道结构常见病害及检测方法；
2. 掌握轨道常见病害的处理方案；
3. 掌握轨道结构常见养护手段；
4. 掌握轨道结构大修方案制定与实施；
5. 掌握其他附属设施的正常养护</td></tr>
<tr><td>学习目标</td><td colspan="3">通过学习使学生熟练掌握轨道结构病害检测与排除，理解常用的养护手段，能够制定轨道结构大修方案并施工</td></tr>
<tr><td>学习内容</td><td colspan="3">学习情境1：常规病害检测
学习情境2：常规养护手段
学习情境3：轨道结构大修
学习情境4：附属结构养护</td></tr>
<tr><td>学习领域4</td><td colspan="3">轨道施工安全实务</td></tr>
<tr><td>学期</td><td>第5学期</td><td>参考学时</td><td>44学时</td></tr>
<tr><td>职业能力要求</td><td colspan="3">1. 掌握轨道结构施工安全注意事项及安全事故处理方案；
2. 掌握隧道结构施工安全注意事项及安全事故处理方案；
3. 掌握高架结构施工安全注意事项及安全事故处理方案；
4. 掌握轨道交通电路通信施工安全注意事项及安全事故处理方案；
5. 掌握轨道其他附属结构施工安全注意事项及安全事故处理方案</td></tr>
<tr><td>学习目标</td><td colspan="3">通过对本课程的学习，学生能够理解轨道工程施工安全隐患，及时排除，正确处理隐患</td></tr>
</table>

续上表

学习领域 4	轨道施工安全实务		
学期	第 5 学期	参考学时	44 学时
学习内容	学习情境 1:轨道结构施工安全 学习情境 2:隧道结构施工安全 学习情境 3:通电信号施工安全 学习情境 4:轨道附属结构施工安全		
学习领域 5	隧道运营管理		
学期	第 5 学期	参考学时	44 学时
职业能力要求	1. 掌握隧道运营问题的内容; 2. 掌握隧道运营环境的内容; 3. 掌握隧道管理的方法		
学习目标	培养学生系统地学习隧道运用与管理领域的基本知识,了解隧道运营的通风、照明防火交通监控问题,明白隧道施工的危险因素,根据施工的具体条件实施动态的管理使工程风险规避		
学习内容	学习情境 1:隧道运营的问题 学习情境 2:隧道运营环境 学习情境 3:隧道管理		
学习领域 6	工程经济		
学期	第 5 学期	参考学时	44 学时
职业能力要求	1. 能运用资金时间价值进行方案动态评价分析; 2. 能在不同条件下,根据方案间的不同关系进行方案的比选; 3. 能根据设备不同的磨损形式采取不同的补偿方式进行补偿; 4. 在确定性评价的基础上,对项目能进行不确定性分析; 5. 结合建设项目经济评价方法,能进行项目的财务评价; 6. 利用价值工程知识,能结合实际案例进行分析和应用; 7. 能够编写项目初步可行性研究报告		
学习目标	培养学生掌握资金时间价值的等值计算和单方案评价指标;熟悉方案选择的目的、条件;掌握方案类型、独立方案和互斥方案的选择;掌握设备的有形、无形磨损概念;设备的经济寿命概念及经济寿命的计算;熟悉更新方案的评价与选择;掌握不确定性分析的含义及相关方法;掌握费用效益的识别与估算;掌握价值工程的概念、原理和基本方法		
学习内容	学习情境 1:资金时间价值 学习情境 2:工程经济分析的基本要素 学习情境 3:工程经济评价方法 学习情境 4:工程项目财务评价		
学习领域 7	工程软件		
学期	第 5 学期	参考学时	22 学时
职业能力要求	1. 掌握同望概预算软件使用方法; 2. 掌握纵横概预算软件使用方法; 3. 学生能够合理地选择工程单价、各类费用等; 4. 掌握同望和纵横两个概预算软件,能够正确快速的使用这两个概预算软件		

续上表

学习领域7	工程软件		
学期	第5学期	参考学时	22学时
学习目标	通过学习培养学生系统地学习轨道工程预算软件的基本知识，了解轨道预算软件的现状和发展趋势，掌握同望概预算软件和纵横概预算软件的计算原理与操作方法，为轨道工程培养高素质的预算人才		
学习内容	学习情境1:同望概预算软件 学习情境2:纵横概预算软件		

5. 独立实践环节教学标准(表14-11)

独立实践环节教学标准　　表14-11

环节9	毕业顶岗实习		
学期	第5、6学期	学时	690学时
职业能力要求	通过毕业顶岗实习使学生加深对专业理论知识的理解，培养和提高学生实际操作和分析问题、解决问题的能力，使学生综合运用所学理论知识与轨道工程施工管理实践紧密结合，为毕业后从事施工技术管理等工作打下良好的基础		
学习目标	1. 在实习过程中认知设计或施工等企业的工作流程和各岗位的职责任务，提高岗位的适应能力，学会以各种方式学习，综合素质要有明显进步； 2. 将施工等专业知识和相关政策法规结合，运用到相应的实践岗位，提高观察问题、发现问题、分析问题、解决问题的能力，提高专业水平； 3. 在规范有序的实际工作中养成努力钻研、吃苦耐劳的精神		
学习内容	1. 掌握各种地隧工程及轨道结构构造物的种类、功能、构造及组成等，能进行现场读图和勘误； 2. 掌握各种地隧与轨道工程的施工方法、施工测量、施工组织、场地布置、安全生产、施工设备、材料实验及施工管理，并能编制相关方案或作业指导书等文件； 3. 熟悉新技术、新工艺、新方法，特别是技术管理、技术员的工作职责、技术文件的分类及整理等		

(二)教学组织

贯彻"合作办学、合作育人、合作发展"的理念，按照"依托行业、对接产业、定位职业、服务社会"的专业建设思路，以行动导向实施课程教学，形成以教师为主导、学生为主体、学做合一、理实一体、工学结合的教学模式。始终要重视学生在校学习与实际工作的一致性，采取工学交替、任务驱动、项目导向的一体化教学模式，运用任务驱动法、项目导向法、情境教学法、案例分析法、现场教学法、课堂讨论法等教学方法进行教学，立足于加强学生实际操作能力的培养。

核心课程建议采用"任务驱动、项目导向"教学法，通过典型的工作任务或项目，由教师提出要求或示范，组织学生进行活动，注重"教"与"学"的互动，让学生在活动中增强爱岗敬业、团结协作的意识，实现技能与素质的同步提高。实施"教、学、做"一体化教学，提高学生的学习兴趣，有效培养学生的职业能力；教师可着重进行引导并实施监督和评价。实践课程要加强引导、示范，创设工作情境，让学生亲自动手，提高学生岗位适应能力和分析处理问题的能力。

在教学过程中,要充分借鉴多媒体、教学资源库、网络资源等教学资源辅助教学,帮助学生理解所学知识,并重视本专业领域新技术、新工艺、新设备的发展趋势,也要充分利用校外实训基地,校企合作,工学结合,积极引导学生提升职业素养、提高职业道德,紧密结合职业技能证书的考核、加强取证项目的训练。

(三)考核评价

吸纳用人单位的专家参与教学质量评价,建立以能力为核心、以过程为重点的学习绩效考核评价体系。针对不同类型的课程采用不同的考核方法。对公共基础课程,建议采取理论考核的方法;对于专业学习领域,建议采取过程考核与综合考核相结合的方式;对于独立实践环节,尽量采用实操考核、过程考核的方法。具体原则如下:

1. 公共基础课程

总评成绩 = 平时成绩(考勤、提问、作业等)×40% + 期终考核 ×60%。

2. 专业学习领域

采取过程考核与综合考核相结合的评价方式,同时根据学生取得相应工种的职业资格证书的情况,综合评价学生成绩。

其中,过程考核包括学习态度、课程作业等,占课程总成绩的40%;综合考核包括期末考试、实践考核等,占课程总成绩的60%。

如学生取得相应工种的职业资格证书,则该门课程考核合格。

3. 独立实践环节

以工作态度、实际操作和实习报告等情况综合评定学生成绩,其中工作态度、实际操作等占80%(在企业完成的项目由企业指导教师评定),实习报告占20%。

(执笔人:陈松)

XV：工程造价专业人才培养方案

第一部分　主体部分

一、专业名称(专业代码)

工程造价(560502)

二、招生对象

普通高中毕业生或具有同等学力者

三、学制

三年

四、培养目标

本专业培养适应社会主义现代化建设需要,德、智、体、美全面发展,具有造价员、计量员等岗位必备的基本理论和专业知识,具有较强的实践能力、创造能力、就业能力和创业能力,具有良好的职业道德、创业精神和健全的体魄,能适应工程建设第一线需要的“下得去、信得过、留得住、用得好”的技术技能人才。

五、就业面向

本专业毕业生主要面向工程建设行业的造价咨询企业、设计施工等单位,从事工程概预算、工程计量、结算等技术工作。

主要岗位:造价员、计量员;

拓展岗位:监理员;

发展岗位:造价工程师、企业主管、试验室主任等。

六、培养规格

(一)素质目标

(1)具有强烈的责任意识、质量意识、安全意识及环保意识。

(2)具有良好的文化、身体和心理素质。

(3)爱岗敬业,团结协作,遵纪守法,热爱劳动。

(4)具有逢山开路、遇水架桥、一往无前的开路先锋精神和默默无闻、甘于奉献、不怕牺牲的铺路石精神。

（二）知识目标

（1）具有本专业所必需的数学计算、英语交流、计算机应用等科学文化基础知识。
（2）熟悉工程识图、力学分析、工程测量、工程材料等专业基础知识。
（3）掌握工程结构、施工管理、工程计量、工程造价等专业知识。
（4）了解工程建设的新技术、新材料、新工艺和新设备的相关信息。

（三）能力目标

（1）具有识读和绘制工程结构图的能力。
（2）具有编制工程概预算的能力。
（3）具有进行工程计量的能力。
（4）具有在现场从事工程施工与监理的能力。
（5）具有在现场从事工程测量的能力。
（6）具有编制、收集、整理和上交工程技术资料的能力。
（7）具有计算机操作和安装使用常用专业软件的能力。
（8）具有较强的自学和获取知识的能力。

七、教学环节进程安排表

（一）培养时间分配表

在人才培养的实施过程中，教学环节周数分配如表15-1所示。

工程造价专业培养时间分配表　　表15-1

学年		一		二		三		合计
学期		一	二	三	四	五	六	
1	入学教育	1周						1周
2	国防教育	2周						2周
3	课内教学	16周	19周	17周	18周	14周		84周
4	实践教学			2周	1周	1周		4周
5	生产实习					4周	19周	23周
累计		19周	19周	19周	19周	19周	19周	114周

注：课内教学指按课程（学习领域）组织的各种教学活动，包括理论课程、理实一体化课程等；实践教学是指计划单列的非生产性实践教学活动，包括专业认识实践、专项单列实训、课程设计、综合设计、社会实践等。

（二）教学进程表

本专业的人才培养进程如表15-2所示。

工程造价专业进程表 表 15-2

序号	类别	课程名称	教学时数与学分				考核方式		课内教学时数及实践周数					
			总学时	学分	理论学时	实践学时	考试学期	考查学期	第一学年		第二学年		第三学年	
									一	二	三	四	五	六
									16 周	19 周	17 周	18 周	14 周	0 周
1	公共基础学习领域	“两课”基础	64	4	64			1	4					
2		“两课”概论	76	4	76			2		4				
3		体育	70	4	70			1、2	2	2				
4		计算机基础	96	6	64	32	1		6					
5		大学英语Ⅰ	64	4	64		1		4					
6		大学英语Ⅱ	76	4	76		2			4				
7		土建数学	140	8	130	10		1、2	4	4				
8		应用文写作	34	2	26	8		3			2			
9		就业指导	14	1	14			5					1	
小计			634	37	584	50				百分比		22.25%		
1	专业基础学习领域	建筑测量	68	4	34	34		3			4			
2		工程力学	76	4	56	20		2		4				
3		工程制图	64	4	32	32	1		4					
4		建筑 CAD	68	4	34	34		3			4			
5		建筑材料	68	4	34	34	3				4			
6		土木工程概论	76	4	56	20	2			4				
7		建筑识图	38	2	12	26		2		2				
8		房屋建筑学	68	4	38	30	3				4			
小计			526	30	296	230				百分比		18.46%		
1	专业核心学习领域	工程造价与管理	72	4	46	26	4					4		
2		建筑工程计量与计价	68	4	42	26	3				4			
3		建筑工程造价软件	90	5	20	70		4				5		
4		工程造价案例分析	56	3	31	25		5					4	
小计			286	16	139	147				百分比		10.04%		
1	专业拓展学习领域	公路造价软件	56	3	28	28		5					4	
2		工程经济	72	4	52	20	4					4		
3		建筑法规	54	3	46	8		4				3		
4		安装工程计量与计价	72	4	48	24	4					4		
5		建筑工程施工技术	54	3	30	24		4				3		
6		建设监理	42	2	32	10		5					3	
7		工程招投标与合同管理	56	3	36	20	5						4	
8		安装工程造价软件	56	2	28	28		5					4	
9		建筑施工组织	42	2	26	16	5						3	
小计			504	26	326	178				百分比		17.68%		
理论教学总学时			1345							百分比		47.19%		

续上表

序号	类别	课程名称	教学时数与学分				考核方式		课内教学时数及实践周数					
			总学时	学分	理论学时	实践学时	考试学期	考查学期	第一学年		第二学年		第三学年	
									一	二	三	四	五	六
									16 周	19 周	17 周	18 周	14 周	0 周
1	实践学习领域	入学教育	1 周	1		30		1	1 周					
2		国防教育	2 周	2		60		1	2 周					
3		CAD 实训	1 周	1		30		3			1 周			
4		建筑材料实训	1 周	1		30		3			1 周			
5		工程造价实训	1 周	1		30		4				1 周		
6		施工组织课程设计	1 周	1		30		5					1 周	
7		毕业顶岗实习	23 周	10		690		5,6					4 周	19 周
小计			30 周	17		900			3 周	0 周	2 周	1 周	5 周	19 周
实践教学总学时			1505								百分比	52.81%		
总学分			126											
总学时数			2850											

(三)课程设置及学时比例

在人才培养的实施过程中,各教学环节学时比例如表 15-3 所示。

工程造价专业课程设置及学时比例表 表 15-3

项目	理论教学	实践教学			
		课内实训	专项实训	顶岗实习	合计
学时	1345	605	210	690	1505
所占比例	47.19%	52.81%			

八、毕业标准

(一)基本要求

(1)德、智、体、美等方面均通过学生管理部门考核达标。

(2)按规定完成课程(学习领域)的学习,成绩合格。

(3)完成各项独立实践环节(单列科目:如实践课、课程设计、实习、毕业实践、毕业设计等)的学习,成绩合格。

(二)考证要求

(1)必须取得全国计算机等级证(一级及以上)和英语应用能力证书(三级 B)。

(2)获得至少一个本专业职业资格证书方可毕业。本专业职业资格证书如表 15-4 所示。

工程造价专业职业资格证书表　　表15-4

序号	考核项目	考核发证部门	等级要求
1	造价员	人力资源和社会保障部	
2	测量工	人力资源和社会保障部	四级
3	试验检测员	交通运输部	

第二部分　支撑材料

一、专业人才培养实施条件

(一)专业教学团队

1. 师资数量与结构

(1)教师队伍数量应与学生规模相适应,生师比控制在16∶1左右。

(2)教师队伍结构优化,梯队合理,45岁以下青年教师中研究生学历或硕士以上学位比例达到30%,专任教师中高级职称的比例≥30%,专任教师中具备双师素质教师的比例应达到80%以上。

(3)每个学习领域(课程)的教师应不少于2人,其中专业核心学习领域应配备相关专业中级技术职称以上的双师素质教师2人。

(4)各专业学习领域及独立实践环节,均应配备行业企业工程技术人员担任兼职教师,兼职教师折算比例应达到50%左右。

(5)专业实习(训)指导教师均为大专以上学历或中级以上职称。实习(训)指导教师具有中高级职称比例≥20%。

2. 业务水平

教师应具备良好的职业道德和一定的教学科研能力,达到高等教育教师任职资格的要求且具备高等教育教师任职资格。其中主讲教师应由具备讲师以上职称的专任教师或工程师以上职称的兼职教师担任,参加科学研究或技术服务的专任教师人数不少于专任教师总数的30%。

3. 教学团队现状

工程造价专业现有专业教师25人,其中专任教师16人,从施工、造价、监理、设计等相关单位聘请了具有丰富实践经验的兼职教师9名。专任教师中省高等学校教学名师1人、省高等学校中青年学科带头人1人、省高等学校中青年骨干教师2人,双师素质教师达12人。

(二)专业教学资源

1. 选用优秀的高职高专规划教材

在选择教材时,应整体研究制定教材选用标准和选用程序,确保具有时代性、应用性、先进性和普适性的优秀教材优先被选用,同时,要注意选用具有鲜明行业特征的高职高专规划教材、特色教材和精品教材。

2. 专业网络教学资源

以数字化校园建设为载体,以课程为主要表现形式、以素材资源为补充,利用网络学习平台建设共享性网络教学资源库,主要包括试题库、课件库、专业教学素材库、教学录像库等。

3. 其他教学资源

学院图书馆或资料室应当配置数量适当、结构合理、技术新颖的本专业纸质和电子图书,为专业学习、教学、科研和社会服务提供良好的信息服务;学院配置的电子图书,具有良好服务功能,能为专业教学资源库建设提供大数据服务。

(三)实验实训条件

1. 校内实训条件

根据工程造价专业培养目标和教学要求,校内应具备一体化教学和生产性实习等基本实训条件。实训室在设备和工位数量上能保证2个教学班实施理实一体化课程的需要,配置多媒体教学设备,便于开展教、学、做合一的教学活动。

根据城市轨道交通工程技术专业人才培养的需要,校内实训条件建议如表15-5所示。

工程造价专业校内实训条件建议配置　　表15-5

序号	名　称	主要设备	主要功能	对应课程	容纳人数
1	建筑工程认识实训室	建筑制图模型、房屋建筑学模型、建筑结构模型	对学生们学习制图时能很好地建立空间想象力;房屋建筑学模型包括不同类型的单层建筑物及厂房,各种类型的多层及高层建筑物,使学生们在学习了解房屋建筑时受益匪浅;建筑结构模型包括各种基础、梁、板、柱,墙的模型,这些建筑模型介于平面图纸与实际立体空间之间,把两者有机的联系在一起,极大地弥补了图纸在表现上的局限性,为学生学习计量奠定了坚实的基础	建筑制图、建筑识图、房屋建筑学等	120人
2	集料及岩石检测实训室	岩石压力试验机、标准砂石筛、电动振筛机、针片状测定仪、电动锯石机、双端面磨平机、石子压碎仪、岩石剪切试验机	用于以下检测项目:岩石强度、颗粒筛分、岩石针状及片状分析、集料压碎指标、岩石剪切	建筑材料	60人
3	地基基础及结构检测实训室	荷载反力框架、反力架横梁、预应力实验台、液压稳压机、高精度液压油缸、轮幅式传感器、电子位移计、荷载反力架基础施工等	用于以下检测项目:结构试验、预应力产品试验、地基基础承载力	房屋建筑学等	60人
4	建筑&装潢设计实训室	AutoCAD、Photoshop、3D MAX、三维建筑设计软件Bonzai3d网络版、计算机、办公家具、网络设备、多媒体设备等	让学生了解建筑装璜设计软件基本知识,利用实训室对各类型设计软件达到熟练操作的目的,了解最新的设计理念及设计方向	建筑工程计量与计价、CAD等	60人

续上表

序号	名　称	主要设备	主要功能	对应课程	容纳人数
5	工程软件实训室	广联达造价软件、神机妙算造价软件、同望造价软件、纵横造价软件等	让学生熟悉建筑工程、安装工程、公路工程计量与计价软件的使用	建筑工程造价软件、安装工程造价软件	60 人
6	工程资料管理实训室	办公家具、资料柜、工程资料管理制度告知牌等	通过完全与实际相结合的方式，让学生对建设工程各阶段的工程技术文件的构成、要求、写法。包括建筑工程资料的准备工作、监理资料管理、施工资料编制的基本要求、建筑工程施工质量验收、基建文件管理、工程档案管理、项目立项管理资料等方面的内容进行了解与学习	工程造价与管理、工程造价案例分析	60 人
7	工程招投标模拟实训室	多媒体设备、模拟开标室家具设备、模拟标书制作家具设备	学生在模拟实训中组成招、投标团队，进行企业展示、招标计划介绍、资格预审现场操作、投标报名、编制招投标文件、开标策划和开标评标现场模拟等活动，让学生在信息发布、投标报名、资格预审、开标评标、合同谈判和签约等环节上熟悉相关业务流程，并能够掌握每个环节上的知识和技能，培养团队协作精神和诚信守时、务实高效的职业道德，提高自身参与招投标活动的竞争能力	工程招投标与合同管理	60 人
8	基础施工实训中心	脚手架扣件、电弧焊机、金属切割机、钢筋弯曲机、钢筋切断机、钢筋调直机等	通过实训让学生了解脚手架施工与钢筋工的操作要点，增强学生施工工序能力，熟悉施工现场的有关安全知识	建筑工程施工技术等	60 人

2. 校外实训条件

校外实训基地是学生提高技能，掌握工程造价各岗位能力要求，提高专业素质、岗位技能培养良好职业道德、工作作风和职业素质的重要场所。

校外实训基地的基本要求是：

(1)固定校外实训基地应选择资质高、管理规范，在行业内具有一定影响力的大、中型施工企业和交通建设行业职能机构。

(2)动态校外实训基地应选择具有代表性和典型意义的重点工程建设项目，具备学生实训实习期间的安全和劳动保护等措施。

(3)具备相应的教学场地，有水平较高、实践经验丰富的科研、管理和生产人员担任实习实训指导教师实习实训项目、内容与学生所学专业相符，能满足实训环节各项教学任务要求。

(4)每年接受实习实训学生能达到一定规模。

二、专业人才培养实施规范

(一)课程教学标准

1. 公共基础课程教学标准

本部分内容请参阅本书的附录部分。

2. 专业基础学习领域教学标准(表15-6)

专业基础学习领域教学标准　　表15-6

<table>
<tr><td>学习领域1</td><td colspan="3">工程制图</td></tr>
<tr><td>学期</td><td>第1、2学期</td><td>参考学时</td><td>72学时</td></tr>
<tr><td>职业能力要求</td><td colspan="3">熟悉建筑工程制图国家标准；能运用绘图和读图的基本理论和方法，解决空间度量问题和定位问题，并根据需要画出相应图样，具备空间想象与空间思维能力；能绘制与识读简单的工程图样</td></tr>
<tr><td>学习目标</td><td colspan="3">1. 掌握绘制和识读工程图样的相关理论知识和技能；
2. 掌握绘制和识读简单工程图样的技能</td></tr>
<tr><td>学习内容</td><td colspan="3">学习情境1：制图基础
学习情境2：基本体投影
学习情境3：组合体投影
学习情境4：建筑工程制图
学习情境5：识图应用</td></tr>
<tr><td>学习领域2</td><td colspan="3">工程力学</td></tr>
<tr><td>学期</td><td>第2学期</td><td>参考学时</td><td>76学时</td></tr>
<tr><td>职业能力要求</td><td colspan="3">通过工程力学理论知识的学习，掌握力学在公路实际设计及施工养护中的应用，会运用力学的知识与思想解决实际中遇到的工程问题</td></tr>
<tr><td>学习目标</td><td colspan="3">1. 掌握工程力学基本理论基础；
2. 掌握拉压构件力学分析；
3. 掌握剪切构件力学分析；
4. 掌握扭转构件力学分析；
5. 掌握弯曲构件力学分析；
6. 掌握组合构件力学分析</td></tr>
<tr><td>学习内容</td><td colspan="3">学习情境1：刚体静力学基础知识
学习情境2：轴向拉(压)杆的强度问题
学习情境3：连接件与圆轴的强度问题
学习情境4：平面弯曲梁变形的强度和刚度问题
学习情境5：组合变形构件的强度计算
学习情境6：细长压杆的稳定性分析</td></tr>
</table>

续上表

学习领域3	建筑测量		
学期	第3学期	参考学时	68学时
职业能力要求	1. 能够正确规范地使用和操作不同精度测量仪器； 2. 能够准确地使用水准仪进行高程测量； 3. 能够准确地使用全站仪、测距仪和丈量工具进行距离测量； 4. 能够准确地进行直线方向的定向； 5. 能够进行控制测量与地形图的测绘； 6. 能够掌握建筑物局部测量的基本知识及要求； 7. 能完成地形图的坐标计算与放样		
学习目标	1. 掌握水准仪器结构与路线高程测量； 2. 掌握全站仪器结构与使用方法； 3. 掌握坐标计算； 4. 掌握控制测量； 5. 熟悉地形图的绘制方法； 6. 熟悉局部测量的知识； 7. 掌握建筑勘测方法； 8. 掌握建筑放样方法及其他测量知识		
学习内容	学习情境1:水准点的高程测量 学习情境2:导线测量 学习情境3:地形图测绘与应用 学习情境4:建筑局部测量		
学习领域4	房屋建筑学		
学期	第3学期	参考学时	68学时
职业能力要求	通过该课程的学习掌握房屋工程设计的理念、房屋结构的组成；会将各种房屋构造组成运用到实际的房建设计及施工任务中		
学习目标	1. 掌握本课程所需的文化基础知识和专业基础知识； 2. 掌握房屋建筑设计的依据； 3. 掌握房屋的结构组成； 4. 掌握房建发展的动态，具有本专业的新技术、新设备、新工艺等方面知识		
学习内容	学习情境1:建筑场地及民用建筑设计 学习情境2:建筑构造 学习情境3:基础及地下室 学习情境4:墙体及楼地层 学习情境5:楼梯及电梯 学习情境6:屋顶结构		
学习领域5	建筑材料		
学期	第3学期	参考学时	68学时
职业能力要求	通过该课程的学习，熟悉土木工程材料的种类，特性。会动手做工程建筑材料的性能试验，通过理论知识的学习达到试验检测员的水平，争取考过材料检测员考试		

续上表

学习领域5	建筑材料		
学期	第3学期	参考学时	68学时
学习目标	1. 能正确描述常用建筑工程材料的技术性能与技术要求； 2. 会进行建筑工程常用材料的试验操作； 3. 会进行普通水泥混凝土的配合比设计； 4. 会进行混凝土材料的组成设计； 5. 会进行钢筋的配筋设计； 6. 能够依照现行规范、标准及规程完成试验报告		
学习内容	学习情境1：石材及无机胶凝材料 学习情境2：水泥、混凝土材料 学习情境3：墙体材料及屋面材料 学习情境4：金属材料 学习情境5：防水、保温材料		

3. 专业核心学习领域教学标准（表15-7）

专业核心学习领域教学标准　　表15-7

学习领域1	建筑工程计量与计价		
学期	第3学期	参考学时	68学时
职业能力要求	使学生掌握建筑工程计量的原则、工程量清单的编制规则、重点掌握建筑面积的计算、土石方工程及基础工程的计量、主体结构及围护结构的计量规则等，通过考试可以考取造价员、监理员等资格证书		
学习目标	1. 能对建筑面积进行计算； 2. 能熟悉土石方工程及基础工程的计量规则； 3. 能熟悉主体结构及围护结构的计算； 4. 能熟悉工程量清单的组成		
学习内容	学习情境1：计量准备工作 学习情境2：土石方及基础工程计量 学习情境3：主体结构计量 学习情境4：围护结构计量 学习情境5：工程量清单组成		
学习领域2	工程造价与管理		
学期	第4学期	参考学时	72学时
职业能力要求	让学生掌握建设工程造价的组成、计价依据、掌握工程造价管理在工程建设各个阶段的应用，通过该课程的学习可以考取监理员、造价员等资格证书		
学习目标	1. 能熟悉造价工程师的法律法规； 2. 能熟悉工程造价费用的组成及定额应用； 3. 能进行设计阶段造价的预测及施工阶段报价的管理； 4. 能对工程支付进行管理； 5. 能处理索赔事宜及合同管理事宜		

续上表

学习领域2	工程造价与管理		
学期	第4学期	参考学时	72学时
学习内容	学习情境1:造价工程师法律法规 学习情境2:工程造价费用组成及计价依据 学习情境3:设计阶段造价管理 学习情境4:施工阶段造价管理 学习情境5:合同价款支付及决算管理		
学习领域3	建筑工程造价软件		
学期	第4学期	学时	90学时
职业能力要求	使学生掌握现行的房建工程造价软件的使用(如广联达造价软件以及神机妙算造价软件),能胜任房建工程估算、概算、预算及清单报价的编制,具备建设工程造价员的素质		
学习目标	1. 掌握造价软件的使用功能; 2. 掌握预算书的编制、定额的套取、调整、新建; 3. 掌握取费文件的编制; 4. 掌握工料机单价的计取; 5. 掌握报表的设置、打印及导出保存; 6. 熟悉整套造价文件的编制流程		
学习内容	学习情境1:造价软件功能 学习情境2:预算书界面操作 学习情境3:取费界面操作 学习情境4:工料机单价界面操作 学习情境5:报表界面操作		
学习领域4	工程造价案例分析		
学期	第5学期	学时	56学时
职业能力要求	使学生能运用工程经济学、建筑法规、工程计量与计价等课程的知识与方法来解决工程建设造价领域的实际问题,能对造价案例问题进行分析和计算		
学习目标	1. 掌握建设项目投资估算的计算方法; 2. 掌握财务评价的计算; 3. 掌握设计和施工方案的必选方法; 4. 掌握建筑工程的计量原则及计价; 5. 掌握工程招投标的流程、案例分析; 6. 熟悉合同价款的结算、变更及索赔的处理; 7. 熟悉工程决算的编制方法		
学习内容	学习情境1:建设项目投资估算与财务评价 学习情境2:工程设计、施工方案技术经济分析 学习情境3:工程计量与计价 学习情境4:建设工程招标投标 学习情境5:工程合同价款管理 学习情境6:工程结算与决算		

4. 专业拓展学习领域教学标准(表 15-8)

专业拓展学习领域教学标准　　表 15-8

学习领域 1	工程经济		
学期	第 4 学期	学时	72 学时
职业能力要求	能运用工程经济学的思想解决工程建设中有关工程投融资、工程建设方案比选、投标方案比选等问题,为以后一级建造师、咨询工程师等执业资格考试做好准备		
学习目标	1. 掌握资金时间价值的含义; 2. 掌握价值工程的作用; 3. 掌握工程方案比选的方法及计算; 4. 掌握工程财务的基础知识; 5. 掌握工程经济学的综合应用		
学习内容	学习情境 1:资金的时间价值 学习情境 2:价值工程 学习情境 3:方案比选 学习情境 4:财务基础知识 学习情境 5:综合案例		
学习领域 2	建设监理		
学期	第 5 学期	学时	42 学时
职业能力要求	通过该课程的学习,掌握建筑工程监理的流程,特别是三孔二管一协调的内涵,达到监理员应具备的理论知识水平		
学习目标	1. 掌握建设工程建设程序、工程监理各参与方的权力及职责; 2. 掌握建设质量监理的主要内容,质量控制点及质量保证体系的内容; 3. 掌握进度监理的内容,特别是网路计划的应用; 4. 掌握费用监理的主要内容,特别是赢得值法的应用; 5. 掌握安全监理以及组织协调的相关内容		
学习内容	学习情境 1:监理基础知识 学习情境 2:质量监理 学习情境 3:费用监理 学习情境 4:进度监理 学习情境 5:安全监理		
学习领域 3	工程招投标与合同管理		
学期	第 5 学期	学时	56 学时
职业能力要求	1. 能根据法律、法规等的要求编制相关文书; 2. 能根据法律、法规等的要求组织投标预备会、开标会议、评标会议; 3. 能根据法律、法规等的要求处理招投标活动中的程序性事物; 4. 能根据合同法的规定处理公路工程计量支付过程的相关问题		
学习目标	1. 熟悉建筑工程招投标程序及相关文书; 2. 熟悉建筑工程开标、评标及中标程序; 3. 掌握建筑工程投标报价及投标文件编制; 4. 掌握 FIDIC 合同条件及在公路工程中的应用; 5. 掌握建筑工程变更与索赔程序		

续上表

学习领域 3	工程招投标与合同管理		
学期	第 5 学期	学时	56 学时
学习内容	学习情境 1:《招标投标法》及《合同法》概述 学习情境 2:工程设计招投标 学习情境 3:工程监理招投标 学习情境 4:工程施工招投标 学习情境 5:FIDIC 合同条件 学习情境 6:工程变更与索赔		

5. 实践学习领域教学标准(表 15-9)

实践学习领域教学标准　　表 15-9

学习领域	毕业顶岗实习		
学期	第 6 学期	学时	690 学时
职业能力要求	通过毕业顶岗实习使学生加深对专业理论知识的理解,培养和提高学生实际操作和分析问题、解决问题的能力,使学生综合运用所学理论知识与建设工程造价与管理实践紧密结合,为毕业后从事造价管理等工作打下良好的基础		
学习目标	1. 在实习过程中认知设计或施工等企业的工作流程和各岗位的职责任务,提高岗位的适应能力,学会以各种方式学习,综合素质要有明显进步; 2. 将造价、施工监理等专业知识和相关政策法规结合,运用到相应的实践岗位,提高观察问题、发现问题、分析问题、解决问题的能力,提高专业水平; 3. 在规范有序的实际工作中养成努力钻研、吃苦耐劳的精神		
学习内容	1. 掌握各种建设工程构造物的种类、功能、构造及组成等,能进行现场读图和勘误;会编制估算、概算、预算及投标报价文件; 2. 掌握各种建设工程构造物的施工方法、施工测量、施工组织、造价、安全生产、施工设备、材料实验及施工管理,并能编制相关方案或作业指导书等文件; 3. 熟悉新技术、新工艺、新方法,特别是技术管理、技术员的工作职责、技术文件的分类及整理等		

(二)教学组织

贯彻“合作办学、合作育人、合作发展”的理念,按照“依托行业、对接产业、定位职业、服务社会”的专业建设思路,以行动导向实施课程教学,形成以教师为主导、学生为主体、教学做合一、理论与实践合一、工学结合的教学模式。始终要重视学生在校学习与实际工作的一致性,采取工学交替、任务驱动、项目导向的一体化教学模式,运用任务驱动法、项目导向法、情境教学法、案例分析法、现场教学法、课堂讨论法等教学方法进行教学,立足于加强学生实际操作能力的培养。

核心课程建议采用“任务驱动、项目导向”教学法,通过典型的工作任务或项目,由教师提出要求或示范,组织学生进行活动,注重“教”与“学”的互动,让学生在活动中增强爱岗敬业、团结协作的意识,实现技能与素质的同步提高。实施“教、学、做”一体化教学,提高学生的学习兴趣,有效培养学生的职业能力;教师可着重进行引导并实施监督和评价。实践课程要加强引导、示范,创设工作情境,让学生亲自动手,提高学生岗位适应能力和分析处理问题的能力。

在教学过程中,要充分借鉴多媒体、教学资源库、网络资源等教学资源辅助教学,帮助学生理解所学知识,并重视本专业领域新技术、新工艺、新设备的发展趋势,也要充分利用校外实训基地,校企合作,工学结合,积极引导学生提升职业素养、提高职业道德,紧密结合职业技能证书的考核、加强取证项目的训练。

(三)考核评价

吸纳用人单位的专家参与教学质量评价,建立以能力为核心、以过程为重点的学习绩效考核评价体系。针对不同类型的课程采用不同的考核方法。对公共基础课程,建议采取理论考核的方法;对于专业学习领域,建议采取过程考核与综合考核相结合的方式;对于实践学习领域,尽量采用实操考核、过程考核的方法。具体原则如下:

1. 公共基础学习领域

考查课程由任课教师根据学生平时的到课率、作业完成情况等综合表现进行评定;考试课程总评成绩 = 平时成绩(考勤、提问、作业等)×40% + 期终考核 ×60%。

2. 专业学习领域

考查课程由任课教师根据学生平时的到课率、作业完成情况等综合表现进行评定;考试课程采取过程考核与综合考核相结合的评价方式,同时根据学生取得相应工种的职业资格证书的情况,综合评价学生成绩。其中过程考核包括学习态度、课程作业等,占课程总成绩的40%;综合考核包括期末考试、实践考核等,占课程总成绩的60%。如学生取得相应工种的职业资格证书,则该门课程考核合格。

3. 实践学习领域

以工作态度、实际操作和实习报告等情况综合评定学生成绩,其中工作态度、实际操作等占80%(在企业完成的项目由企业指导教师评定),实习报告占20%。

(执笔人:郝攀)

附录　公共基础课程教学标准

公共基础课程教学标准　　附表 1

<table>
<tr><td>课程 1</td><td colspan="3">“两课”基础(思想道德修养与法律基础)</td></tr>
<tr><td>学期</td><td>第 1 学期</td><td>参考学时</td><td>64 学时</td></tr>
<tr><td>学习目标</td><td colspan="3">以马列主义、毛泽东思想和中国特色社会主义理论为指导,以人生观、价值观、道德观教育为主线,综合运用相关学科知识,依据大学生成长的基本规律,教育引导大学生能增强学习、交往、心理、恋爱的能力,适应由中学向大学的转折增强道德的是非判断、自我约束和引导示范能力,提升自身道德素养和营造学校与社会的道德环境能激发对人生目的、人生态度和人生价值的思考,并把思想道德教育和法制教育紧密地结合在一起,策划成功的人生方案</td></tr>
<tr><td>学习内容</td><td colspan="3">1. 大学的适应(学习、人际交往、恋爱、心理健康);
2. 大学生的道德素养(公民基本道德素养、大学生的基本道德素养、职业道德素养);
3. 大学生的人生观(人生目的、人生态度人生价值、人生理想与大学生成才);
4. 认知法律制度自觉遵守法律(我国的宪法,实体法律制度,程序法律制度)</td></tr>
<tr><td>课程 2</td><td colspan="3">“两课”概论(毛泽东思想和中国特色社会主义理论体系概论)</td></tr>
<tr><td>学期</td><td>第 2 学期</td><td>参考学时</td><td>76 学时</td></tr>
<tr><td>学习目标</td><td colspan="3">1. 以马列主义、毛泽东思想、邓小平理论和“三个代表”重要思想为指导,贯彻落实科学发展观;
2. 以马克思主义中国化理论为教育主线,综合运用相关学科知识,指导大学生运用马克思主义世界观和方法论去认识和分析问题,提升大学生的政治理论水平和判断是非的能力;
3. 帮助大学生认知国史、国情,深刻领会历史和人民是怎样选择了中国共产党,选择了社会主义道路;
4. 增强用真理的力量、逻辑的力量,科学地认识和分析复杂的社会现象的能力</td></tr>
<tr><td>学习内容</td><td colspan="3">1. 马克思主义中国化进程中的三大理论成果和十六大以来的最新理论成果及其精髓;
2. 毛泽东思想体系中两个特殊内容(新民主主义革命和中国社会主义改造理论和经验);
3. 建设中国特色社会主义(中国特色社会主义三个基本问题、中国特色社会主义的总体布局、祖国完全统一和外交政策、建设中国特色社会主义的依靠力量和领导力量)</td></tr>
<tr><td>课程 3</td><td colspan="3">体育</td></tr>
<tr><td>学期</td><td>第 1、2 学期</td><td>参考学时</td><td>70 学时</td></tr>
<tr><td>学习目标</td><td colspan="3">1. 通过合理的体育教学和科学的体育锻炼过程,使学生达到身心健康、不断提高体能的目的;
2. 使健康的身体成为知识、道德强有力的载体,并使学生认识到健康的身体是知识、道德的基础,人才成功的支柱;
3. 通过体育课培养学生积极参与体育锻炼的良好习惯和终身体育思想;
4. 加强素质教育,发展学生个性,磨练学生意志,增强社会适应能力</td></tr>
<tr><td>学习内容</td><td colspan="3">1. 学习体育运动基本理论知识,包括运动原则,科学锻炼身体的方法,运动损伤的处理,运动卫生常识等;
2. 使学生熟练掌握 1 ~ 2 项运动基本技术、基本战术和基本裁判知识;
3. 使学生掌握身体素质的基本练习方法,包括力量素质、速度素质、柔韧素质、耐力素质、灵敏素质</td></tr>
</table>

续上表

课程 4	计算机应用基础		
学期	第 1 学期	参考学时	96 学时
学习目标	1. 了解计算机组成及各部分的作用，为选配计算机打下基础； 2. 培养学生熟练使用计算机，能进行简单故障分析处理的能力； 3. 引导学生正确使用网络，让学生充分体验计算机网络在日常生活、工作等领域所起到的重要作用； 4. 能够熟练使用 Office 2010 办公软件进行排版、计算及演示文稿制作等操作		
学习内容	1. 了解计算机软硬件基础的知识，掌握计算机的系统组成； 2. 熟练掌握 Windows 7 操作系统的使用及配置； 3. 了解计算机网络的基础知识，掌握计算机网络(重点是互联网)的使用，让网络更好地服务于生活； 4. 掌握 Office 2010 办公软件中 Word、Excel 和 PowerPoint 的使用，能够进行文字排版、数据计算统计及演示文稿制作		
课程 5、6	大学英语 I、大学英语 II		
学期	第 1、2 学期	参考学时	160 学时
学习目标	1. 能够就日常话题和与未来职业相关的话题进行简单交谈的能力； 2. 能够填写和模拟套写常见的简短英语应用文的能力； 3. 基本读懂一般题材及与未来职业相关的浅易英文资料的能力； 4. 借助词典将与职业相关的一般性业务材料译成汉语的能力		
学习内容	1. 巩固和规范英语基础知识，掌握、运用涉及日常生活中的衣食住行、通信、游览、购物、求职等话题的英语交流技能； 2. 通过听、说、读、写、译等方面的学习和基本训练，使学生掌握相关话题的英语语言知识； 3. 培养锻炼在实际工作岗位应用英语的能力及继续学习能力		
课程 7	高等数学		
学期	第 1 学期	参考学时	64 学时
学习目标	1. 能够利用函数的相关知识解决工程中遇到的与函数相关的简单问题； 2. 能够利用微积分的相关知识和理论，解决专业课程中与之相关的问题； 3. 利用微积分相关理论知识，解决专业课中的一元函数和多元函数的近似计算问题； 4. 培养学生的抽象思维能力、逻辑推理能力和综合运用数学知识分析问题、解决问题的能力		
学习内容	1. 学习函数的相关概念和极限的基本计算； 2. 学习导数的相关概念和基本计算，并学习导数的相关性质，并利用相关知识求解简单的优化模型； 3. 学习函数的微分和利用微分进行近似计算； 4. 学习不定积分的相关概念，熟练掌握基本公式，以及换元积分法和分部积分法； 5. 学习定积分的相关概念和计算，并利用微元法解决与定积分相关的几何和物理方面的应用； 6. 学习微分方程相关概念和计算，能够解可分离变量的微分方程、一阶线性微分方程、二阶常系数线性微分方程； 7. 学习向量和向量空间的相关概念以及向量的数量积和向量积，会求简单的空间平面方程和空间直线方程； 8. 学习多元函数的极限、偏导数、全微分等相关概念和计算； 9. 学习积分的相关概念和计算		

续上表

课程 8	工程数学		
学期	第 2 学期	参考学时	96 课时
学习目标	1. 能够利用函数的相关知识解决工程中遇到的与函数相关的简单问题； 2. 能够利用微积分的相关知识和理论，解决专业课程中与之相关的问题； 3. 利用微积分相关理论知识，解决专业课中的一元函数和多元函数的近似计算问题； 4. 培养学生的抽象思维能力、逻辑推理能力和综合运用数学知识分析问题、解决问题的能力		
学习内容	1. 学习函数的相关概念和极限的基本计算； 2. 学习导数的相关概念和基本计算，并学习导数的相关性质，并利用相关知识求解简单的优化模型； 3. 学习函数的微分和以利用微分进行近似计算； 4. 学习不定积分的相关概念，熟练掌握基本公式以及换元积分法和分部积分法； 5. 学习定积分的相关概念和计算，并利用微元法解决与定积分相关的几何和物理方面的应用； 6. 学习微分方程相关概念和计算，能够解可分离变量的微分方程、一阶线性微分方程、二阶常系数线性微分方程； 7. 学习向量和向量空间的相关概念以及向量的数量积和向量积，会求简单的空间平面方程和空间直线方程； 8. 学习多元函数的极限、偏导数、全微分等相关概念和计算		
课程 9	大学语文		
学期	第 1 学期	参考学时	64 学时
学习目标	1. 了解文学鉴赏的基本原理，掌握阅读、分析和欣赏文学作品的基本方法； 2. 掌握一定的文学基本知识，特别是诗歌、散文、戏剧、小说 4 种主要文体特点及发展简况； 3. 了解文学鉴赏的基本原理，掌握阅读、分析和欣赏文学作品的基本方法		
学习内容	1. 诗词曲； 2. 散文； 3. 小说； 4. 戏剧； 5. 素质拓展		
课程 10	土建数学		
学期	第 1、2 学期	参考学时	136 学时
学习目标	1. 能够利用函数的相关知识解决工程中遇到的与函数相关的简单问题； 2. 能够利用微积分的相关知识和理论，解决专业课程中与之相关的问题； 3. 利用微积分相关理论知识，解决专业课中的一元函数和多元函数的近似计算问题； 4. 培养学生的抽象思维能力、逻辑推理能力和综合运用数学知识分析问题、解决问题的能力		
学习内容	1. 学习函数的相关概念和极限的基本计算； 2. 学习导数的相关概念和基本计算，并学习导数的相关性质，并利用相关知识求解简单的优化模型； 3. 学习函数的微分和以利用微分进行近似计算； 4. 学习不定积分的相关概念，熟练掌握基本公式，以及换元积分法和分部积分法； 5. 学习定积分的相关概念和计算，并利用微元法解决与定积分相关的几何和物理方面的应用； 6. 学习微分方程相关概念和计算，能够解可分离变量的微分方程、一阶线性微分方程、二阶常系数线性微分方程； 7. 学习向量和向量空间的相关概念以及向量的数量积和向量积，会求简单的空间平面方程和空间直线方程； 8. 学习多元函数的极限、偏导数、全微分等相关概念和计算； 9. 学习积分的相关概念和计算		

续上表

课程 11	应用文写作		
学期	第 5 学期	参考学时	30 学时
学习目标	1. 具备一定的应用文写作能力； 2. 具备写作处理日常公务的应用文的能力； 3. 具备正确使用交际语言、提高人际交往的能力		
学习内容	1. 熟悉应用文写作的基础知识； 2. 掌握日常工作计划、总结、调查报告的含义、特点、分类及结构要素； 3. 掌握土木工程类专业文书的特点和结构要素； 4. 掌握口语交际的特点和基本要素； 5. 掌握求职上岗应知应会应用文的写作，并具备一定的求职上岗必备素质		
课程 12	就业指导		
学期	第 5 学期	参考学时	14 学时
学习目标	1. 了解自己的专业，知道自己的专业所对应的职业类别和工作岗位； 2. 能够客观的分析自己，找准符合个人实际的就业目标，会做职业生涯规划设计； 3. 了解国家就业政策和学院就业管理规定； 4. 能通过各种途径收集自己所需要的企业信息，及时获取就业信息； 5. 能够制作彰显个人特点的简历； 6. 掌握面试的技巧和方法，了解如何提升个人素质和综合能力		
学习内容	1. 专业介绍、职业生涯规划理论； 2. 就业政策、相关法律法规、如何获取就业信息； 3. 提升就业能力的方法和途径、面试的方法和技巧； 4. 与人沟通交流的技巧，迅速融入企业文化的途径		

说明：①本部分内容为本书“公共基础课程”模块的通用教学标准，各专业可根据本专业教学检查表中所列举的“公共基础课程”模块的课程进行查看；

②表中列举的“参考学时”仅作参考使用，各专业在具体的实施过程中，可依据学期的教学周数进行调整。